Du papier
aux substituts numériques

Collection « Prix scientifique »

Cette collection accueille exclusivement les manuscrits primés chaque année par le jury scientifique du Prix L'Harmattan.
Chaque année, les Éditions L'Harmattan proposent en effet, sur appel à candidature, deux séries (doctorats et masters) de prix scientifiques destinés à récompenser et distinguer des travaux scientifiques d'excellence soutenus l'année précédente dans l'ensemble des domaines des sciences humaines, sociales et de la critique littéraire, tous les champs géographiques étant admis.

Le jury est composé de directrices et directeurs de collection, universitaires et chercheurs, et de responsables des éditions.

Dernières parutions

Jeanne Bocquet, *La formation des élites coloniales et ses conséquences sur les États post-coloniaux,* 2025.
Julien Argoud, *De Mohammed à Jésus*, 2025.
Martin Minost, *Habiter une utopie anglaise à Shangaï*, 2025.
Mélio Villemot, *Les artistes peuvent-ils faire autre chose que de l'art ?* 2025.
Raphaël Meyer, *L'intervention économique des communes à l'épreuve de l'intercommunalité,* 2025.
Camille Binder, *Le plateau de Saclay,* 2025.
Joris Llobéres, *Musique et handicap*, 2024.
Catherine Dolignier, *Plagiat et auctorisation*, 2024.
Daniel Magalhães Costa, *Communes et provinces au Brésil au temps des monarchies*, 2024.
Thomas Michel, *La scène techno en Palestine,* 2024.
Julien Charnay, *L'empire français face à ses migrants*, 2024.
Laure Rinié, *L'égalité femmes-hommes dans la formation*, 2024.
Djidjoho Isaac Houngue, *Expatriation et gestion des compétences interculturelles*, 2024.
William Salabert, *Fondations australes*, 2024.
Alicia Devaux-Rodriguez, *Jean-Luc Lagarce et le savoir-vivre*, 2024.
Maria Antonietta Impedovo, *Pratiques collaboratives en éducation,* 2024.
Tianshu Zhao, *Le possible de l'impossible*, 2024.

Fabiola Leone

Du papier aux substituts numériques

Les enjeux de la numérisation des affiches publicitaires en contexte muséal

Préface de Caroline Marti
Postface de Simona De Iulio

L'Harmattan

5-7, rue de l'École-Polytechnique – 75005 Paris
www.editions-harmattan.fr
ISBN : 978-2-336-49738-9
EAN : 9782336497389
Dépôt légal : janvier 2026

À Emmanuelle.

Table des matières

Table des illustrations

Avertissement

Les citations en langue étrangère ont été traduites par nos soins. La version originale des citations en langue étrangère est reportée en note en bas de page.

Par exigence d'anonymisation nous avons fait le choix de renommer le personnel des institutions muséales interviewé par le qualificatif de « Personnel 1 » ; « Personnel 2 » ; « Personnel 3 » ; etc. Une présentation des rôles de chacun au sein des institutions est faite dans la partie s'y rapportant.

Préface

La publicité, écrit Blaise Cendrars en 1927, est « la fleur de la vie contemporaine, elle est une affirmation d'optimisme et de gaieté ; elle distrait l'œil et l'esprit (…) » Et il ajoute :

« C'est pourquoi je fais appel ici à tous les poètes : Amis, la publicité est votre domaine. Elle parle votre langue. Elle réalise votre poétique … »[1]

Paul Valéry offre une autre perspective quand il écrit en 1945 : « Mais la mode, l'industrie, mais les forces combinées de l'invention et de la publicité vous possèdent, vous exposent sur les plages, vous expédient à la neige, vous dorent les cuisses, vous cuisent les cheveux ; cependant que la politique aligne nos multitudes, leur fait lever la main ou dresser le poing, les fait marcher au pas, voter, haïr ou aimer en cadence, indistinctement, statistiquement ! »[2]

La publicité, quelques décennies plus tard, fortement investie par les entreprises et collectivités pour promouvoir des produits, services ou territoires, reste un objet passionnant pour les amateurs de rhétorique, mais aussi un objet de polémique, négativement connoté pour ceux qui dénoncent ses incidences écologiques, sociales et politiques. C'est pourtant dans ce contexte que les affiches publicitaires sont désormais conservées et valorisées par certains musées.

Comment un objet social controversé peut-il ainsi intégrer les lieux les plus légitimes de la culture ? Plus précisément, comment les affiches publicitaires peuvent-elles par leur muséification donner lieu à d'autres formes de visibilité et d'autres usages ?

L'ouvrage de Fabiola Leone, fruit de sa thèse de doctorat, met en lumière de façon aussi précise qu'originale la façon dont la publicité est saisie comme objet de culture. Elle questionne, expose et explique la conservation et la numérisation d'affiches publicitaires par des professionnels du patrimoine au MAD, Musée des Arts Décoratifs, à Paris ou encore au Museo Nazionale della Collezione Salce de Trévise ; elle offre un regard sur des objets, des lieux, des textes, des gestes grâce à un ouvrage stimulant qui allie l'expertise qu'autorisent l'érudition sur

---

1 Blaise Cendrars, « Publicité = poésie » (1927), *Œuvres complètes,* Paris, Denoël, 1962, tome 4, p. 229-230.

2 Paul Valéry, « Notre destin et les lettres » (1937), *Regards sur le monde actuel et autres essais,* Paris, Gallimard, 1945, p. 252.

un sujet, l'observation minutieuse - à l'analyse et la proposition de pistes de réflexion pour de futures recherches.

Pour développer une étude compréhensive et critique de la transformation des affiches publicitaires par la numérisation, l'autrice s'appuie sur sa culture historique de l'affichisme pour mettre en évidence la constitution des fonds du MAD et de la Salce. En effet, la transformation de la destinée des affiches publicitaires prend sa source dans la passion des amateurs collectionneurs, premier jalon d'une reconnaissance. L'affichomanie, développée au XIXe siècle, fonde le socle d'une possible patrimonialisation. Préservées comme objets culturels, les affiches donnent alors lieu au fil du temps à la remédiation d'acteurs aussi variés qu'amateurs passionnés, bibliothécaires, conservateurs de musées, chercheurs et, plus récemment, professionnels d'entreprises dédiés à la culture de l'organisation ou de la marque. En effet, l'intérêt contemporain, de plus en plus manifeste, des acteurs économiques à l'égard de leur propre histoire communicationnelle les conduit à explorer leurs archives, rassembler leurs collections comme en témoigne leur recours croissant à des sociétés spécialisées dans l'audit des archives pour la valorisation des fonds. La visée est de partager « leurs trouvailles » auprès des publics, voire d'y puiser des ressources créatives et des éléments historiques propres à légitimer certains signes ou valeurs de leurs positionnements.

Les gestes convergent vers l'attention et le soin apporté aux affiches publicitaires, supports de papier à finalité commerciale accédant à un nouveau mode d'existence et au statut d'objets culturels. Les conditions de leur dignité culturelle, souvent implicites, relèvent de leur historicité et de critères « patrimoniaux ». L'objet créé et investi pour des logiques d'efficacité de visibilité devient l'objet d'une médiation qui s'évalue à l'aune d'une valeur esthétique et documentaire que la lecture de l'ouvrage invite encore à questionner.

Depuis quelques années, dans le grand mouvement général de numérisation de la société, l'affiche publicitaire fait l'objet d'une numérisation massive dans les musées dédiés à sa conservation, pour devenir artefact, sélectionné et conservé numériquement. Sélectionner les affiches, les numériser, intégrer leurs scans dans des bases de données sont autant d'opérations effectuées au nom de l'intérêt patrimonial et de l'accès des publics à ces artefacts pour des appropriations hétérogènes et méconnues. Ces actions renvoient à la « trivialité » comme processus complexe de circulation des êtres culturels caractérisée par des appropriations et altérations, compte tenu de la dimension transformative de la communication, de ses déplacements d'un espace social à l'autre[3].

L'autrice nous convie dans son ouvrage au cœur de cette trivialité, grâce aux observations et analyses des coulisses de cette transformation, en s'attachant au geste de la numérisation, vivant et situé, des professionnels en charge des collections. Elle l'intègre judicieusement dans une perspective longue, apte à rendre compte des gestes de conservation et de numérisation des affiches publicitaires, avec le recul qu'autorise une perspective historique pour aborder les aspects socio-techniques comme pour appréhender les évolutions socio-culturelles de la publicité.

Le travail de terrain, mené dans un contexte international et interdisciplinaire entre sciences du *design* et sciences de l'information et de la communication, s'inscrit dans une double filiation de recherche, celle des deux directeurs de la thèse de Fabiola Leone : celle du Groupe de recherche de l'IUAV de Venise et de l'école d'architecture et design de l' Università degli Studi di Camerino pour Carlo Vinti, et celle du GERiiCO de l'Université de Lille, déjà riches des recherches sur la publicité et sur les traces mémorielles de Simona De Iulio. L'enquête est menée au plus près du terrain, entre observation et immersion de plusieurs mois dans les entités muséales. Elle témoigne d'un investissement exceptionnel et révèle le caractère vivant des pratiques sans les écraser dans une approche globalisante, rappelant de la sorte que la numérisation n'est pas un processus linéaire. Ceci constitue une occasion unique de rendre compte doublement d'un moment inédit de la circulation des images et de la transformation de l'image publicitaire au gré du déplacement de son support.

Motivés par les finalités de leur institution et pris dans le cadre de leur mission par des contraintes de divers ordres, notamment matérielles, techniques et économiques, les professionnels engagent, dans leurs regards sur les objets et dans leurs pratiques, des objectifs de conservation et des critères de valorisation. Plus largement, l'ouvrage ouvre des pistes de réflexion et invite à interroger les nouveaux modes

---

[3] Yves Jeanneret *Penser la trivialité*, volume I, « La vie triviale des êtres culturels », 2008, Hermès Lavoisier, Paris

d'existence des affiches, les réappropriations qui seront faites des « artefacts publicitaires » avec le développement possible, grâce aux bases de données, de la visibilité des affiches sélectionnées pour la numérisation. Il ouvre aussi des perspectives de recherche pour comprendre comment les acteurs du patrimoine envisagent la diversité de leurs publics et de leurs « usages », aux contours souvent flous. Comment construisent-ils explicitement ou implicitement leurs critères de la valeur culturelle des productions publicitaires du point de vue documentaire et esthétique ? Quel poids confèrent-ils aux dimensions sémiotiques et sociales, comment composent-ils avec les enjeux de la polysémie et la variété des possibles contextualisations ? Ces questions constituent des pistes ouvertes pour les chercheurs, mais aussi pour les professionnels du patrimoine, qu'ils soient focalisés sur les questions de conservation ou sur le partage auprès des publics. La tâche est grande, mais cruciale pour donner du sens à leurs pratiques et concevoir les médiations.

Paradoxalement, l'affiche publicitaire pensée comme instrument de communication standardisée à grande échelle de la communication - outil d'une reproduction massive industrialisée - devient, par sa muséification, exemplaire original. Dans ce mouvement, l'affiche originale garde un rôle primordial, mais le fragile objet de papier se double de son artefact numérique, solide, accessible. Dans la reproduction de son image, sont préconfigurés de multiples usages et statuts tout en promettant une circulation plus forte et un partage plus large, mais au détriment de « l'aura » paradoxale de l'exemplaire original, chahuté par le geste de la numérisation. La publicité comme catégorie culturelle n'y gagnerait-elle pas ce que l'objet original conservé pourrait y perdre ?

Si l'on s'attache à la vocation de l'affiche publicitaire, force est de constater sa transformation vocationnelle : le statut promotionnel de l'objet est désactivé par son entrée en musée au nom d'une historicité et d'une exemplarité. Avec la numérisation, la multiplicité de ses saisies et réappropriations rend possible une revitalisation de son usage promotionnel : indirectement pour le musée et ses propres fins de mise en visibilité de ses collections, mais aussi, directement, pour les professionnels qui pourraient s'en saisir dans leurs stratégies communicationnelles et réactiver sa fonction commerciale dans d'autres accès, usages et médiations.

Le déplacement de l'affiche dans le temps et les médiations culturelles se poursuit avec les transformations de temporalité de l'objet-affiche. Arrachée à son existence éphémère en contexte promotionnel, l'affiche publicitaire devient dans les musées un objet historicisé avant d'être réapproprié grâce à sa numérisation dans des espaces qui évoqueront son histoire ou, peut-être, s'en exonèreront pour les lire comme de simples images, selon les médiations qui en seront faites. Le déplacement de l'image peut devenir chemin avec ses incertitudes, ses surprises et ses aléas.

Vous l'aurez compris, le livre de Fabiola Leone nous convie à un véritable voyage dans le temps, dans les salles et les coulisses des musées. Elle nous invite à suivre la traversée et les reconfigurations de ces affiches publicitaires dans différents espaces matériels et symboliques. Elle nous offre une magnifique occasion de considérer ces affiches, à la croisée de l'histoire économique, culturelle et sociale, du développement de l'industrialisation des biens et services à celui de l'économie de la visibilité. Elle réaffirme avec éclat la nécessité de penser la publicité comme phénomène culturel, artistique et social, et de comprendre son imbrication croissante dans le champ culturel, entre reconnaissance par les institutions muséales et quête d'attractivité pour séduire de nouveaux publics.

Paris, le 6 mai 2024

Caroline Marti
Professeure des universités
en Sciences de l'Information et
de la Communication
CELSA Sorbonne-Université
GRIPIC, UR 1498,

Consacrer un projet de recherche doctorale à l'étude des affiches publicitaires numérisées dans les musées nous a amené à nous confronter à celles et ceux qui, par intérêt scientifique ou par simple curiosité, nous ont demandé les raisons de ce choix. Pourquoi analyser le phénomène de la numérisation des affiches publicitaires ? Pourquoi étudier la numérisation des affiches et non celle d'autres objets conservés dans les institutions patrimoniales ? Quelle est la spécificité de ces artefacts communicationnels et qu'est-ce qui les distingue des autres biens culturels ? Pour tenter d'apporter des réponses à ces questions, le phénomène de la numérisation des affiches publicitaires nous a paru si intéressant dès le début de nos recherches que nous avons décidé de consacrer notre thèse à son étude.

Tout d'abord, l'ampleur du phénomène ne doit pas, à notre avis, être sous-estimée. Depuis la fin des années 1990, tant en Italie qu'en France, les collections d'affiches publicitaires conservées dans de diverses institutions patrimoniales (archives, bibliothèques, musées publics et privés) ont fait l'objet d'importants programmes de soutien à la numérisation. Selon une estimation faite récemment par le département des Estampes et de la photographie, la Bibliothèque nationale de France conserve environ 300 000 affiches, allant de la fin XIXe siècle à aujourd'hui, dont environ 30 000 ont été numérisées. Ce lot a tendance à croître au rythme d'environ 250 affiches par an. L'ensemble de ces affiches numérisées est visible sur le catalogue numérique de la Bibliothèque nationale de France Gallica, ou Gallica *intramuros*. La Bibliothèque Forney possède une collection de 32 000 affiches de 1880 à nos jours, dont 12 059 ont été numérisées et 3 260 mises en ligne et cataloguées sur le portail des bibliothèques municipales de la ville de Paris. Un autre exemple significatif est Numelyo2 la Bibliothèque municipale de Lyon avec 1200 affiches numérisées et publiées en ligne[4].

Deuxièmement, le soutien politique et financier que les acteurs publics et privés ont apporté aux projets de numérisation des affiches publicitaires doit être considéré non seulement dans le contexte plus large des politiques publiques et privées qui ont soutenu les programmes de numérisation du patrimoine national en France et en

---

[4] Chevry-Pébayle, Emmanuelle et Rondot, Camille, « Affiches publicitaires numérisées et réseaux sociaux numériques : enjeux stratégiques et sémiotiques pour les bibliothèques », Études de communication, 51, n° 2, 2018, pp. 79-94.

Italie au cours des dernières décennies, mais aussi dans la tendance de plus en plus marquée à récupérer le passé avec une approche nostalgique[5]. Dans divers contextes, nous assistons à la récolte et à la réactualisation d'objets ayant appartenu à un quotidien révolu. Les produits médiatiques d'autres époques suscitent des sentiments de curiosité et de nostalgie, et l'attention pour les artefacts publicitaires du passé peut être considérée comme un exemple paradigmatique de cette tendance. L'intérêt pour les affiches publicitaires d'autrefois l'illustre parfaitement. Ces dernières font précisément partie de ce que l'on pourrait appeler une « culture de la réactualisation », qui est alimentée par la passion et les initiatives de divers acteurs dans les sphères institutionnelles, amateurs et commerciales. La collecte d'objets publicitaires par des collectionneurs et des amateurs fait écho à l'organisation par les musées, les bibliothèques et les archives d'expositions d'objets publicitaires, témoins du graphisme et de la communication publicitaire des époques passées[6]. Les programmes de numérisation des collections d'affiches publicitaires vont donc de pair avec l'attention croissante que divers acteurs sociaux portent à la récupération et à la remise en circulation des images publicitaires du passé, non seulement en format papier mais aussi en format numérique.

Troisièmement, nous pensons que l'intérêt de la numérisation des collections d'affiches publicitaires réside dans la longue histoire de ces artefacts communicationnels, une histoire qui remonte au milieu du XIXe siècle et qui a fait l'objet d'une vaste littérature scientifique en histoire de l'art, histoire du graphisme, histoire culturelle, histoire de la communication et histoire de la publicité. Les affiches publicitaires ont été conçues à l'origine comme des artefacts graphiques ayant un objectif de communication commerciale. Elles ont été créées et produites avec des matériaux spécifiques et destinés à être reproduits et diffusés dans des contextes spatiaux bien définis[7]. Bien qu'elles figurent parmi les premiers artefacts de la communication commerciale moderne, elles continuent de fonctionner comme des dispositifs publicitaires, peuplant les espaces urbains qu'elles contribuent à caractériser. Cependant, comme nous le verrons dans cette thèse, au fil du temps, les affiches

[5] Fantin, Emmanuelle (sous la dir. de) ; Fevry, Sébastien (sous la dir. de) ; Niemeyer, Katharina (sous la dir. de), *Nostalgies contemporaines. Médias, cultures et technologies*, Presses Universitaires du Septentrion, Lille, 2020.

[6] De Iulio, Simona et Vinti, Carlo, « Introduction », *Études de communication,* 51, n° 2, 2018, pp. 7-20.

[7] Lees-Maffei, Grace, « Le paradigme Production-Consommation-Médiation », *Journal of Design History,* vol. 22, no. 4, 2009, pp. 351-376.

publicitaires se sont vu attribuer des rôles multiples et ont circulé dans différents espaces. Si, d'une part, elles ont abandonné leurs fonctions promotionnelles, d'autre part, celles-ci ont assumé de nouvelles fonctions au sein des différents environnements spatiaux et médiatiques dans lesquels elles ont été placées.

Par ailleurs, dès leur apparition, les affiches publicitaires ont fait l'objet de pratiques de collectionnisme et leur présence dans les milieux patrimoniaux s'est rapidement généralisée. Leur récupération a commencé à la fin du XIXe siècle, lorsque l'apparition de passionnés d'arts graphiques a transformé ces artefacts commerciaux en objets de collection. Comme les études en la matière l'ont montré[8], l'intention des affichomanes du XIXe siècle n'était pas de récupérer des objets du passé, mais plutôt de donner une valeur esthétique et documentaire à la modernité des nouveaux dispositifs commerciaux. Ils ont ainsi consacré à des objets sériels et banals, parce que plongés dans le quotidien de la consommation, une attention réservée jusqu'alors aux objets uniques, rares et précieux. Il s'agissait d'un nouveau loisir qui, en ces temps modernes et tournés vers l'avenir, réinventait le collectionnisme et a ouvert aux affiches les portes des institutions patrimoniales. Les exemples souvent uniques d'affiches, initialement imprimées à des milliers d'exemplaires, sont passés par le « filtre patrimonial »[9] et sont entrés dans les archives, les bibliothèques et les musées publics où elles ont été transformées en biens culturels dignes d'être transmis à la postérité. Par rapport à d'autres artefacts graphiques, tels que, par exemple, le dessin de caractères, la mise en pages, l'identité visuelle, la signalétique, les génériques de film ou le webdesign[10], les affiches publicitaires sont donc des « êtres culturels » ordinaires et sériels[11], porteurs d'une tradition séculaire d'objets patrimoniaux. Et malgré de longues périodes d'oubli, leur présence dans les archives, les musées et les bibliothèques a garanti leur préservation et leur légitimité en tant que biens culturels.

L'étude de la numérisation des collections d'affiches publicitaires présente donc un intérêt dans diverses sphères de la vie sociale : dans le

---

[8] Zmelty, Nicholas-Henri, *L'Affiche illustrée au temps de l'affichomanie (1889-1905)*, Mare & Martin, Paris, 2014.

[9] Saemmer, Alexandra et Dufrêne, Bernadette, (sous la dir.) « Patrimoines éphémères », *Hybrid*, vol. 1, n° 1, 2014. p. 3.

[10] De Smet, Catherine, « Visible et invisible », *Graphisme en France*, n° 14, 2007, pp. 1-13.

[11] Jeanneret, Yves, *Penser la trivialité, vol. 1, La vie triviale des êtres culturels*, Hermès sciences publication, Lavoisier, Paris, 2008.

domaine des politiques culturelles, de la construction de la mémoire collective et des pratiques liées aux artefacts communicationnels. La décision de consacrer cette thèse à la numérisation des affiches publicitaires est donc liée à ces raisons, auxquelles nous pouvons en ajouter d'autres qui sont liées à nos intérêts personnels de formation et de recherche. Étudier la numérisation de ces artefacts graphiques dans un contexte muséal nous a semblé être un choix qui s'accordait bien avec les connaissances et les compétences que nous avons acquises au cours de nos études de communication institutionnelle et d'entreprise à la Faculté des sciences de la communication de l'Université de Rome « La Sapienza ». Notre intérêt pour la publicité, la communication commerciale et le design graphique a également joué un rôle dans le choix de notre sujet de recherche.

S'intéresser à la numérisation de collections d'affiches publicitaires nous a également semblé bien s'inscrire dans notre volonté de réaliser une thèse en co-tutelle à l'Université de Lille et à l'Iuav de Venise, combinant deux approches disciplinaires différentes : les sciences de l'information et de la communication et les sciences du design. Produits graphiques, artefacts communicatifs, objets d'art, documents historiques et sociaux, les affiches nécessitent d'être étudiées avec une approche multi et interdisciplinaire. Le contexte de la préparation de la thèse a favorisé cette imbrication des disciplines. Dans les écoles doctorales des deux universités, nous avons suivi des formations doctorales en sciences de l'information et de la communication et en sciences du design. Les domaines de recherche des deux laboratoires dans lesquels cette thèse a été préparée – GERiiCO à l'Université de Lille et le groupe de recherche en muséologie du design à l'Université Iuav – se croisent : les études sur les processus de patrimonialisation, d'appropriation et d'utilisation des dispositifs numériques qui sont menées à Lille s'articulent avec celles sur le patrimoine culturel, la culture matérielle et immatérielle, les langages et les formes de communication, la muséologie et la muséographie qui sont menées à Venise. Par ailleurs, les études sur le phénomène de patrimonialisation de la publicité menées dans le laboratoire de Lille font écho à celles sur l'histoire du design conduites à Venise. Par conséquent, la numérisation des affiches publicitaires nous a semblé être un sujet qui se prêtait bien à être étudié dans le contexte des deux laboratoires.

La décision de consacrer notre thèse à la numérisation des collections d'affiches publicitaires est enfin liée au constat d'un intérêt scientifique encore naissant pour le phénomène de la numérisation de la publicité du passé. Si, comme nous l'expliquerons plus en détail dans la première partie de la thèse, au cours des dernières décennies, un nombre croissant de travaux ont été consacrés aux stratégies, pratiques et enjeux de la numérisation du patrimoine en France et en Italie, l'étude de la numérisation des objets publicitaires détenus dans les institutions patrimoniales semble encore en construction. Parmi les quelques travaux récents sur ce phénomène, on peut citer ceux du chercheur américain Fred Beard et de l'historien de la publicité Edward Timke, qui ont fait la première tentative systématique de cartographier les archives et les collections consacrées aux éphémères de la publicité et du marketing. L'historienne du design Fiorella Bulegato a consacré une étude spécifique dans le contexte italien à la cartographie des archives d'entreprise et Maddalena Dalla Mura a analysé le rôle spécifique que joue le design pour faciliter la valorisation et l'accès au patrimoine du design graphique. En France, les questions de valorisation et de visibilité du patrimoine graphique ont été récemment abordées par les chercheuses en design graphique Catherine de Smet et Annick Lantenois. Dans le domaine des sciences de l'information et de la communication, Simona De Iulio et Emmanuelle Chevry ont examiné le cas de la présence généralisée d'affiches dans les bibliothèques, en mettant en évidence les particularités liées à leur numérisation dans ce contexte patrimonial spécifique. L'intérêt pour la permanence de la publicité du passé dans le présent est également attesté par la publication en 2018 d'un dossier monographique dans la revue *Études de communication* consacré à ce phénomène et aux transformations qui s'opèrent lorsque les artefacts publicitaires sont situés dans de nouveaux contextes et réutilisés par différents acteurs.

Notre thèse se veut dans la lignée de ces travaux. En particulier, notre recherche doctorale vise à apporter une contribution à la compréhension du phénomène de création d'images numériques à partir d'artefacts publicitaires graphiques éphémères, qui étaient initialement destinés à ne servir qu'une fonction de communication dans un contexte commercial. Notre étude part du constat que les affiches qui ont survécu grâce au travail des collectionneurs ont été enrichies et transformées par un processus de trivialisation au sens proposé par Jeanneret : « La trivialité [...] est une propriété qui caractérise tous les phénomènes d'échange culturel »[12]. Plus précisément, Jeanneret indique que « les objets et les représentations ne restent pas fermés sur eux-mêmes mais

[12] *Ibid.*, p. 15.

circulent et passent entre les mains et les esprits des hommes [...] ces objets s'enrichissent et se transforment en traversant les espaces sociaux. Et même qu'ils deviennent culturels par le fait même de cette circulation créative »[13]. Comme nous tenterons de le montrer au cours de cette thèse, transposées dans de nouveaux contextes, adaptées à différentes fonctions, les affiches publicitaires sont arrivées dans les institutions patrimoniales et ont acquis le statut de biens culturels. Le changement de statut d'artefacts éphémères en biens culturels inaliénables et indestructibles s'est fait au détriment de la fonction publicitaire, mais à l'avantage de l'acquisition du statut d'objets d'art ou dans certains cas d'objets traces d'un passé, dignes d'être conservés et valorisés dans les institutions patrimoniales. Le dépôt légal, tant en France qu'en Italie, a contribué à la préservation des affiches sans tenir compte des qualités esthétiques-artistiques. De cette manière, la survie de celles-ci a été garantie, même si ni la distance historique, ni l'origine de l'auteur, et probablement pas même le zèle des collectionneurs, ne leur auraient conféré une quelconque valeur. Si, d'une part, grâce au dépôt légal et au travail des collectionneurs, elles ont été sauvées du passage du temps, d'autre part, les affiches n'ont souvent laissé aucune trace ni auprès des agences de publicité qui les ont créées, ni auprès des annonceurs qui les ont commandées à des fins commerciales. Ce sont précisément ces derniers qui, lors du passage aux archives numériques, n'ont pas reconnu de nouveaux statuts à ces matériaux, manquant ainsi une première occasion de sauvegarder leur passé. Aujourd'hui, les entreprises surfent sur la vague de la récupération et de la préservation de leur mémoire institutionnelle et les exemples de reconstruction numérique d'archives et leur valorisation deviennent un moyen stratégique pour les annonceurs de réactiver et de renforcer l'identité de leur marque.

L'ambition initiale de cette recherche a été donc d'explorer ce qu'il advient des affiches publicitaires conservées dans les musées lorsqu'elles font l'objet de campagnes de numérisation. Que deviennent les collections d'affiches publicitaires détenues par les institutions patrimoniales, et en particulier les musées, avec l'avènement de la numérisation ? Que deviennent les images publicitaires lorsqu'elles passent d'une matérialité marquée par la fragilité et des dimensions parfois gigantesques à une nouvelle matérialité impliquant de nouvelles

[13] *Ibid.*, p. 14.

formes d'exposition ? Qu'est-ce qui caractérise la nouvelle vie des affiches dans les environnements numériques ? Avec ces questions à l'esprit, nous avons considéré les affiches publicitaires comme des artefacts graphiques ayant connu diverses métamorphoses, qui les ont fait passer du statut d'éphémère de la communication commerciale à celui de bien culturel. Dans cette optique, l'hypothèse sous-jacente de notre thèse est que la numérisation constitue une nouvelle opportunité pour les affiches de se convertir en quelque chose d'autre, plus précisément en images numériques qui se prêtent à être visualisées et à circuler, de manière nouvelle, dans des environnements numériques.

En étudiant les processus de reproduction numérique des affiches publicitaires dans les musées, nous avons été confrontés à deux phénomènes majeurs. Le premier est la numérisation du patrimoine culturel tout court, un phénomène qui est étudié ici comme un processus socio-technique complexe aux multiples implications culturelles et communicatives. Dans ce contexte, nous nous concentrons donc principalement sur la dimension processuelle de la numérisation et sur le rôle joué par les professionnels dans les institutions muséales. Le deuxième phénomène auquel nous avons été confrontés est la persistance dans le présent des artefacts publicitaires du passé et l'intérêt croissant pour les supports et messages publicitaires diffusés à une époque révolue, qui va de pair avec la remise en circulation des originaux et des reproductions numériques. La numérisation et la récupération de la publicité du passé sont deux phénomènes qui mobilisent un ensemble vaste et complexe d'acteurs privés et publics (entreprises, fondations, musées, bibliothèques et archives publiques et privées) et sont sous-tendus par des politiques et stratégies institutionnelles et économiques complexes.

Dans notre thèse, les enjeux de la numérisation des affiches publicitaires conservées dans les musées sont étudiés, comme nous le détaillerons plus loi, d'abord à la lumière de l'approche qui considère la publicité comme un phénomène à la frontière entre commerce, culture et société, ensuite selon la tradition théorique qui voit la culture comme le résultat d'un processus de circulation et enfin dans la continuité des études qui prennent en compte la dimension matérielle et processuelle de la numérisation.

Selon la définition du *Dictionnaire* de l'Académie française, une affiche est une « Feuille manuscrite ou imprimée apposée sur les murs ou à certains emplacements réservés, pour donner connaissance au public d'un avis officiel ou privé »[14]. D'un point de vue matériel, il se présente sous la forme d'un rectangle de papier comportant une image et/ou un texte, apposé ou fixé à la vue de tous : un support plat qualifié par son mode de fixation[15]. En outre, comme le souligne Arturo Carlo Quintavalle, l'affiche constitue une forme de communication de masse dont l'histoire s'inscrit dans celle, plus large et plus ancienne, de la divulgation d'informations d'intérêt public, que ce soit par des institutions officielles ou des particuliers, à des fins d'information ou de rappel (la future réclame) ainsi que de véritable « publicité »[16] .

Il s'agit d'un objet matériel véhiculant une forme de communication de masse, destiné à disparaître une fois sa fonction remplie. Malgré cela, la vie des affiches s'est prolongée à travers divers passages et changements de statut. Selon Yves Jeanneret, « Tout ce qui a un statut culturel dans la société connaît une destinée triviale, car c'est par les appropriations dont il est l'objet qu'il se charge de valeur »[17]. Comme nous le verrons, les affiches n'échappent pas à ce processus : leurs transitions entre les espaces sociaux, leurs changements de fonction, les ont chargées de valeurs et de significations différentes à travers les âges. Les affiches sont des « configurations dynamiques qui traduisent l'élaboration historique des ressources et enjeux de la culture pour une société »[18] ; en tant qu'objets produits, pérennisés et partagés par les hommes, elles sont des « êtres culturels, qu'ils élaborent en travaillant les formes que ces derniers peuvent prendre et en définissant la façon dont ces termes font sens »[19].

La question initiale de notre recherche était de savoir ce qu'il advient des affiches stockées dans les institutions patrimoniales lorsqu'elles entrent dans leur nouvelle vie numérique. Le point de départ était précisément la question de savoir comment la numérisation confère un nouveau statut aux affiches publicitaires, donnant lieu à de nouveaux modes d'existence et d'utilisation. À partir de cette interrogation générale, un certain nombre de questions plus circonscrites ont émergé : dans quelle mesure la numérisation contribue-t-elle à rendre les artefacts graphiques publicitaires plus visibles ? Comment contribue-t-elle à la valorisation de ces objets publicitaires devenus objets de

[14] Dictionnaire de l'Académie, 9° édition. [en ligne]
[15] Fresnault-Deruelle, Pierre, « Affiche », *Publictionnaire. Dictionnaire encyclopédique et critique des publics.* [en ligne]
[16] Quintavalle, Arturo Carlo, « Il manifesto » in *Enciclopedia Italiana- Treccani.* [en ligne]
[17] Jeanneret, Yves, *Penser la trivialité, vol. 1, La vie triviale des être culturels*, *op. cit.*, p. 15.
[18] *Ibid.*, p 16.
[19] *Ibid.*, p 13.

patrimoine ? Où et par quels dispositifs médiatiques circulent les substituts numériques des affiches publicitaires ? Comment peut-on accéder à ces matériaux numérisés ? Comment sont-ils utilisés, retravaillés et appropriés ? Et par qui ?

Afin de répondre à ces questions, nous avons concentré notre attention sur deux cas : la numérisation des collections d'affiches publicitaires conservées au MAD Paris et au Museo Nazionale della Collezione Salce à Trévise. Les deux institutions muséales que nous avons choisi d'étudier s'avèrent être aussi éloignées géographiquement que dans leur organisation. Cependant, elles ont plusieurs aspects en commun, notamment le fait qu'elles détiennent d'importantes collections d'affiches et leurs projets de numérisation qui ont contribué à la formation de leur patrimoine numérique.

Au cours de la première phase d'exploration dans les musées, nous avons affiné et précisé notre problématique. Le contact quotidien avec les professionnels des musées a principalement déplacé notre attention sur les retombées de la numérisation, non seulement sur les affiches elles-mêmes, mais aussi sur les pratiques des opérateurs qui conservent, sauvegardent et valorisent les collections. Sous cet angle, la recherche s'est concentrée sur les questions concernant la circulation du matériel numérisé au sein des institutions muséales et ses usages par les professionnels du musée.

Des études sur la numérisation du patrimoine ont montré que, dans les institutions patrimoniales, les logiques de valorisation acquièrent une importance majeure par rapport aux logiques de conservation. Ces dernières vont donc numériser non seulement pour mieux préserver la conservation, mais aussi permettre de rendre les collections visibles autrement et de les faire connaître. La numérisation a ainsi des retombées non seulement sur la sauvegarde mais aussi pour la communication, la médiation et la valorisation des collections patrimoniales, impliquant ainsi tous les acteurs travaillant dans le cadre du musée.

En analysant les deux études de cas, nous nous sommes interrogés sur la manière dont ce phénomène affecte également les affiches publicitaires et les professionnels des musées qui ont un contact quotidien avec ce type spécifique d'artefacts graphiques. Existe-t-il des attentes spécifiques des différents professionnels des musées concernant la numérisation de ce type d'artefacts ? Dans quelle mesure les utilisations des substituts numériques des affiches publicitaires diffèrent-elles de celles des autres objets patrimoniaux numérisés ? En quoi la numérisation affecte les originaux papier ? Quel rôle jouent les originaux par rapport à leurs substituts numériques ? À ces questions s'ajoutent celles concernant les conséquences de la numérisation sur les trajectoires des affiches au sein de l'institution muséale : quel est le chemin qu'emprunte un artefact graphique une fois qu'il est passé par le filtre du patrimoine pour arriver à la base de données en ligne ? Que deviennent les artefacts publicitaires graphiques numérisés dans les musées ? Quels usages en font les professionnels et à quelles fins ?

Afin de répondre à ces questions, nous avons analysé les trajectoires suivies par les affiches, depuis leur entrée dans les deux musées jusqu'à leur stockage dans des archives numériques et leur remise en circulation ultérieure dans des environnements numériques par le biais de sites web et de programmes informatiques de gestion des collections dans les institutions muséales. Nous avons limité le périmètre de la recherche à l'intérieur des murs des deux musées, par conséquent, nous avons choisi de ne pas étendre notre étude à d'autres questions concernant les différents types de publics intéressés par les affiches numérisées et l'analyse de leurs profils et pratiques. Des recherches supplémentaires devraient donc être menées sur les appropriations de matériel numérisé circulant sur Internet.

CHAPITRE I.
Etudier la survivance des affiches au-delà de leur fonction marchande

Deux thèmes principaux traversent notre recherche : les études sur le devenir des affiches et les études sur la numérisation du patrimoine culturel. Jusqu'à présent, il est apparu que, d'une part, il existe une riche littérature sur chacun de ces sujets et, d'autre part, que les contributions scientifiques sur la numérisation des affiches sont encore rares et centrées uniquement sur le cas des bibliothèques. La numérisation des affiches dans les musées, qui pose, comme nous le verrons dans la troisième partie, des questions liées aux spécificités de ces institutions patrimoniales, reste un phénomène inexploré. Pourtant, l'attention généralisée dont bénéficient les affiches, qui font l'objet de recherches multidisciplinaires depuis des décennies, ne laisse aucun doute quant à la reconnaissance unanime de leur statut d'objet culturel. Ce manque d'intérêt pour les implications de la numérisation des affiches de musée est d'autant plus surprenant si l'on pense que les affiches ont été parmi les premiers objets du patrimoine à être inclus dans les programmes de numérisation depuis le début de l'ère numérique.

En dressant un bilan de la littérature existante, on s'aperçoit que le même constat fait par Cécile Tardy sur le décalage entre l'attention portée aux objets de musée et celle consacrée à leurs substituts numériques s'applique aux affiches. En effet, comme le note Tardy, au musée l'objet « rare, original, authentique, de valeur patrimoniale » coexiste avec sa copie numérique, « de valeur plus ordinaire, qui en préserve la trace »[20]. Les deux objets sont placés dans une relation

[20] Tardy, Cécile, « La médiation d'authenticité des substituts numériques », in : *Mémoire et nouveaux patrimoines,* OpenEdition Press, Marseille, 2015, p.155.

hiérarchique puisque l'exemplaire original se voit attribuer une valeur supérieure à celle de son document[21]. De même, les affiches publicitaires originales sont étudiées, valorisées et prises en compte en tant qu'objets culturels et patrimoniaux, alors que les substituts numériques qui les reproduisent ne bénéficient pas de la même attention.

L'étude de la numérisation des affiches dans les musées est différente de l'étude de la numérisation des affiches dans les bibliothèques. Selon Cécile Tardy, « le lieu n'est pas un "complément circonstanciel" de la culture, mais une condition de son existence »[22]. Dans la continuité de cette réflexion, notre objectif est d'apporter une contribution à l'étude des affiches et à la numérisation du patrimoine culturel par une analyse spécifique de la création de substituts numériques des affiches publicitaires conservées dans les musées et par une observation de la manière dont, par cette « fabrication de substituts », les collections deviennent « visibles, intelligibles et manipulables »[23].

Dans les pages qui suivent, après avoir développé et clarifié les questions clés qui guident notre thèse, nous fournirons quelques indications concernant le cadre théorique dans lequel s'inscrivent notre problématique et les concepts à partir desquels nous avons développé nos réflexions.

1. Problématiser la numérisation des collections d'affiches publicitaires dans les musées

Le point de départ de notre étude concerne la manière dont la numérisation confère un nouveau statut aux affiches, ou fait naître de nouveaux modes d'existence et d'utilisation. Nous pensons que le processus de numérisation est la condition nécessaire pour que les affiches circulent dans des environnements numériques, en assumant de nouvelles manières d'être qui modifient également leurs fonctions. En d'autres termes, la question initiale concernait le changement qui s'opère dans le passage qui conduit les affiches des institutions patrimoniales à leur nouvelle vie numérique, et la réflexion s'est concentrée dès le départ sur la métamorphose des affiches publicitaires

---

[21] *Ibid.*

[22] Després-Lonnet, Marie, « La dématérialisation comme délocalisation du contexte interprétatif », *Communication et langages,* Médiation des lieux de médiation, 2012/3, n°173, p. 102.

[23] Tardy, Cécile. « La médiation d'authenticité des substituts numériques », *op. cit.*, p.156.

à partir du moment où elles sont numérisées, archivées en ligne et mises en circulation dans les environnements numériques.

D'autres interrogations ont émergé à partir de cette question initiale. Dans quelle mesure la numérisation contribue-t-elle à rendre les artefacts graphiques publicitaires plus visibles ? En quoi participe-t-elle à la valorisation de ces objets publicitaires devenus objets de patrimoine ? Où et par quels dispositifs médiatiques circulent les substituts numériques des affiches publicitaires ? Comment peut-on accéder à ces matériaux numérisés ? Comment sont-ils utilisés, réédités, appropriés ? Et par qui ?

Une phase d'exploration lors d'un séjour prolongé dans le MAD Paris nous a permis d'affiner et de clarifier notre problématique. Si la question au cœur de cette thèse est de savoir ce qu'il advient des affiches après leur numérisation et dans quelle mesure ce processus donne une nouvelle vie aux artefacts graphiques, nous nous sommes surtout intéressés aux retombées de la numérisation non seulement sur les affiches elles-mêmes, mais aussi sur les pratiques de ceux qui ont la mission de conserver, sauvegarder, valoriser les collections. La recherche s'est donc progressivement concentrée sur les questions concernant la circulation du matériel numérique au sein de l'institution muséale et les usages qui en sont faits par les professionnels du musée.

Les musées, comme nous l'avons vu, ont la double tâche de préserver les affiches publicitaires en conservant leur qualité matérielle dans le temps et de les valoriser par des projets d'exposition. De plus, comme nous l'avons déjà noté, avec la numérisation, la logique de valorisation acquiert une plus grande importance. On numérise non seulement pour mieux préserver les objets patrimoniaux, mais aussi pour les rendre visible autrement et les faire connaître et apprécier. Les études sur la numérisation du patrimoine ont montré que la numérisation a des implications non seulement pour la conservation, mais aussi pour la communication, la médiation et la valorisation des collections du patrimoine. Elle a ainsi des retombées sur les activités de tous les professionnels travaillant dans le musée. Nous nous sommes donc demandé comment ce phénomène affecte également les affiches publicitaires. Existe-t-il des attentes spécifiques des différents professionnels des musées concernant la numérisation de ce type d'artefacts ? Dans quelle mesure les utilisations des substituts numériques des affiches publicitaires diffèrent-elles de celles des autres objets patrimoniaux numérisés ? Quels sont les enjeux de la numérisation pour les originaux papier ? Quel rôle jouent les originaux par rapport à leurs substituts numériques ? À ces questions s'ajoutent celles concernant les conséquences de la numérisation sur les trajectoires des affiches au sein de l'institution muséale : quel est le chemin qu'emprunte un artefact graphique une fois qu'il est passé par le filtre du patrimoine pour arriver à la base de données en ligne ? Que deviennent les artefacts publicitaires graphiques numérisés dans les musées ? Quels usages en font-ils et à quelles fins ?

Ces questions ont été progressivement définies et précisées à la lumière des observations faites sur le terrain. Comme nous le développerons plus loin, l'étude de deux études de cas a permis d'analyser le parcours des affiches depuis leur entrée dans le musée, leur numérisation, leur stockage dans des archives numériques, jusqu'à leur remise en circulation dans des environnements numériques par le biais de sites web et de programmes informatiques de gestion des collections dans les institutions muséales. D'autres questions centrales concernant les différents publics intéressés par les affiches numérisées et l'analyse de leurs profils et pratiques sont restées en marge de cette recherche doctorale. Les appropriations de matériel numérisé circulant sur Internet méritent des recherches supplémentaires.

La numérisation des affiches est un phénomène socio-technique complexe aux multiples implications culturelles et communicationnelles. Nous nous sommes concentrés sur les transformations affectant les affiches pendant et après la numérisation vue dans sa dimension processuelle et sur le rôle que jouent les professionnels des musées dans ces transformations. En choisissant cette perspective d'analyse du phénomène de la numérisation des affiches dans les musées, notre thèse s'inscrit dans la continuité, premièrement, des approches considérant la publicité comme un phénomène à la frontière entre le commerce, la culture et la société, deuxièmement, de la tradition théorique concevant la culture comme le résultat d'un processus de circulation, et troisièmement, des études prenant en compte les dimensions matérielles et processuelles de la numérisation.

2. La publicité : un phénomène non seulement commercial mais aussi culturel

Cette thèse s'inscrit dans une série d'études qui considèrent la publicité non seulement comme un phénomène commercial, mais aussi comme un phénomène social et culturel. Dans *Advertising : a cultural economy*, la chercheuse britannique Liz McFall[24] étudie le rôle que joue la publicité dans notre société, en développant une approche qui vise à dépasser une vision de l'économie et de la culture comme deux sphères séparées et opposées. McFall, proche du courant des *Cultural economy studies*, rejette cette conception dualiste qui assigne à la publicité le rôle de « pont » entre économie et culture, et considère au contraire la publicité comme une « pratique matérielle constitutive dans laquelle le "culturel" et l' "économique" sont inextricablement enchevêtrés »[25]. McFall tente donc de saisir le caractère dynamique des interactions entre culture et économie qui se matérialisent dans les pratiques publicitaires. En ce sens, du point de vue de McFall, la publicité est à la fois un fait économique et culturel[26].

Bien que dans une perspective disciplinaire différente, Yves Jeanneret affirme également clairement qu'une analyse des relations entre l'économie et la culture ne doit pas être comprise de manière dichotomique, comme s'il s'agissait de « deux domaines étrangers », mais que le défi consiste à étudier « l'économie dans sa culture »[27]. Dans l'introduction à l'ouvrage de Caroline Marti, *Les médiations culturelles des marques : une quête d'autorité*[28], Jeanneret, abordant la prétention des entreprises à faire de la culture, souligne que la culture dont les acteurs du capitalisme et les marques se font porteurs est différente de la culture qui sous-tend les projets de démocratisation, de préservation de la mémoire, d'émancipation. Selon Jeanneret, le fait de poser le problème en ces termes permet de « comprendre pourquoi les acteurs du capitalisme, des marques, des industries marchandes ne peuvent déployer leur stratégie, étrangère, voire indifférente en elle-même au projet démocratique, patrimonial et surtout émancipateur de la culture, sans émettre la prétention à être eux-mêmes des acteurs de la culture, au sens social du terme. Et surtout sans se mêler du partage entre les multiples acceptions de cette notion complexe et controversée, ses pratiques, ses valeurs, ses savoirs »[29].

---

[24] McFall, Liz, *Advertising: a cultural economy,* SAGE Publications, 2015.

[25] *Ibid.*, p. 7

[26] Elizabeth McFall indique que cette approche met plutôt en avant l'idée que le culturel et l'économique sont réalisés dans diverses instances de pratiques matérielles qui méritent une enquête empirique détaillée, *Ibid.*

[27] Jeanneret, Yves, « préface », dans Marti, Caroline, *Les médiations culturelles des marques : Une quête d'autorité*, *op.cit.*, p.2.

[28] Marti, Caroline, Jeanneret, Yves (préfacier) *Les médiations culturelles des marques : Une quête d'autorité*, ISTE Group, Londres, 2019.

[29] Jeanneret, Yves, « préface », *op.cit.*, p.2.

Un phénomène en mouvement qui, à travers différents médias, traverse de multiples espaces sociaux, la publicité pour Simona De Iulio est « un phénomène à multiples facettes qui se glisse entre la production et la consommation, la rationalité économique et les mondes symboliques, les intérêts privés et la sphère publique, les logiques gestionnaires et l'inventivité créative, soulevant ainsi des problématiques nombreuses et complexes »[30]. De ce point de vue, l'analyse d'un phénomène complexe comme la publicité doit donc se faire sans perdre de vue ses multiples facettes, dans ses interrelations et sans abstraction du contexte de référence.

Les propos de Karine Berthelot-Guiet sur le sujet de la communication pour la publicité vont dans le même sens : « il est vain d'imaginer saisir la richesse et la dynamique par une approche unique d'un objet communicationnel aussi complexe et polémique »[31]. Pour Karine Berthelot-Guiet, afin de faire de la publicité un objet digne de recherche, il est nécessaire de choisir une construction méthodologique adaptée à la saisie de ses formes changeantes. La chercheuse insiste notamment sur le caractère dynamique et circulatoire du discours publicitaire : « Le discours publicitaire est un objet symbolique en circulation qui participe à des échanges sociaux. Lieu d'effervescence, la publicité est à la fois un texte en circulation et un lieu de circulation elle-même : circulation sémiotique des images, des stéréotypies et des formes linguistiques »[32] Berthelot-Guiet considère que les sciences de l'information et de la communication représentent la discipline la plus appropriée pour l'étude des phénomènes de ce type :

« Pour définir le discours publicitaire, pouvoir prendre en charge ses formes et leurs multiples métamorphoses, il ne faut pas un modèle fixe d'analyse mais une articulation souple des approches qui permette de tourner autour de l'objet pour, à défaut de l'épuiser, en saisir la complexité. Cette approche s'ancre dans les sciences de l'information et de la communication dont l'une des spécificités est l'approche multidimensionnelle qui respecte la complexité des objets »[33].

Bien que partant de perspectives théoriques et disciplinaires différentes, plusieurs auteurs s'accordent à dire que la publicité est un phénomène complexe au carrefour de la culture, de l'économie et de la

---

[30] De Iulio, Simona, *Étudier la publicité, op. cit.*, p. 101.
[31] Berthelot-Guiet, Karine, *Paroles de pub : la vie triviale de la publicité*. Éditions Non standard, 2013, p. 20.
[32] *Ibid.*
[33] *Ibid*, p. 22.

société. De ce point de vue, les artefacts publicitaires n'apparaissent pas comme statiques, mais plutôt comme des objets circulant dans différents contextes spatiaux, médiatiques et sociaux. Cette approche constitue une entrée clé de notre réflexion, qui considère les affiches publicitaires comme des artefacts complexes puisque différents acteurs sociaux leur attribuent de multiples fonctions — commerciale, esthétique, mémorielle, patrimoniale[34] — et c'est précisément en raison de cette complexité qu'elles se prêtent à une circulation dans de multiples espaces sociaux.

3. Une circulation culturelle

Yves Jeanneret définit la « trivialité » comme une catégorie descriptive qui nous permet d'analyser la culture « par un certain côté »[35]. C'est une perspective qui nous permet de voir les objets et les représentations en les saisissant dans une dynamique interrelationnelle qui leur est propre : « objets et représentations ne restent pas fermés sur eux-mêmes mais circulent et passent entre les mains et les esprits des hommes »[36]. Dans cette perspective, le terme *trivium,* qui selon l'étymologie latine signifie croisement, carrefour, évoque la circulation des idées, des connaissances et des objets à travers « les carrefours de la vie sociale »[37]. Comme l'observe Matteo Treleani dans sa note de lecture du livre *Critique de la trivialité* d'Yves Jeanneret, c'est précisément le terme trivial qui désigne « le caractère fondamental des processus qui permettent le partage, la transformation, l'appropriation des objets et des savoirs au sein d'un espace social hétérogène. Il peut s'agir de formes, de modèles, de genres, d'idées, mais aussi de contenus culturels – textes, images, films, archives – tous éléments que l'auteur rassemble sous le nom d'« êtres culturels »[38]. Ils ne restent pas fermés en eux-mêmes, d'où l'importance de les appréhender dans leur aspect dynamique et relationnel[39].

Repenser la publicité, « sous l'angle fédérateur de la trivialité », dans la perspective de Karine Berthelot Guiet est une manière d'envisager

---

[34] De Iulio, Simona et Vinti, Carlo, « Introduction », *op. cit.*

[35] Jeanneret, Yves, *Penser la trivialité*, vol. 1, *La vie triviale des êtres culturels, op.cit.*, p. 14.

[36] *Ibid.*

[37] *Ibid.*

[38] Treleani, Matteo, « Yves Jeanneret, Critique de la trivialité. Les médiations de la communication, enjeu de pouvoir. Paris, Éditions non Standard, 2014, 784 », *Actes Sémiotiques, 119, 2016.* [En ligne]

[39] Jeanneret, Yves, *Penser la trivialité*, vol. 1, *La vie triviale des êtres culturels*, *op.cit.*, p. 14

« la contribution de cet être culturel à la question du culturel en général »[40]. Encadrée selon la catégorie de la trivialité, « la publicité est donc à la fois un facteur et un vecteur de circulation et elle-même un être culturel en redéfinition »[41]. Ses multiples pérégrinations en font un objet culturel qui se prête à l'appropriation et à la réappropriation. En ce sens, les affiches publicitaires, grâce aux chemins qu'elles empruntent, s'enrichissent de nouvelles interprétations, qui sont liées à de nouveaux usages et à de nouvelles formes d'appropriation.

Lors d'une conférence internationale organisée à l'Université Iuav de Venise sur le thème du graphisme en tant qu'être culturel[42], Yves Jeanneret a exprimé son intérêt pour les artefacts graphiques en expliquant que son attention pour la circulation des objets et des valeurs culturelles dans la société est liée à ce qu'il appelle la « vie triviale des êtres culturels ». Et, dans cette circonstance, Jeanneret a souligné l'omniprésence des artefacts visuels et surtout graphiques[43] et a insisté sur l'importance d'étudier certains des phénomènes de leur circulation, tels que l'échange, la transformation, l'interprétation, l'appropriation et la réappropriation, en les considérant comme des aspects intrinsèquement liés à la communication.

De notre point de vue, faire appel au concept de trivialité pour la construction de notre cadre théorique contribue à mettre en évidence l'idée de la complexité culturelle qui caractérise les affiches publicitaires. Dans la perspective de Carlo Vinti, les artefacts graphiques une fois muséifiés peuvent continuer à vivre dans différents espaces sociaux et économiques[44]. Nous partons de la considération que ce dernier aspect est l'un des facteurs déterminants de leur circulation culturelle, pour essayer de comprendre, en utilisant encore les mots de Jeanneret, « comment le numérique modifie les conditions du design graphique ou quelle est la vie numérique des artefacts de design »[45].

Un choix qui, pour reprendre encore l'expression de Jeanneret, n'est pas « absolument neutre » puisqu'il « suggère que ces objets s'enrichissent et se transforment en traversant les espaces sociaux. Et

---

[40] Berthelot-Guiet, Karine, *Paroles de pub : la vie triviale de la publicité*, *op. cit.*

[41] *Ibid.*, p.23.

[42] *Graphic design as cultural object: history, heritage and mediation in the digital age*, Università Iuav di Venezia, 22-febbraio 2018, Venezia, Badoer.

[43] *Ibid.*

[44] Vinti, Carlo, « Il design grafico come patrimonio. Una riflessione sullo statuto culturale degli artefatti grafici », *op. cit.*

[45] *Graphic design as cultural object: history, heritage and mediation in the digital age*, *op.cit.*

même qu'ils deviennent culturels par le fait même de cette circulation créative »[46].

A la base de la trivialité, il y a donc une idée de carrefour, de circulation et d'échange « d'où le choix de ce terme, qui consiste à se représenter la circulation des idées et des objets comme une sorte de cheminement des êtres culturels à travers les carrefours de la vie sociale »[47]. La catégorie de la trivialité nous permet d'observer les façons dont les objets circulent et sont partagés dans la société en passant d'un espace social à un autre. Comment donc cette circulation les transforme et leur fait prendre de nouvelles significations[48]. Ainsi, en reprenant les mots de Treleani, « penser la trivialité signifie par conséquent penser les phénomènes de remédiation, recontextualisation, réécriture ou reproduction (...). L'idée est que la circulation des éléments en constitue l'essence : un être culturel est tel précisément parce qu'il circule et est réapproprié ; et c'est dans ce jeu de métamorphoses que s'institue l'idée même de culture »[49].

Jeanneret s'attarde sur un élément important pour notre étude. Certaines institutions font circuler les savoirs plus que d'autres, et l'une d'entre elles est le musée, où il existe des objets, des pratiques et des techniques qui passent inaperçus mais qui facilitent l'appropriation et la circulation des objets. Dans les musées, par exemple, la disposition des objets, des documents écrits, mais aussi l'organisation des salles, l'éclairage, la scénographie, sont un moyen non seulement de présenter des objets culturels, mais aussi de transmettre des connaissances[50].

Certaines approches en sciences sociales[51], notamment en histoire de la culture matérielle, anthropologie des objets et sociologie des sciences et des technologies, constituent les fondements des études sur la culture matérielle dont Daniel Miller, Ariun Appaduraj et Igor Kopytoff sont les initiateurs. Dans cette anthropologie des objets et de la culture matérielle, une attention particulière est accordée aux relations que les

---

[46] Jeanneret, Yves, Penser la trivialité, vol. 1, op. cit., p.14.
[47] *Ibid.*
[48] *Ibid.*
[49] Treleani, Matteo, « Yves Jeanneret, Critique de la trivialité. Les médiations de la communication, enjeu de pouvoir. Paris, Éditions non Standard, 2014, 784 », *op. cit.*, p. 2.
[50] https://www.canal-u.tv/chaines/fmsh/jeanneret-yves/la-culture-triviale.
[51] Les études de Jean Baudrillard sur la nature des biens de consommation dans la société de consommation émergente ont eu une influence importante sur ces études. Rappelons en extrême synthèse que dans cette analyse, que le sociologue effectue à partir des objets quotidiens, les objets constituent un système global, arbitraire et cohérent de signes. Le contexte dans lequel ils sont insérés est structuré et lié par des relations signifiantes, qui attribuent des valeurs différentes aux objets. Baudrillard, Jean, *Le système des objets,* Denoël, Gonthier, 1976.

individus entretiennent avec les objets, donnant lieu à des analyses centrées sur l'étude de la « vie sociale des choses et sur leur biographie culturelle »[52]. Appaduraj et Miller s'inspirent des réflexions de George Simmel sur la circulation de l'argent. Dans ces études, le sociologue attribue un rôle de médiateur à la circulation de l'argent, mais au-delà de cette fonction, l'argent n'a pas de valeur intrinsèque. De même, pour les deux anthropologues, les objets n'ont pas de valeur intrinsèque, mais c'est l'action de l'échange qui leur en donne une. À travers les recontextualisations qu'ils subissent, les objets passent par différents statuts. L'objectif est d'accorder une plus grande attention au rôle matériel que les objets jouent dans les processus d'échange et de consommation[53]. Ils donnent ainsi naissance à un champ d'étude qui a contrebalancé la forte orientation sociologique qui analyse les systèmes d'échange, en proposant une approche plus centrée sur les objets et leur matérialité.

Le défi de cette approche, selon Miller, est de dépasser l'analyse polarisée entre le seul objet matériel et les relations sociales, et d'étudier plutôt les articulations entre ces deux pôles. Il s'agit de comprendre dans quelle mesure les objets jouent un rôle actif dans les processus sociaux, puisqu'ils sont eux-mêmes dotés d'une *agency*[54] ou plutôt une capacité d'action, qui les transforme de simples témoins en faits sociaux complexes.

Miller revendique également la nécessité d'un champ interdisciplinaire inclusif construit autour d'un intérêt commun pour l'étude de la « constitution matérielle des relations sociales »[55]. Dans cette perspective, combinée à celle de la matérialité de l'objet, le concept de circulation culturelle devient fondamental. Pour Appadurai, lorsque les choses se déplacent dans l'espace et le temps, elles sont transformées et investies de qualités et de valeurs différentes. Suivre les choses en mouvement est la condition pour comprendre les situations d'échange et de marchandisation qui les transforment. De même, pour

---

[52] Appadurai, Arjun, *The social life of things: commodities in cultural perspective,* Cambridge Press University, New-York, 1986 ; Bonnot, Thierry, *La vie des objets*, *op.cit.*, p. 127 ; Kopytoff, Igor, « The cultural biography of things: commoditization as process », in Appadurai, Arjun, *The social life of things: commodities in cultural perspective,* pp. 64-91.

[53] Casemajor, Nathalie, « Matérialisme numérique et trajectoires d'objets. Les artefacts numériques en circulation. », *French journal for media research,* vol.1, 2014, pp. 1-18.

[54] Latour, Bruno, La science en action : Introduction à la sociologie des sciences, La Découverte, Paris, 2005.

[55] Casemajor, Nathalie, « Matérialisme numérique et trajectoires d'objets. Les artefacts numériques en circulation », *op. cit.*

Kopytoff la valeur économique et sociale des objets varie en fonction des passages qu'ils empruntent dans les différentes sphères d'échange. Kopytoff estime être particulièrement important de prendre en compte le processus de production, d'échange et de consommation dans son intégralité afin de saisir le caractère dynamique et non statique du phénomène de la circulation des marchandises.

S'appuyant sur les travaux d'Appadurai, entre autres, les deux anthropologues Benjamin Lee et Edward Lipuma[56] utilisent la notion de circulation pour expliquer certaines des dynamiques qui sous-tendent les systèmes d'échanges culturels et économiques contemporains. Leur théorie s'articule autour de l'idée que la circulation a une nature performative, ce qui la caractérise comme un processus culturel en soi. Dans cette perspective, la circulation est donc comprise comme une construction utilisée pour faire une analyse culturelle. Par conséquent, comme le soulignent les deux auteurs, il ne s'agit pas de la considérer comme un simple mouvement de personnes, d'idées et d'objets, d'une culture à une autre, « que le simple déplacement de personnes, d'idées et de marchandises d'une culture à une autre »[57], mais elle doit être comprise comme un processus culturel complexe « avec ses propres formes d'abstraction, d'évaluation et de contrainte, qui sont créées par les interactions entre des types spécifiques de formes circulantes et les communautés interprétatives construites autour d'elles »[58]. Lee et Lipuma visent donc non seulement à analyser comment la culture circule, ou comment les productions culturelles et les représentations que la culture véhicule circulent, mais aussi à examiner en quoi consistent les problèmes de circulation eux-mêmes. Les cultures de circulation sont créées et animées par les formes culturelles qui y circulent. La circulation de ces formes présuppose toujours l'existence des communautés interprétatives respectives qui, avec leurs propres formes d'interprétation et d'évaluation, identifient les lignes d'interprétation.

Dans une perspective communicationnelle, où ce qui, selon Caroline Marti, est valorisé « de l'ordre de la circulation et de l'élaboration au détriment d'un essentialisme des formes et des représentations »[59], les

---

[56] Lee, Benjamin et LiPuma, Edward, « Cultures of Circulation : The Imaginations of Modernity », *Culture publique* 14, n° 1, 1er janvier 2002, pp. 191-213

[57] *Ibid.*

[58] *Ibid.*

[59] Marti, Caroline, Jeanneret, Yves (préfacier), *Les médiations culturelles des marques : Une quête d'autorité*, *op. cit.*, p.16.

formes n'existent que dans les processus socio-techno-économiques qui les façonnent dans le temps et dans les esprits. Elles sont ainsi le résultat de représentations parfois ambivalentes, parfois conflictuelles selon les groupes qui les génèrent, les valorisent et les mobilisent.

De notre point de vue, compte tenu de leur complexité culturelle, les affiches publicitaires, ainsi que leurs substituts numériques, participent à cette « circulation de formes de la culture et à la structuration du rapport au savoir dans la société »[60]. Les affiches numérisées nous semblent partager la même condition de circulation performative des objets culturels au centre de l'analyse des auteurs que nous avons mentionnés. Cette condition les amène à être non seulement des véhicules de représentations des originaux, mais aussi des créateurs de sens, eux-mêmes dotés d'une *agency.*

4. La nature processuelle et matérielle de la numérisation

Notre réflexion part donc de deux considérations : la publicité est un phénomène complexe aux implications à la fois économiques et culturelles, et les affiches sont des artefacts qui circulent dans différents espaces sociaux, acquérant ainsi de multiples fonctions et valeurs en fonction des acteurs sociaux avec lesquels elles entrent en contact. Outre que sur ces deux prémisses théoriques, notre thèse repose sur une troisième : la numérisation des affiches a une nature processuelle et matérielle qu'il convient d'examiner. Cette prémisse fait que notre travail s'inscrit donc dans le contexte des études qui s'intéressent à la numérisation en tant que processus impliquant des personnes, des choses, des lieux et des dispositifs concrets[61].

Comme l'a observé Marie Després-Lonnet, les opérations de numérisation vont de pair avec la création de bases de données qui rassemblent dans un même lieu, un même temps et une même forme tous les éléments textuels qui font référence aux objets inventoriés et numérisés[62]. En outre, la création d'archives numériques « permet d'abstraire les œuvres de leurs lieux de conservation, de les faire sortir

---

[60] *Ibid.*, p. 24.

[61] Després-Lonnet, Marie, « Le patrimoine culturel numérique : entre compilation et computation », *Culture et Musées,* 2014, pp. 71-88 ; Tardy, Cécile. *La médiation d'authenticité des substituts numériques, op. cit.*, p.156 ; Chevry-Pébayle, Emmanuelle, De Iulio, Simona, « Les collections d'affiches publicitaires numérisées : entre construction de l'offre et appropriations », *op. cit.*

[62] Després-Lonnet, Marie, « Le patrimoine culturel numérique : entre compilation et computation », *op.cit.,* p. 78.

des réserves où elles dorment parfois et de les affranchir des frontières géographiques et des barrières institutionnelles » [63]. En particulier, à la suite de cette auteure et dans la lignée de l'approche qui considère les archives comme des lieux « vivants »[64], nous considérons la numérisation et les activités qu'elle implique comme un laboratoire actif, en constante transformation, rompant avec certaines représentations conventionnelles qui voient les collections patrimoniales conservées dans les musées, les archives et les bibliothèques comme stables et séparées du flux du temps et des événements.

Une autre orientation qui semble fructueuse est celle suivie par Nathalie Casemajor, qui, se référant au cadre théorique du soi-disant « tournant matériel », l'utilise pour étudier les environnements numériques. Le point de départ de l'analyse de Casemajor est la reconnaissance des images numériques comme « artefacts matériels »[65]. Selon la chercheuse, « il faut systématiquement questionner l'imaginaire de la dématérialisation sur lequel une certaine rhétorique du numérique s'est développée »[66]. La numérisation s'effectue en effet par l'inscription du code sur un support électromagnétique, une action fondamentalement physique et matérielle, clairement exprimée par Casemajor à travers la « métaphore du nuage des données »[67]. En encadrant le phénomène de la numérisation dans cette perspective, nous avons tenté de nous affranchir d'une vision qui attribue au numérique une consistance évanescente et avons adopté un point de vue centré sur la matérialité déclinée dans ses différentes dimensions : spatiale, organisationnelle et économique.

---

[63] *Ibid.*, p.78.

[64] Bulegato, Fiorella, « La grafica italiana negli archivi », *op. cit.* ; Irace, Fulvio, Alberto Seassaro, Graziella Leyla Ciagà, Eleonora Lupo, Raffaella Trocchianesi (sous la dir. de), *Design & cultural heritage*, *op. cit.*, p. 776 ; Schnapp, Jeffrey, « Animare l'archivio / Animating the archive », in Irace, Fulvio, Alberto Seassaro, Graziella Leyla Ciagà, Eleonora Lupo, Raffaella Trocchianesi (sous la dir. de), *Design & cultural heritage*, *op. cit.*, 63-80.
Schofield, Tom et *alii*, « Archival Liveness: Designing with Collections Before and During Cataloguing and Digitization. » DHQ: *Digital Humanities Quarterly, 9, 3, 2015 ;* Dalla Mura, Maddalena, « *Storia digitale e design/2 Fonti e archivi* », *op. cit.*

[65] Casemajor, Nathalie, « Matérialisme numérique et trajectoires d'objets. Les artefacts numériques en circulation », *op. cit.*

[66] *Ibid.*

[67] *Ibid.* Dans la même perspective, Vinck parle de « re-matérialisation », cf. Vinck, Dominique, *Humanités numériques, la culture face aux nouvelles technologies*, Le cavalier bleu, Paris, 2020, p. 33.

Un autre point qui nous semble important dans le raisonnement de Casemajor concerne les différences entre les reproductions numériques d'artefacts et les originaux qu'elles représentent. Ceux-ci ne se limitent pas à être des répliques, mais « possèdent leur propre singularité, tout en fonctionnant comme des extensions de l'artefact original »[68]. La numérisation en fait des « produits *dérivés* ou *seconds,* caractérisés par leur reproductibilité et leur multiplication, tandis que l'objet original est fortement singularisé »[69]. Dans la réflexion de Casemajor, ces documents numériques ont leur propre « régime de matérialité, et donc leurs propres régimes d'usage, de valeur et d'échange »[70]et peuvent se voir attribuer leurs propres qualités esthétiques[71]. Cependant, ces substituts numériques ne sont pas indépendants des originaux. Ils sont en effet indexés sur la base des originaux et leur principale valeur d'usage est de documenter l'existence des originaux, conditionnant leur circulation et leur visibilité médiatique.

L'intérêt pour la question de la matérialité est partagé par de nombreuses disciplines[72], dont les Sciences de l'information et de la communication et les sciences du design. Selon l'historien du design Kjetil Fallan, qui rappelle que le design n'est pas un art, mais un phénomène profondément culturel, les aspects matériels ne peuvent être sous-estimés au profit des implications symboliques puisque ce sont eux qui donnent lieu à une histoire culturelle[73].

Dans ces deux champs disciplinaires, certains auteurs contestent l'idée que l'avènement du numérique favoriserait la disparition des supports au profit des contenus et l'hypothèse selon laquelle les technologies numériques conduisent à la dématérialisation. Au contraire, dans la perspective du *material turn*, la numérisation est considérée comme un processus menant plutôt à une hypermatérialisation.

C'est dans cette perspective que l'attention est tournée vers les dimensions relationnelles et spatiales du social, celui-ci étant compris comme un processus de transformation et d'interprétation. En paraphrasant Yves Jeanneret, nous sommes confrontés à une

---

[68] *Ibid.*
[69] *Ibid.*
[70] *Ibid.*
[71] *Ibid.*
[72] Histoire de l'art, histoire du design, sociologie, anthropologie, psychologie, etc.
[73] Fallan, Kjetil, *Design history : understanding theory and method,* Berg Publisher, New-York, 2014, pp.48-49.

« matérialisation au carré »[74] qui oblige à considérer le support matériel au-delà de la fonction accessoire de véhicule d'information, mais plutôt en tant que tel. Dans cette perspective, il est donc nécessaire de redéfinir à la fois la notion de support ainsi que celle de médiation. Le but de cette approche est, comme le résume Simona De Iulio, « de prendre en compte et d'analyser la matérialité spatiale au sein de laquelle les dispositifs sont immergés et où les processus info-communicationnels et médiatiques ont lieu »[75].

L'intérêt récent pour la matérialité des processus culturels et communicatifs s'est manifesté à travers diverses conférences, journées d'étude et séminaires qui ont été organisés pour discuter et faire le point sur les différents points de vue adoptés par les diverses disciplines qui traitent de cette question. Il nous semble utile de faire référence à certains d'entre eux, car ils ont donné lieu à des réflexions qui intéressent de plus près notre thèse. Un cycle de séminaires organisé par le laboratoire GERiiCO en 2021, intitulé *Matérialité(s) et formes sociales*[76], s'est proposé de questionner les « régimes de matérialité » qui opèrent dans les communications modernes. En particulier, un certain nombre de communications ont abordé la question du tournant matériel dans les études sur la numérisation, qui va de pair avec un tournant spatial dans ces études. Quelques réflexions sur la publicité et le design[77] ont étudié le lien qui existe dans ce domaine entre le *matériel turn* et le *spatial turn.* Dans son intervention, Simona De Iulio nous a invités à saisir l'enjeu de cette démarche qui consiste à « abandonner une focale d'observation centrée sur les dispositifs info-communicationnels qui relègue, voire efface, les environnements spatiaux en "arrière-plan" [et à] Élargir le regard "autour" des dispositifs info-communicationnels pour transformer la manière de les observer »[78]. Selon De Iulio, cette posture entraîne de multiples questions et pistes de recherche, « sur la façon dont les dispositifs info-

---

[74] Jeanneret, Yves, *Y-a-t-il (vraiment) des technologies de l'information ?*, Presses universitaires du Septentrion, Villeneuve d'Ascq, 2011.

[75] De Iulio, Simona, « Postface. Perspectives et enjeux d'un tournant spatial des études sur la publicité », *op. cit.*

[76] Séminaire de spécialité du laboratoire GERiiCO coordonné par Patrice de la Broise et Susan Kovacs. Ce séminaire s'inscrivait dans la continuité du colloque organisé à Rennes du 25 au 27 mars 2020 intitulé *Matérialité(s) et formes sociales : objets, machines, mémoires.*

[77] De Iulio, Simona, « Étudier les artefacts communicationnels en contexte : le cas de la publicité et du design graphique dans les espaces publics urbains », Séminaire de spécialité GERiiCO du 25 mars 2021, Vinti, Carlo, « Étudier le design graphique en contexte : traces matérielles et espaces de circulation », Séminaire de spécialité GERiiCO du 25 mars 2021.

[78] *Ibid.*

communicationnels agissent concrètement sur les lieux où ils sont situés dans leur matérialité spatiale ainsi que sur les pratiques sociales qui y sont mises en œuvre »[79].

Les réflexions développées dans le cadre de ses recherches sur l'histoire du graphisme et discutées lors du même séminaire organisé par le laboratoire GERiiCO de Carlo Vinti vont dans le même sens. Après avoir reconstruit le rôle que la matérialité a historiquement occupé dans les études de design et en particulier dans l'histoire du design graphique, Vinti a abordé le thème de la matérialité sous deux angles principaux : premièrement, la matérialité des artefacts graphiques et l'importance pour l'historien des traces qui peuvent y être inscrites dans cette matérialité, et deuxièmement, le contexte dans lequel les artefacts graphiques agissent, et en particulier l'espace public urbain, compris comme le champ d'action du design graphique.

Partant du constat que le mot design en anglais est à la fois un substantif et un verbe, selon Vinti, « le design est toujours un processus qui doit tenir compte des contraintes et des conditions matérielles, tant dans la phase de conception que dans la phase de production, de circulation et de consommation des artefacts »[80]. Dans cette approche de la matérialité, on considère l'ensemble du réseau complexe de relations dans lequel les artefacts sont insérés et qu'ils contribuent eux-mêmes à déterminer et à configurer en permanence. Depuis quelque temps, observe Vinti, la question du design est de savoir comment prendre en compte cette matérialité. De nombreux chercheurs, influencés par d'autres disciplines[81], se sont intéressés aux objets du quotidien, concentrant leur attention sur la circulation dans l'espace et le temps des « choses » et insérant les artefacts dans les réflexions théoriques des « trajectoires sociales » et de la « biographie culturelle »[82]. Cela conduit à considérer l'ensemble du « cycle culturel » du produit en liant conception, production et consommation, en prêtant attention aux phénomènes de médiation et de négociation entre les différents acteurs impliqués[83].

En effet, comme l'explique Vinti, dans la perspective de l'histoire du design, la matérialité constitutive des artefacts graphiques les rend

---

[79] *Ibid.*
[80] *Ibid.*
[81] Anthropologie, muséologie et surtout études socio-historiques des sciences et des technologies.
[82] *Ibid.*
[83] *Ibid.*

porteurs de traces de leur circulation culturelle. En ce sens, ils se caractérisent par un double statut, qui, d'une part, permet de les analyser en tant qu'objets d'étude et, d'autre part, les rend utilisables en tant que documents qui portent les traces de leur circulation. Par le biais de ces traces il est possible de reconstituer l'histoire des artefacts.

Soulignant donc le double rôle que jouent les objets matériels dans l'histoire du design, qui les étudie à la fois comme des objets en soi (histoire *des* artefacts) et comme des documents historiques (histoire *à travers* les artefacts)[84], certains chercheurs, dont Raimonda Riccini, proposent de dépasser cette distinction dichotomique pour étudier les artefacts dans leur ensemble, à la fois « œuvres » à étudier selon une approche d'histoire de l'art et en même temps « traces matérielles » à partir desquelles reconstruire le passé[85]. Ces tentatives vont dans une direction similaire à la critique de Robin Kinross, qui part du constat que la matérialité des artefacts graphiques n'est souvent représentée que dans sa bidimensionnalité, mais en réalité, leur matérialité va au-delà (fragilité du papier, exposition aux intempéries, stockage inadéquat, etc.) et les expose à l'usure et aux traces d'utilisation. Le manque de représentativité de ce type de matérialité qui caractérise les artefacts graphiques est également critiqué par Jeffrey Schnapp, selon qui « vouloir transférer son statut d'objet au domaine des données et des médias numériques revient à effectuer un déplacement métaphorique et à créer un nouvel ensemble d'objets qui ont leur propre matérialité, leurs propriétés, leur expressivité et même leur poésie »[86]. De ce fait, comme nous l'avons vu, Schnapp remet en question les possibilités offertes par les nouvelles technologies pour rendre ces aspects de la matérialité dans l'indexation de ces « avatars numériques »[87].

Carlo Vinti observe que, précisément en dépit de cette réalité matérielle, les exemples d'artefacts graphiques exposés dans les musées sont souvent des copies tirées d'archives et à l'abri des signes d'utilisation et de circulation dans les espaces sociaux[88].

Une autre caractéristique des artefacts graphiques est qu'ils survivent au présent, mais, comme l'observe Vinti, les artefacts graphiques ne

---

[84] Fallan, Kjetil, Design History: Understanding Theory and Method, *op. cit.*, pp. 47-48.

[85] Riccini, Raimonda, « History from things: Notes on the history of Industrial Design », *Design Issues*, 14/3 (1998), in Fallan, Kjetil (sous la dir. de), *Design History: Understanding Theory and Method*, *op. cit.*

[86] Schnapp, Jeffrey, « La vie intime des objets culturels », *op. cit.*, p. 193.

[87] *Ibid.*

[88] Ce n'est pas le cas des affiches anciennes patrimonialisées. Elles ont été retirées de cette circulation sociale dont elles portent les signes.

survivent pas seulement en tant que exemplaires originaux d'une édition donnée, d'ailleurs souvent représentée sous la forme d'un artefact isolé de ses relations avec d'autres artefacts, avec le contexte et avec les acteurs sociaux. Ils survivent également grâce aux traces matérielles qu'ils ont laissées derrière eux, qui sont dans certains cas les seuls survivants « des images qui enregistrent les usages, la circulation et la diffusion des artefacts dans les trames de la vie quotidienne »[89].

Ainsi, du point de vue de Carlo Vinti, la prise en compte du contexte est particulièrement importante dans le cas des artefacts graphiques, car, en peuplant l'espace urbain de manière extrêmement variée, ils contribuent à configurer l'image et l'expérience métropolitaine. C'est pour cette raison qu'idéalement, la rue serait le principal scénario approprié pour représenter l'histoire du design étant les signes graphiques « fortement imbriqués dans la texture de la vie urbaine et font partie intégrante des espaces publics » où la distinction entre les espaces de communication et les espaces physiques est le résultat d'une séparation théorique. Élément clé du réseau de relations à travers lequel se déroule la vie urbaine, ils contribuent à organiser et à définir la dynamique interne de l'espace public et donc « En tant que artefacts matériels, leur fonctionnement, leur action et même leur esthétique ne peut pas être dissocié du contexte physique de la ville ».

La conclusion de Vinti est qu'il n'est certainement pas facile de transférer certaines méthodes de recherche empirique aux artefacts du passé, tels que les affiches publicitaires, qui, comme nous l'avons vu, ne survivent pas dans les espaces pour lesquelles elles ont été conçues. Il conviendrait cependant d'abandonner une posture qui privilégie l'étude des originaux, pour « prendre en considération les exemplaires qui ont circulé effectivement dans les espaces sociaux et analyser les traces inscrites dans la matérialité des artefacts par les acteurs sociaux ; utiliser et valoriser toutes les traces qui documentent l'existence principalement allographique du design graphique, notamment les images qui représentent les artefacts en « action et en contexte ». Dans cette démarche, on comprend l'importance, pour l'histoire du design graphique, des traces photographiques documentant les affiches dans un contexte urbain. « Ces images montrent aussi que les affiches – reproduites en plusieurs exemplaires – peuvent voyager dans l'espace

---

[89] Vinti, Carlo « Étudier le design graphique en contexte : traces matérielles et espaces de circulation », *op. cit.*.

et être présentes simultanément dans différents contextes locaux »[90]. De cette manière, les artefacts graphiques ont la possibilité d'être étudiés « non pas comme des objets isolés, conclus et "au repos", mais comme une partie intégrante et active d'un réseau vivant de relations ».

Le contexte urbain, compris comme faisant partie d'une matérialité qui appartient aux artefacts graphiques, était au centre de l'une des éditions du séminaire international de recherche *Design, mémoire et numérique*[91]. Dans le cadre du thème plus large du rôle du design et des dispositifs numériques dans la valorisation de la mémoire urbaine, une approche matérielle a guidé la réflexion sur la manière dont les soi-disant « écritures exposées »[92] du passé, qui sont encore visibles dans les espaces urbains, peuvent devenir l'objet de valorisation dans des environnements numériques, conçus par des designers. Une place centrale a été accordée au contexte urbain où persistent ces témoignages d'artefacts communicatifs et au contexte numérique où ils sont façonnés et rendus lisibles par le design. Il existe des endroits sur le web, tels que des blogs, des sites et des RSN où des passionnés de toutes sortes collectent et partagent l'image numérique de divers artefacts graphiques, participant ainsi efficacement au développement de la documentation et à la valorisation du graphisme[93]. Souvent, dans cette circulation sur le web, les œuvres qui circulent ne sont pas forcément les plus célèbres, mais très souvent ce sont celles auxquelles les consommateurs attachent une forte valeur mémorielle. Ces pratiques amateurs témoignent, selon Vinti, de l'importance accordée à la matérialité et à la spatialité. Tout d'abord, l'utilisation d'une méthode d'analyse essentiellement empirique, basée sur l'exploration du territoire urbain et l'utilisation de la photographie à des fins documentaires. À cela s'ajoutent l'attention portée aux matériaux et techniques utilisés, la prise en compte des liens entre les artefacts et le contexte spécifique et l'espace urbain dans lequel ils s'inscrivent.

---

[90] Il s'agit de photos prises par les sociétés d'affichage pour prouver que les affiches ont été posées.

[91] Organisé par le laboratoire GERiiCO et l'école doctorale de l'Université de Camerino (International School of Advanced Studies, Innovation Design), dans le cadre d'une collaboration franco-italienne initiée par Carlo Vinti, Simona De Iulio et Cécile Tardy.

[92] Expression utilisée par le paléographe Armando Petrucci pour les artefacts graphiques tels que les inscriptions de toutes sortes et d'autres types de lettrages urbains comme les enseignes commerciales, Vinti, Carlo « Étudier le design graphique en contexte : traces matérielles et espaces de circulation », *op. cit.*

[93] Vinti, Carlo, « Il design grafico come patrimonio. Una riflessione sullo statuto culturale degli artefatti grafici », *op. cit.*

En analysant le phénomène de la numérisation des affiches publicitaires dans les musées selon ces articulations théoriques, nous avons affirmé notre positionnement théorique. Ainsi, notre thèse s'inscrit premièrement, dans les approches considérant la publicité comme un phénomène à la frontière entre commerce, culture et société, deuxièmement, dans la tradition théorique envisageant la culture comme le résultat d'un processus de circulation et troisièmement, dans les études prenant en compte les dimensions matérielles et processuelles de la numérisation.

CHAPITRE II.
Le MAD Paris et ses collections d'affiches

Notre recherche sur le terrain français s'est déroulée dans le cadre d'un stage d'une durée de six mois entre janvier et juillet 2016, formalisé grâce à une convention établie entre l'Université de Lille et le MAD Paris. Le poste occupé dans l'organigramme du musée, dont nous allons parler diffusément, nous a permis de faire l'expérience au quotidien de la vie professionnelle à l'intérieur de l'institution. Pendant notre présence dans les lieux du MAD Paris nous avons pu consulter des documents dans les archives du musée, des matériels divers, ainsi que la documentation officielle interne et externe. Notre présence pendant une période de six mois a ainsi permis l'instauration d'une certaine routine professionnelle dont sont issues la plupart de nos observations et des informations collectées.

1. Jalons historiques : de l'Union centrale des Arts décoratifs au MAD Paris

> « Organisme privé, association loi 1901 reconnue d'utilité publique, Les Arts Décoratifs, autrefois appelé Union centrale des Arts décoratifs (UCAD), ont été créés à Paris il y a plus de 150 ans, dans le sillage des Expositions universelles, par des collectionneurs, des industriels et des artisans soucieux de la qualité des objets de la vie quotidienne. »[94]

C'est avec ces mots sur son propre site internet, que le MAD Paris présente le début de son histoire. Le lien entre l'ancienne vocation et les visées de l'institution actuelle est mis en avant : « elle est depuis

---

[94] www.madparis.fr/

l'origine une institution pionnière, œuvrant pour la reconnaissance des arts décoratifs, la valorisation du statut des artisans décorateurs et des ouvriers, l'intégration de l'art vivant au sein des musées, la valorisation de la création féminine ou encore la promotion du design »[95].

Les racines du MAD Paris sont ancrées dans le XIXe siècle, dans un contexte où, en France, les arts appliqués étaient encore considérés comme subordonnés aux arts majeurs[96] et, comme le souligne Maurizio Vitta, la séparation entre utilité et beauté privait les produits industriels de toute dignité esthétique[97]. Yvonne Brunhammer, ancienne directrice générale des musées de l'institution (Musée des Arts décoratifs, de la Publicité et de la mode de 1985 à 1989), a consacré un ouvrage à l'histoire de l'institution. Dans sa reconstruction, elle affirme que la naissance de l'Union Centrale des Beaux-Arts appliqués à l'industrie est arrivée dans un contexte où le modèle de l'Angleterre était considéré comme exemplaire. C'était en effet en Angleterre qu'en 1837 avaient été ouvertes les *Government Schools of Design*, ainsi qu'en 1852 avait été inauguré le *Museum of Manufactures*[98], première institution consacrée aux arts appliqués, héritage et concrétisation de la *Great Exhibition* de 1851 à Londres. Dans ce contexte où les expositions universelles s'enchaînent, le 16 mars 1864 à Paris, l'Union centrale des beaux-arts appliqués à l'industrie a été fondée dans le but d': « entretenir en France la culture des arts qui poursuivent la réalisation du beau dans l'utile »[99]. Cela a été le souci d'un groupe de collectionneurs, industriels et artisans, qui voulait exposer des produits fonctionnels tout en préservant une certaine esthétique[100], le but étant

---

[95] *Ibid.*

[96] Weill, Alain, *Le Design graphique*, Gallimard, Paris, 2003, p.18. Pour des approfondissements sur cette question, voir le rapport du comte de Laborde de retour de l'exposition universelle de Londres en 1851. Cf. de Laborde, Léon, *De l'Union des arts et de l'industrie. Tome 1 le passé, tome 2 l'avenir*, Imprimerie Impériale, Paris, 1857.

[97] Vitta, Maurizio, *Il progetto della bellezza. Il design fra arte e tecnica dal 1851 a oggi*, G. Einaudi editore, Torino, 2011, p.67

[98] Ces écoles de design ont été fondées à la suite du rapport de 1836 du *Parliamentary Select Committee on Art and Manufactures*, afin d'améliorer la formation des designers, ce qui, pensait-on, améliorerait à son tour les résultats qualitatifs de l'industrie britannique. Le musée devient en 1853 South Kensington et il est connu aujourd'hui sous le nom de « Victoria and Albert Museum ».

[99] Statuts de l'Union centrale des beaux-arts appliqués à l'industrie, Art. 2 in Union centrale des beaux-arts appliqués à l'industrie, *Le Beau dans l'utile. Histoire sommaire de l'Union centrale des beaux-arts appliqués à l'industrie, suivie des rapports du jury de l'exposition de 1865*, Paris, Union centrale, 1866 p.23.

[100] L'Union centrale des beaux-arts appliqués à l'industrie, décidée dès 1863, autorisée par décret ministériel le 26 juillet 1864 et par arrêté préfectoral le 3 août 1864 » Statut de l'Union Centrale des beaux-arts appliqués à l'industrie.

d'éduquer au goût les fabricants ainsi que le nouveau public de consommateurs[101].

Le projet d'un « Louvre de l'industrie »[102] qui devait entretenir et transmettre la culture des arts industriels prenait ainsi forme. C'est avec cet esprit que son premier statut a été rédigé : « L'institution, fondée au centre de la fabrique de Paris[103] comprendra : un musée rétrospectif et contemporain... Une bibliothèque d'art ancien et moderne... Des cours spéciaux, des lectures et des conférences publiques[104]... Des concours entre les artistes français... Des expositions... »[105]. Depuis son début, l'Union centrale des beaux-arts appliqués à l'industrie a établi des relations avec divers musées européens consacrés aux arts décoratifs, pour enrichir ses collections et sa programmation[106].

En 1882, l'Union centrale des beaux-arts appliqués à l'industrie, suite à la fusion avec la Société des musées des arts décoratifs[107], se donne une nouvelle dénomination : Union Centrale des Arts Décoratifs (UCAD)[108]. L'association acquiert alors le statut d'*Association privée reconnue d'utilité publique*[109] et le siège historique au Pavillon Marsan du Louvre (le même qu'aujourd'hui) est aménagé à ses fonctions muséales par l'architecte Gaston Redon. Le musée a été inauguré le 29

---

[101] Union centrale des beaux-arts appliqués à l'industrie, *Le Beau dans l'utile. Histoire sommaire de l'Union centrale des beaux-arts appliqués à l'industrie, suivie des rapports du jury de l'exposition de 1865*, op. cit., p.22-35

[102] *Ibid.,* p.35.

[103] En ce temps-là le siège est au 15 place Royale, aujourd'hui place des Vosges dans le Marais surnommé, la fabrique de Paris.

[104] Dès sa fondation, l'association accueillait des conférences par les spécialistes des arts décoratifs, discipline alors en pleine émergence et la Bibliothèque représentait un outil à la fois au service de la recherche et de la pratique.

[105] Statuts de l'Union centrale des beaux-arts appliqués à l'industrie, Art. 2 in Union centrale des beaux-arts appliqués à l'industrie, *Le Beau dans l'utile. Histoire sommaire de l'Union centrale des beaux-arts appliqués à l'industrie, suivie des rapports du jury de l'exposition de 1865, op. cit.*

[106] « L'ouverture tant attendue de ce lieu s'inscrit dans le vaste mouvement européen de création de musées dédiés au arts décoratifs : le Museum of Manufactures à Londres en 1852, le Österreichischen Museum für Kunst und Industrie à Vienne en 1863, le Kunstgewerbemuseum à Berlin en 1867, le Iparművészeti Múzeum à Budapest en 1872, pour n'en citer que quelques-uns, lui sont contemporains ». Site du MAD Paris.

[107] Une société rivale née en 1877. Les deux associations reflétaient deux mondes de la société de l'époque, des leaders politiques et de la vie mondaine pour l'Association des arts décoratifs et des représentants du monde de l'industrie pour l'Union des beaux- arts appliqués à l'industrie. Le siège de cette société était au pavillon Flore du Louvre, alors que l'Union centrale était au pavillon Marsan.

[108] Sera mise en place une loterie nationale pour financer les collections.

[109] L'UCAD association Loi 1901 est reconnue par décret du 15 mai 1882.

mai 1905[110], devenant une référence sur le territoire national, ainsi que représentant de l'art décoratif français en 1911 à l'Exposition universelle de Turin.

Les premières contributions aux collections sont à l'initiative des membres mêmes de l'association, une tradition de collecte qui persiste encore aujourd'hui, le but étant de fournir des modèles de qualité à disposition des ouvriers des arts appliqués. Les collections du musée, alimentées de façon régulière grâce aux dons et legs provenant de différents domaines des arts décoratifs[111], enrichissent de façon régulière le patrimoine de l'association. De ce fait, au tournant du siècle, le musée a rassemblé plusieurs dons et legs[112] de collectionneurs et donateurs, auxquels s'ajoutait l'apport constant des membres de l'association.

Les affiches font leur première apparition d'abord dans les réserves de la bibliothèque de l'UCAD. Suite à l'acquisition d'une première collection donnée à la bibliothèque en 1901 par la famille du collectionneur Georges Pochet[113], la récolte et les achats des affiches se sont poursuivis. En 1941, le collectionneur Roger Braun[114] lègue ses collections d'affiches à la bibliothèque de l'UCAD. Les deux collections Pochet et Braun constituent la base de ce que les conservatrices du MAD Paris appellent aujourd'hui le « fonds ancien »[115] du département Publicité et Design graphique.

---

[110] L'ouverture prévue pour l'exposition universelle de 1900 n'avait pas eu lieu faute de locaux non renouvelés à temps.

[111] Parmi les plus importantes on signale le don du collectionneur et membre de la société Jules Maciet, qui, en 1911, lègue sa fortune et la *collection Maciet, une* importante récolte d'images, aujourd'hui conservée à la bibliothèque du MAD Paris. En 1935 arrive l'important leg du comte de Camondo, consistant en une rente et un hôtel particulier qui deviendra le musée Nissim de Camondo qui fait partie encore aujourd'hui de l'ensemble du MAD Paris.

[112] Il y a des dons et des legs particulièrement importants comme les legs Peyre et Maciet, Pochet et Braun pour les collections d'affiches.

[113] Georges Pochet (1843-1901), industriel et collectionneur, donne sa collection d'affiches en 1905. Site du MAD Paris.

[114] Roger Braun (1863-1941), notaire et collectionneur, souhaite que ses collections, dont celle qui compte 1700 affiches environ, deviennent publiques. Site du MAD Paris.

[115] Les conservatrices emploient le terme « collections » au pluriel quand elles parlent des affiches qui font partie du fonds, qui est divisé en deux parties, le « fonds ancien » (du début jusqu'à la deuxième guerre et le « fonds moderne » (d'après la deuxième guerre jusqu'à nos jours).

Les conservatrices identifient les deux collections constitutives comme le « fonds ancien » qui ont aussi la particularité d'être codifiées différemment dans le catalogage. En fait, la Collection Pochet et la Collection Braun sont encore de nos jours conservées avec l'ancien système de catalogage qui avait été fait par la bibliothèque.

Dès l'installation de l'UCAD dans le pavillon Marsan, les expositions se succèdent dans le temps, visant les thématiques les plus variées liées aux multiples applications de l'art et donnant une place aussi aux mouvements contemporains et aux parcours d'artistes, dont les affichistes. Sur la base des dons et legs, jusqu'à la deuxième guerre mondiale, le musée se façonne comme un conteneur de séries d'objets classés et d'ensembles d'œuvres réunis de façon à restituer l'atmosphère d'une époque dans un lieu donné. Cette configuration, selon Yvonne Brunhammer, était appréciée par les amateurs[116].

Une grande restructuration et un nouvel aménagement du pavillon Marsan sont réalisés grâce au projet de Grands travaux de l'exercice 1937. Le musée offre alors des espaces supplémentaires qui lui permettent d'organiser des expositions régulières, jusqu'à sa « mise en caisse »[117] pendant toute la durée de la deuxième guerre mondiale. Les activités et les expositions reprennent en 1945 et c'est au début des années 1950 qu'une nouvelle installation du musée se termine avec la configuration que l'on retrouve plus ou moins aujourd'hui : une conception chronologique des objets exposés et des salles thématiques, le musée s'affirme comme un « lieu de prédilection des collectionneurs et des amateurs plutôt que des artistes contemporains »[118] et sur l'exemple des musées américains s'ajoute en 1951 un service éducatif où se retrouvent des ateliers à destination des enfants. Une salle est aussi aménagée pour les conférences, débats, diffusion de films.

En 1977, à l'échéance de la convention avec l'État, deux importants avenants sont ajoutés, un concernant la création du musée de la Mode et un autre qui statue sur la création du musée de l'Affiche qui ouvrira en 1978, rue du Paradis, à Paris. Le même musée prendra par la suite la dénomination de Musée de la Publicité. Dans les années 1970, le musée se recentre alors sur les métiers d'art, mais c'est le début d'une période de « quasi-abandon, faute de moyens et de désaffection du public »[119] qui se termine avec sa fermeture en 1983 pour profiter des financements de la *Loi-programme*[120], en faveur des musées, qui donnait les moyens pour réaliser des travaux de restructuration. Le musée renouvelé ouvre

---

[116] Brunhammer, Yvonne, *Le Beau dans l'utile, un musée pour les arts décoratifs*, Gallimard, Paris, 1992, p. 73.
[117] *Ibid.*, p. 80.
[118] *Ibid.*
[119] *Ibid.*, p.94.
[120] Loi n. 78-727 du 11 juillet 1978 de programme en faveur des musées.

ses portes le 23 mai 1985, après deux ans de travaux et une nouvelle organisation qui prévoit des départements spécialisés installés au dernier étage, au niveau dit « des coupoles » : « Dessins », « Papiers peints », qui aujourd'hui sont réunis dans la dénomination commune du département des Arts graphiques (dessins, papiers peints, photographies)[121], « Textiles », « Jouets » et la création des « Centres de documentation des métiers d'art et du verre ».

Un autre réaménagement survient en 1996 à l'occasion du projet du Grand Louvre qui prévoyait l'installation au pavillon Marsan du musée de la Mode et du textile (installé en 1997) et le rapatriement en 1999 rue de Rivoli du musée de l'Affiche. L'institution ouvre ses portes au public en 2006 suite à des grands travaux d'aménagement et de restauration des collections sous une nouvelle dénomination : Les Arts Décoratifs. Cette nouvelle image que l'institution se donne suit la tradition de la devise de la « transmission » comme principe pour favoriser les échanges de savoirs. Dans la lignée de la mission déclarée depuis 1864 par les fondateurs, les actions de l'institution sont encore aujourd'hui menées dans la perspective de « transmettre les savoirs et les savoir-faire, d'éduquer la main et l'esprit »[122].

Poursuivre ses missions d'éducation et valoriser ses collections (on rappelle qu'il s'agit de collections nationales) est le principe perdurant qui guide cette institution, et est mis en pratique par ses musées, son école et ses ateliers éducatifs, sa bibliothèque et son centre de documentation : « Mettre à la disposition du public les outils de la connaissance c'est aussi enrichir son regard sur les œuvres »[123].

De nos jours, sous le nom de MAD Paris, depuis décembre 2018, l'institution est consacrée au design, à la mode, au textile, à la publicité et au graphisme. Plus de 150 000 œuvres sont réparties entre cinq départements chronologiques (du Moyen Âge au Moderne et Contemporain), sept départements spécialisés (Mode et Textile, Verre, Papiers peints, Arts graphiques, Publicité et Design graphique) et des galeries thématiques (galerie des Jouets, galerie des Bijoux, galerie Dubuffet, galerie du Design). Situé sur trois sites à Paris (Rivoli, Monceau et Raspail), il comprend deux musées (le Musée des Arts Décoratifs et le Musée Nissim de Camondo), une école (l'école Camondo qui forme des architectes d'intérieur et des designers), une

[121] Ce département ne conserve pas d'affiches.
[122] Brunhammer, Yvonne, *Le Beau dans l'utile, un musée pour les arts décoratifs*, *op. cit.*, p. 21.
[123] *Ibid.*

bibliothèque (la bibliothèque des Arts Décoratifs) et des ateliers (les ateliers du Carrousel).

1.1. Les ressources du MAD Paris

Le MAD Paris est donc une institution singulière : association privée reconnue d'utilité publique liée à l'État par une convention renouvelée périodiquement. Ses ressources financières proviennent autant du secteur privé que du secteur public. Le financement des expositions et programmes pédagogiques ainsi que la restauration, la sauvegarde et la diffusion des collections, sont garantis grâce à ses recettes et aux financements provenant principalement de l'initiative privée comme le mécénat[124] et le parrainage[125] ou par des associations d'amateurs, professionnels et des personnalités du monde de l'art, de la mode et de la culture[126]. D'autres moyens proviennent de la location des locaux pour des événements privés, ainsi que de la mise en place des dons possibles par les particuliers via un formulaire en ligne. Les financements publics assurent les salaires et tout ce qui est considéré comme frais de gestion ordinaires.

Le MAD Paris est guidé par un conseil d'administration où siègent plusieurs personnalités et représentants institutionnels et de la société civile. Appelés « membres de droit », les quatre représentants du Ministère de la culture et de la communication (ils sont deux de la direction générale du patrimoine et un de la direction artistique) dont un contrôleur financier qui est un commissaire aux comptes, sont présents pour garantir une supervision de l'État. Il y a aussi des « membres élus » qui sont pour la plupart des personnalités issues du monde de l'art et de la culture. En dessous, dans l'organigramme, suit la direction générale qui est à la tête des directions des différents services : Service de la communication, des ressources humaines, financiers, de l'enseignement (École Camondo et Ateliers du Carrousel), le service de mécénats et la direction des musées[127]. L'actuel directeur des musées,

---

[124] Le mécénat est un soutien matériel ou financier apporté à une œuvre ou à une personne morale pour l'exercice d'activités présentant un intérêt général, sans contrepartie directe de la part du bénéficiaire.

[125] Le parrainage est un soutien matériel apporté en vue d'en retirer un bénéfice direct : les opérations de parrainage sont des opérations commerciales, soumises à la TVA, destinées à promouvoir l'image du partenaire.

[126] Les deux principales sont : Les amis du MAD, association de particuliers et le Club des partenaires, association d'entreprises qui portent un intérêt aux arts décoratifs.

[127] Le musée des Arts Décoratifs et le Musée Nissim de Camondo.

M. Olivier Gabet, coordonne les Services de la Bibliothèque et des ressources documentaires, la Conservation et les Services communs : Régie des œuvres, Service des acquisitions de l'inventaire et des dépôts, Service des publics.

Les profils professionnels sont principalement liés à la conservation, à la gestion documentaire et des archives, il s'agit principalement de conservateurs et de documentalistes. Le service de la Conservation est divisé en départements qui sont coordonnés par au moins un conservateur avec ses assistants de conservation. Les services d'ordre et de surveillance sont confiés à des prestataires externes.

1.2. Les lieux du MAD Paris

Le MAD Paris est actuellement situé dans le bâtiment confié par l'État en 1905, au pavillon Marsan dans le Palais du Louvre, à Paris, au 107 de la rue de Rivoli. Les locaux, distribués sur cinq étages, prévoient au rez-de-chaussée l'accueil du musée qui se trouve à proximité de la nef centrale, un vaste espace qui d'ailleurs accueille l'exposition phare du moment. Dans une autre aile du rez-de-chaussée est située la bibliothèque, aménagée avec une salle de lecture et une autre salle consacrée principalement aux expositions des collections, constituées d'importants fonds anciens sur des supports variés. Il s'agit de l'ancienne bibliothèque qui a vu le jour à la fondation de l'association et qui abritait les premières collections d'affiches, lesquelles sont aujourd'hui affectées au département Publicité et Design graphique.

Sur les cinq étages s'étalent les expositions permanentes des collections de chaque département. Les objets sont exposés de façon permanente et l'organisation de l'exposition suit une logique chronologique qui part du Moyen Âge, pour arriver à nos jours. Chaque salle est en fait représentative d'une période historique, où même de la personnalité du collectionneur, selon la présentation faite par l'ancienne présidente Hélène David Weill[128] dans la préface du guide du musée : « ces collections constituées en grande partie par des donations ou des legs, d'objets avec lesquels les collectionneurs avaient vécu, fruit de leurs souhaits et aspirations, donnent aux salles d'exposition un air de 'maison' »[129]. La présence des *Period rooms* permet une visite

[128] Hélène David Weill, ancienne Présidente des Arts Décoratifs, ainsi que collectionneuse et donatrice. Une des personnalités parmi les plus représentatives de l'institution.
[129] David-Weill, Hélène, « Préface », in Coignard, Jérôme, *Guide du musée des Arts décoratifs,* Ed. Les Arts décoratifs, Paris, 2006, s.p.

immersive dans une salle où est reconstitué le décor d'une période. Organisées en parcours chronologiques qui, selon le guide du musée, elles se proposent de faire vivre des « voyages immersifs »[130]. Les Galeries des jouets, celles des bijoux, la Galerie Dubuffet ainsi que la Galerie du design occupent le dernier étage.

Dans le parcours d'exposition, le public ne trouve pas les collections publicitaires, car le département Publicité et Design graphique (et de même celui du département de la Mode et du Textile) fonctionne exclusivement par expositions temporaires. Comme nous le verrons plus en détail par la suite, la fragilité des matériaux publicitaires et graphiques est à l'origine de ce choix.

Au dernier étage, derrière une grande baie vitrée dont l'accès est interdit au public, se trouvent les locaux de la Direction du musée, avec les bureaux de tous les Services et de son Centre de documentation[131]. C'est à cet étage que nous avons passé une partie de notre stage, pendant les six mois partagés entre la rue de Rivoli et les locaux de la réserve dans le faubourg parisien.

Les collections du musée qui ne sont pas exposées[132] sont conservées dans les locaux de la réserve du MAD Paris dans un autre arrondissement. Dédiée à la conservation de l'ensemble de collections du musée, elle reprend l'organisation en départements dont l'espace est divisé en zones : publicité, mode, design, etc. Les locaux, situés aux limites de l'enceinte parisienne[133], qui, vus de l'extérieur, apparaissent très anonymes, sont fortement surveillés avec des accès strictement contrôlés. La conservation des objets est régulée, avec une température constamment monitorée et une discipline stricte imposée aux opérateurs qui y travaillent ou aux visiteurs qui sont admis dans les locaux. La vie à l'intérieur est surveillée et soumise à des règles strictes, comme, par exemple, l'interdiction d'apporter de la nourriture ou des boissons, afin de ne pas contaminer les lieux ou favoriser l'entrée des insectes.

Le musée dispose aussi d'une plus petite réserve située dans des locaux du sous-sol de la rue de Rivoli, mais il s'agit d'un lieu de stockage plutôt à caractère temporaire qui est utilisé pendant la préparation de certaines expositions. Dans ce cas, les objets y sont

---

[130] Coignard, Jérôme, *Guide du musée des Arts décoratifs*, *op. cit.*

[131] Aujourd'hui le Centre de documentation au dernier étage du musée a fermé ses portes.

[132] En particulier les affiches et tous les autres objets récoltés dans le département Publicité et Design graphique, qui ne sont pas exposés de façon permanente.

[133] Pour des raisons de confidentialité, il nous a été demandé de ne pas rendre publique l'adresse, ni l'arrondissement.

gardés juste le temps de la préparation des dernières retouches, comme lors de la dernière exposition du département de la Mode[134], où étaient installés des laboratoires pour les retouches faites aux vêtements avant leurs expositions. Dans cette réserve les affiches n'y transitent pas, faute à l'humidité très élevée et aux dangers liés à la proximité de la Seine.

2. Les collections d'un musée « fou d'objets »

Les MAD Paris bénéficie de l'appellation « musée de France » à ce titre il est donc habilité à accueillir des collections nationales[135]. Ces dernières recoupent tous les domaines des arts appliqués : du mobilier médiéval au design contemporain, en passant par les textiles anciens à la mode actuelle ainsi que des premières affiches, aux films, objets publicitaires et images de synthèse les plus récentes. Nous avons vu que ces collections ont été alimentées historiquement par des legs et des dons et encore aujourd'hui ce musée qui s'autoproclame « fou d'objets »[136] accroît ses collections par des achats réguliers et nombreux. Nous examinerons en détail, dans la troisième partie de notre thèse, le processus d'acquisition des affiches ainsi que la mise à disposition des collections par des actions de médiation adressées aux publics, les expositions ou la possibilité de consultation sur place confiée au centre de documentation qui s'adresse aux étudiants, chercheurs ou simplement à des passionnés.

2.1. Les actions de médiation et la prise en compte des publics

Premier musée en France à avoir créé un service dédié au public[137], c'est avec le Service des publics, médiation et développement culturel que le MAD Paris souhaite s'adresser directement aux visiteurs en

---

[134] *Fashion forward, 3 siècles de mode (1715-2016)*, du 7 avril au 14 août 2016.

[135] Comme nous l'avons vu, la particularité du MAD Paris est d'être un organisme privé qui gère des collections qui ont le statut de collections nationales. Grâce à un avenant qui a été ajouté en 1977, lors du renouvellement de la convention avec l'État, au renouvellement de la convention pour 5 ans en 1977 sont précisées comme à chaque renouvellement, les charges qui incombent à l'UCAD. Il est admis que les collections ont le statut de collections nationales, mais sont gérées par l'UCAD qui est un organisme privé.

[136] Ainsi se définit le MAD Paris, https://histoiredemode.hypotheses.org/4327

[137] Avoir institué un service des publics, déjà en 1951, fait de l'institution un pionnier en France, fondé sur l'exemple des musées américains.

proposant un accompagnement dans la découverte des arts décoratifs, le design, la mode, la publicité et le graphisme.

Les missions d'éducation s'articulent en plusieurs points principaux, tel que favoriser et accompagner la venue des étudiants et des enseignants, proposer des formations dans le cadre des Plans académiques de formations (PAF) et développer des partenariats avec des institutions culturelles et professionnelles[138]. Ces programmes de médiation vers les jeunes publics sont renforcés depuis 2002 par une convention établie avec le ministère de l'Éducation Nationale, qui a pour but de favoriser l'approfondissement de la connaissance des arts décoratifs, de la mode, du textile et de la publicité auprès des élèves du primaire et du secondaire, ainsi que de proposer une formation continue pour les enseignants.

Selon le rapport d'activité annuel[139], un public varié a franchi les portes du musée ou a consulté son site internet, ce public hétérogène est ciblé en fonction des actions spécifiques qui sont réalisées au travers des programmes conçus par l'Action éducative en faveur du jeune public qui met en place des actions et des dispositifs de médiations avec des ateliers et des installations numériques.

Le Service des publics, médiation et développement culturel assure aussi la médiation numérique pour tous publics dans les salles d'exposition, pour l'utilisation de tablettes tactiles, projections visuelles, bornes, etc. Les activités culturelles sont dédiées au public majeur, ainsi que les programmes culturels, qui se développent sous forme de programmes de conférences, journées d'études et manifestations scientifiques et sont vouées à valoriser les activités du musée envers tout public. Les actions pédagogiques visent un public jeune dont les enfants afin de les familiariser aux arts appliqués. Les conférences, les actions de médiation au MAD Paris, conçues dans le même esprit fondateur de « transmission », s'expriment au travers d'actions proposées comme des visites et des « conférences-promenades » dans le but de rendre accessible le musée aux visiteurs adultes de demain. Les visites guidées sont à l'usage d'un public plus hétérogène. Le public en situation de handicap est aussi ciblé par des

[138] Le MAD Paris, en qualité de partenaire culturel, s'inscrit dans les différents plans de formation mis en place par les académies de Paris, de Créteil et de Versailles. En correspondance avec l'enseignement de l'histoire des arts, ces formations s'organisent cette année en parcours croisés avec d'autres institutions culturelles. Cf. Musée des arts décoratifs, Rapport d'activités 2014, Les Arts Décoratifs, Paris. [en ligne]

[139] *Ibid.*, p.55.

actions dédiées. Depuis 2004 des actions spécifiques sont mises en place visant un public non voyant, ainsi que l'aménagement d'une salle de conférences, colloques, spectacles et films, qui est venue compléter ce programme de médiation vers les différents publics.

Créés également dans les années 1950, les Ateliers du Carrousel sont des cours à destination des enfants, pour « leur apprendre l'art par la pratique ». Une centaine de cours différents qui accueillent plus de mille élèves chaque année sont dispensés sur les trois sites de Rivoli, Raspail et Monceau.

Tous ces ensembles d'activités visent donc à permettre au MAD Paris de cibler différents publics à la fois, avec la mise en œuvre des dispositifs de médiation adaptés qui favorisent l'accès *in situ* et hors les murs, encore une fois sur la lignée de ses principes fondateurs selon lequels l'art n'était pas considéré affaire des élites, des connaisseurs, mais bien au contraire il fallait en favoriser la diffusion vers un plus large public. Sur cette voie le MAD Paris a aussi accueilli en 2011 la toute première édition de *Muséomix*[140] et une deuxième en 2013.

Intégré au Service des publics, médiation et développement culturel, le Pôle image, contribue à la diffusion des savoirs, par un programme de numérisation[141] permettant de mettre à disposition des copies numériques des artefacts conservés, pour répondre aux actions de médiation tout en contribuant à leur préservation. Les institutions qui font appel à ce genre de reproductions numériques pour enrichir leurs expositions sont en fait nombreuses, comme nous le verrons dans le cas des affiches.

Le Centre de documentation du MAD Paris, également intégré au Service des publics, médiation et développement culturel, gère la base de données des collections et assure la mise en œuvre des campagnes de numérisation, la mise en ligne des notices des œuvres, ainsi que la recherche et la veille documentaire. Le Centre de documentation est davantage dédié aux chercheurs, aux étudiants et à un public plus savant comme les amateurs particuliers. Les ressources documentaires sont mises à disposition à plusieurs niveaux d'accès en fonction du public[142],

[140] Muséomix est un événement annuel qui regroupe des équipes de médiateurs, bricoleurs, designers, développeurs informatiques, graphistes, et artistes qui se retrouvent au cœur d'un musée pour concevoir et tester un dispositif de médiation numérique muséale. Le défi est de s'approprier un musée pour réinventer la façon dont son contenu est présenté au public.

[141] Ce programme, soutenu par la fondation Bettencourt-Schueller, a donné une forte impulsion à la diffusion et la valorisation des fonds sur internet, notamment les affiches.

[142] Le logiciel est paramétrable pour définir les accès à la base des données, permettant de créer plusieurs profils et différents niveaux d'accès.

fournissent des logiciels de recherche ainsi que l'aide d'un documentaliste spécialisé dans le domaine. Le but de la création du centre de documentation était la consultation des reproductions qui, avant l'arrivée des postes informatiques, se faisait sous forme de diapositives au moyen de postes dédiés permettant leur visualisation. C'est dans ces salles qu'aujourd'hui il est possible de consulter les reproductions numériques des affiches.

Pour accomplir sa mission de transmission des savoir-faire fondamentale depuis sa création et s'adresser au plus grand nombre, toute une série d'actions de médiation sont pensées : comme la possibilité de consultation sur place ou sur internet d'ouvrages, documents, archives, dossiers d'œuvres, et par le catalogue en ligne. Sont aussi organisées des conférences, journées d'études, colloques. L'institution garde un contact continu avec le monde de la recherche en organisant des rencontres avec les universités, des partenariats et participant à la Journée de l'étudiant. Par ailleurs, c'est également dans ce but qu'est établie une collaboration avec le Laboratoire d'Excellence Création, Arts et Patrimoines (CAP)[143].

2.2. Place à la publicité et au design graphique au MAD Paris

Une partie de notre stage s'est déroulée au dernier étage du pavillon Marsan, partagé entre deux services : le Service de l'inventaire, des acquisitions et des dépôts et celui du département Publicité et Design graphique. D'ailleurs, physiquement, le temps de travail était alterné entre le site de rue de Rivoli et la réserve du musée. Pendant la période de notre stage (janvier-juin 2016), l'organigramme comptait plusieurs profils professionnels afférents aux deux départements. Le Service de l'inventaire, des acquisitions et des dépôts était composé par une cheffe de service, Professionnel 3 et trois documentalistes, dont une, Professionnel 5, qui assure la gestion de toute action concernant l'inventaire des collections publicité et design graphique. La composition du département Publicité et Design graphique prévoyait deux conservatrices, Professionnel 2, conservatrice en chef et Professionnel 8 conservatrice, un assistant de conservation, Professionnel 11, et une documentaliste en charge de la numérisation

[143] À la fois observatoire et laboratoire expérimental, le Labex CAP étudie les arts, la création et les patrimoines. Il s'agit d'une collaboration entre dix-sept laboratoires universitaires et d'enseignement supérieur et huit établissements patrimoniaux et muséaux : http://labexcap.fr/labex-cap/

des films publicitaires, Professionnel 12. Provenant du service de la documentation, mais attachée au département, on compte la responsable de la gestion des ressources documentaires publicité et design graphique, Professionnel 1.

2.3. Une histoire partagée avec la bibliothèque

Dans les années 1960 et 1970, dans un contexte de redécouverte et de mise en valeur des affiches, la bibliothèque dresse un inventaire qui met en lumière l'ampleur de ses collections. Une exposition organisée par le département Publicité et Design graphique, qui a eu lieu à la bibliothèque fin 2016[144], montre comment déjà au temps de l'Union Centrale il y avait un intérêt prononcé pour l'affiche et le graphisme. En réalité, comme nous l'avons vu, l'idée d'un musée de l'affiche avait accompagné les membres de l'association depuis sa fondation. L'idée d'un lieu spécifiquement dédié à ces artefacts a fait surface dès 1898, lorsque Roger Marx (1859-1913), directeur des Beaux-Arts et membre consultatif de l'UCAD, dans la revue *L'estampe et l'affiche*, met l'accent sur l'importance de la création d'un musée, déjà envisagé comme un département de l'Union Centrale[145]. Mais c'est seulement quand « la mode de la collection d'affiches a repris au début des années 1970 »[146] que l'UCAD décide de « sortir » le fonds historique provenant de sa bibliothèque pour le valoriser et à cette fin organise une équipe dédiée aux affiches. Le projet s'est concrétisé avec la création, en 1972, d'un département des affiches consacré exclusivement aux collections provenant du fonds de la bibliothèque. Un projet qui a vite évolué vers l'idée d'en faire un musée à part entière. En 1978 au dernier renouvellement de la convention avec l'État de 1977 un avenant est signé, permettant la création du musée de l'Affiche à Paris. Le projet voit le jour rue du Paradis et dans le cours de son existence il sera rebaptisé musée de l'Affiche et de la publicité en 1981, pour devenir en 1982 musée de la Publicité. Un changement de nom qui n'est pas anodin, mais qui reflète une volonté d'élargir les collections plus globalement au monde de la publicité.

---

[144] Exposition consacrée à l'histoire du musée de la Publicité et de ses collections. *Du mur au musée. Naissance d'un musée de l'affiche et d'un musée de la publicité à travers leurs archives*, Bibliothèque du Musée des Arts Décoratifs, Paris, 5 septembre - 24 décembre 2016. [En ligne]

[145] *Du mur au musée, naissance d'un musée de l'affiche et d'un musée de la publicité au travers leurs archives.* Plaquette de l'exposition. [En ligne]

[146] Méadel Cécile, « Les ressources en histoire de la publicité. Réjane Bargiel, directrice du musée de la Publicité », *Le Temps des médias*, 2004/1 (n° 2), p. 273-275.

Dans les échanges avec la conservatrice en chef nous avons appris que l'idée initiale du projet de musée était de valoriser les collections d'affiches par des expositions placées à des endroits différents de la ville. Le but était d'en faire une sorte de « musée diffusé », qui « rayonnait dans tout Paris »[147]. Cependant, face aux difficultés pratiques et financières, cette idée a été abandonnée au profit finalement d'une concentration sur le seul site de Rivoli. Le Musée de la Publicité rejoint en 1990 l'ensemble des Arts Décoratifs, dans le bâtiment du Louvre dans l'aile de Rohan. Des nouveaux espaces sont ensuite réaménagés par l'architecte Jean Nouvel pour accueillir en 1999 le nouveau département Publicité et Design graphique de l'UCAD, nouvel aménagement et évolution du musée de la Publicité. Toujours installé dans ces espaces, le département y organise ses expositions temporaires dans l'organisation des activités du MAD Paris.

2.4. Une mode éphémère à la base d'un patrimoine solide

Le fonds d'affiches Publicité et design graphique, tel que nous le connaissons aujourd'hui, s'avère être l'évolution de plusieurs dons et acquisitions variés qui se sont enchainés à partir du début du XXe siècle. Ce fonds s'est constitué avec deux principales collections issues de la période dite de l'*affichomanie*[148].

C'est d'abord la collection de Georges Pochet (1843-1901), dont la famille du collectionneur offre à la bibliothèque de l'UCAD en 1901 : « une très grosse donation d'affiches qui a constitué le point de départ véritable de nos collections et il a alors été décidé de les enrichir par acquisitions »[149]. C'est à la suite de ce don important que Jules Maciet (1846-1911), membre de l'UCAD, fait accepter le principe de la poursuite de la collection par des achats[150] :

> « Mr Maciet annonce de son côté, le don précieux fait à la Bibliothèque de la célèbre collection d'affiches remise par Mr Pochet. Cette collection qui nous est offerte par Mme Mazimbert et Mr Hégnet, héritiers de Mr Pochet, comprend plus de 6000

---

[147] Entretien avec Professionnel 2 du 27 juin 2016.

[148] Phénomène de mode du collectionnisme des affiches émergeant à la seconde moitié du XIXe siècle, pour approfondissements cf. Zmelty, Nicholas-Henri, *L'Affiche illustrée au temps de l'affichomanie (1889-1905)*, Mare & Martin, Paris, 2014.

[149] Méadel Cécile, « Les ressources en histoire de la publicité. Réjane Bargiel, directrice du musée de la Publicité », *op., cit.*

[150] Les Arts Décoratifs, Paris, Archives de l'UCAD, côte A4/9, Procès-verbal de la séance du conseil d'administration de l'UCAD du 20 janvier 1902.

affiches françaises et étrangères. Mr Maciet propose au Conseil de continuer cette collection en acquérant les meilleures affiches qui paraîtront et d'offrir aux Donateurs la plaquette de Roty (assentiment) ».

Grâce à cette politique d'acquisitions, tout au cours de la première moitié du xxe siècle, la collection d'affiches de la bibliothèque de l'UCAD n'a pas cessé de s'accroître. Quelques décennies plus tard, en 1941, la bibliothèque reçoit le legs du notaire et collectionneur Roger Braun (1863-1941)[151], lequel agrandit le patrimoine du musée d'une centaine d'affiches. Cette contribution a enrichi le fonds avec des pièces qui sont surtout de provenance internationale, alors que la collection Pochet est principalement composée par d'exemplaires français.

Les deux récoltes principales composant le « fonds ancien » reflètent les ambitions de leurs collectionneurs et présentent ainsi des caractéristiques propres à chacune. La collection Pochet a été composée en suivant principalement des critères artistiques. Elle se démarque par une forte présence d'affiches françaises, parmi lesquelles on compte de nombreux exemplaires de Chéret et Lautrec, ainsi que des éditions limitées et des exemplaires dédicacés. Sont aussi présents des exemplaires en différentes éditions ou des pièces qui témoignent des différentes étapes de réalisation des affiches.

L'approche du collectionneur Braun est définie par la conservatrice en chef comme une approche « de type documentaire »[152]. En effet, Roger Braun a collectionné principalement sur la base d'un critère de variété et a donné à sa récolte une dimension internationale en rassemblant plusieurs affiches qui témoignent des influences des arts graphiques européens et internationaux. La sélection des pièces ne reste pas cantonnée à la valeur artistique de l'affiche. Un des points en commun des deux collections reste le fait qu'elles comptent plusieurs centaines d'affiches ayant été collectées pendant toute la période de l'*affichomanie,* dont elles restent un témoignage. Les différentes approches sélectives des collectionneurs ont fourni des apports différents en contribuant à la variété du fonds du musée. Les fondations des collections d'affiches du MAD Paris ont été posées en pleine période durant laquelle les amateurs vivaient « l'âge d'or de l'affiche »

---

[151] Il est connu pour son activité de collectionneur. À part les affiches (1700) il collectionnait aussi les menus (une collection de 1000 menus donnée au Vieux Montmartre), ainsi que estampes, livres et journaux.

[152] D'après les conservatrices, la collection Braun, selon n'était pas sélectionnée sur des critères esthétiques mais plutôt d'intérêt de documentation.

et donc avaient appris à collectionner les pièces qui étaient retenues comme les plus représentatives pour leur qualité esthétique ou artistique. Comme nous l'avons vu, l'*affichomanie*, cette mode qui proposait un nouveau type de collection dont l'objet était l'affiche illustrée[153], a porté une fièvre du collectionnisme qui s'est emparé de plusieurs amateurs d'affiches parmi la bourgeoisie parisienne, pour se répandre un peu partout en Europe. C'est donc dans ce contexte et avec cet esprit que les deux collections sont rassemblées par leurs collectionneurs pour rejoindre ensuite la bibliothèque de l'UCAD, en marquant ainsi un tournant pour cet objet de la rue : sa patrimonialisation. Ce passage vers la patrimonialisation fige les affiches en tant qu'héritage artistique et social. Symbole et consécration d'une mode éphémère, qui reste envisagée comme témoignage d'un passage représentatif d'une époque où la commercialisation des biens de consommation pouvait utiliser les images pour la publicité.

Après une période de latence correspondant à l'entre deux guerres, les acquisitions et les expositions reprennent à un rythme plus régulier. Dans les années 1950 et 1960, les collections s'enrichissent, pour connaître un essor dans les années 1970, favorisé par l'émergence d'une nouvelle vague du collectionnisme des affiches.

Vers la fin des années 1960, les conditions de création de l'affiche commencent à changer : c'est l'époque de la technique de l'*offset*,[154] un processus qui s'affirme dans la décennie suivante. Les conditions de la création changent également à cause d'une plus importante professionnalisation et spécialisation des métiers de la publicité. Geneviève Gaëtan Picon, nouvelle conservatrice en chef de la bibliothèque, comprend le phénomène et met en place une équipe spécifiquement dédiée à la conservation et à la valorisation des affiches. Geneviève Gaétan-Picon promeut une politique de valorisation et d'enrichissement des collections visant à combler les manques et en même temps à favoriser l'affluence des dons de professionnels. D'ailleurs, elle sera une des promotrices et la première directrice du musée de l'Affiche, qui ouvrira à la fin de cette décennie.

---

[153] Weill, Alain (préface), Gaëtan-Picon, Geneviève (sous la dir. de), *L'affichomanie collectionneurs d'affiches - Affiches de collection 1880 - 1900*, catalogue de l'exposition du Musée de l'Affiche, 22 janvier-5 mai 1980, Musée de l'Affiche, Paris, 1980.

[154] L'offset est une amélioration de la technique lithographique. C'est la technique la plus diffusée aujourd'hui pour l'impression d'affiches.

Depuis 1975 et tout au long des années 1980, l'actuelle Union Professionnelle des Afficheurs a assuré un flux régulier d'affiches contemporaines. En plus de cette énorme contribution dont il fut dit que : « à cause des afflux copieux et constants dans le temps il a fallu arrêter »[155], des dons ont été faits par des particuliers, des lithographes, des imprimeurs et des concepteurs d'affiches tels que Paul Colin et Savignac[156].

De nos jours, une veille régulière est mise en place par les conservatrices sur le marché des objets publicitaires, mais au vu de la pluralité et du nombre des objets, la politique d'acquisition actuelle du département Publicité et Design graphique se veut extrêmement sélective pour viser des échantillons qui puissent être représentatifs d'une période, d'une tendance ou d'une cible. Comme on a vu pour l'ensemble du patrimoine du MAD Paris, le département Publicité et Design graphique ne dispose pas de fonds publics pour les acquisitions. Ce genre d'opérations, comme nous l'avons expliqué précédemment sont faites par d'autres moyens, ou par des contributions de la part de particuliers telles que les dons et les legs. Il en va de même pour la valorisation et la restauration des œuvres, le département fait recours au mécénat privé, ou au parrainage, ou d'autres moyens que nous verrons dans la troisième partie de cette thèse.

Le département organise sa collecte pour l'acquisition du matériel publicitaire en collaboration régulière avec le Club des directeurs artistiques. Des ententes avec des studios graphiques, des agences de publicité, des associations professionnelles et des compagnies garantissent toujours l'acquisition constante de nouvelles affiches. Les acquisitions sont donc régulières et elles sont faites aussi « à titre onéreux » par des achats sur des sites internet (Ebay, Abebooks), qui sont financés par des enveloppes consistantes et régulières constituées par *les amis des Arts décoratifs* ou par d'autres contributeurs, entreprises ou particuliers.

Sur la base de données du dernier récolement annuel, les conservateurs donnent une idée de la composition totale du fonds du département, qui abrite actuellement environ 100 000 affiches[157]. De l'ensemble du fonds fait partie également une collection de plus de 100 000 films publicitaires couvrant la période qui va des années 1930

---

[155] Conversation informelle avec Professionnel 2.

[156] Par ailleurs, Savignac est l'auteur de l'affiche publicitaire de l'ouverture du musée de la Publicité en rue du Paradis.

[157] Toutes les affiches conservées dans la réserve ne font pas partie de l'inventaire.

à nos jours, des spots radio, ainsi que 30 000 annonces de presse et d'objets publicitaires différents et variés[158].

En détail, selon les chiffres actualisés à la date de notre stage, on compte 40 000 affiches anciennes, du XVIIIe siècle à 1945 et 45 000 affiches contemporaines. Les collections d'affiches référencées dans la base de données, font partie d'un fonds qui compte environ 100 000 pièces, mais comme l'explique Professionnel 2, conservatrice en chef au département Publicité et Design graphique, il s'agit d'une estimation approximative et surtout cette estimation est faite sur les objets qui sont présents dans la base de données. Cela signifie qu'il y a toute une partie de pièces qui ne sont pas comptabilisées, ainsi que des objets publicitaires et d'autres artefacts graphiques qui ne sont pas encore enregistrés dans la base de données (ni même dans d'autres fichiers), mais qui matériellement existent dans les réserves. Il s'agit de certains matériaux qui ont été donnés au musée et qui attendent d'être sélectionnés par les conservateurs et éventuellement présentés au Comité scientifique en vue d'une acquisition.

La gestion des collections est partagée entre les deux conservatrices qui, comme nous l'avons expliqué, gèrent le fonds selon la partition qui suit le critère temporel et qui reflète aussi les thématiques des expositions qui sont organisées à tour de rôle.

2.5. Les expositions dans le temps

Dans les repères bibliographiques et notamment dans la plaquette, déjà citée, de l'exposition sur l'histoire du département Publicité et Design graphique, on trouve quelques informations concernant les premières expositions consacrées aux affiches. Dans les temps plus récents on signale la toute première consacrée à la thématique publicitaire : « Art et publicité dans le monde »[159], organisée en 1955 par l'Alliance Graphique Internationale (AGI), dont le président à l'époque était l'affichiste Jean Carlu (et Paul Colin secrétaire générale). Cette première exposition de l'AGI, selon Michel Wasslikoff, « entend instaurer le graphisme comme une discipline autonome et mondialisée,

---

[158] Données recueillies en 2016, mises à jour en mai 2019, confirmant celles reportées sur le site du MAD Paris, (www.madparis.fr) de sorte que les données n'ont pas évolué de manière significative.

[159] Exposition de l'Alliance Graphique Internationale (AGI) du 24 mars au 08 mai 1955, *Art et Publicité dans le monde*, Paris, mai 1955.

tout en se démarquant du style suisse alors en plein essor »[160]. En 1964 lors du centenaire de l'UCAD une exposition met en valeur pour la première fois le fonds de la bibliothèque, organisée par le conservateur en chef de l'époque, René Salanon : « Cent ans d'affiches : la Belle Époque ». À cette occasion une place importante a été donnée aux affiches du fonds de la bibliothèque, sorties de la réserve pour l'exposition[161]. Conserver et accroître les collections avec des apports de la production contemporaine « toujours travailler dans le sens de la comparaison entre les affiches anciennes, contemporaines, françaises ou étrangères »,[162] c'est avec cet état d'esprit que la nouvelle conservatrice, Geneviève Gaëtan-Picon, constitue ensuite un fichier des œuvres pour permettre un meilleur accès aux collections accompagné d'une « politique ambitieuse et méthodique d'exposition »[163] qui se met en place pour faire connaître les collections. C'est ainsi que s'enchaînent les expositions « L'affiche Anglaise : les années 90 », se déroulant du 15 juin au 25 septembre 1972 : près de 200 affiches britanniques des années 1880-1890 sont présentées, en marquant un tournant dans la valorisation de l'affiche. Cette exposition marque le début d'une intense politique d'exposition et d'itinérances. Pour en citer quelques-unes, *La petite reine, Le vélo en affiche à la fin du XIXe siècle* (31 mai - 23 septembre 1979), *L'affichomanie, collectionneurs d'affiches, affiches de collection 1880-1900* (du 23 janvier au 5 mai 1980), *La belle enseigne* (du 14 juin au 14 octobre 1983), *Les petits LU* (25 janvier - 18 mars 1984)[164].

Le tout nouveau musée de l'Affiche (ensuite musée de la Publicité) démarre à un rythme soutenu. Sur la plaquette de l'exposition que la bibliothèque lui a consacrée, il est indiqué que quatre-vingts expositions sont organisées dans le musée entre 1978 et 1990. Toujours à l'écoute de son temps, le musée élargit encore son champ de compétence au graphisme. Ainsi, une exposition est consacrée à la photographie publicitaire en France, *De Man Ray à Jean-Paul Goude* du 8 novembre

[160] « Étape 241 : Design graphique & Culture visuelle », Dossier : Alliance graphique internationale (AGI) ; Swiss Design Awards ; Studios spécialisés : Eddy Terki, Jeremy Perrodeau, Risotto Studio ; Copenhague, 2018, p. 120.

[161] Brunhammer, Yvonne, *Le Beau dans l'utile, un musée pour les arts décoratifs*, op. cit., p. 91.

[162]https://enseignants.lumni.fr/jalons/fiche-media/InaEdu01318/le-musee-de-l-affiche.html.

[163] Plaquette de l'exposition du 5 septembre au 25 novembre 2016 à la bibliothèque du MAD, *Du mur au musée, naissance d'un musée de l'affiche et d'un musée de la publicité au travers leurs archives, op. cit.*

[164] *Ibid.*

2006 au 25 mars 2007, jusqu'à ce que, dans une volonté d'unité, soit créé le département Publicité et Design graphique.

Nous avons souligné qu'aujourd'hui le département n'organise pas d'expositions permanentes, le matériel graphique est donc exposé périodiquement. De grandes expositions thématiques ou monographiques s'enchaînent, permettant la valorisation des artefacts publicitaires et graphiques en suivant un rythme régulier dans la mesure de deux par an. Ces expositions temporaires ont lieu à tour de rôle suivant le principe d'alternance entre « fonds ancien » et « fonds moderne »[165].

[165] Pour avoir une idée de l'alternance des thématiques dans le temps : *Pub Mania, Ils collectionnent la publicité* du 23 mai au 6 octobre 2013 ; *Recto verso : 8 pièces graphiques* du 21 mai 2014 au 1er février 2015 ; *Korea now ! Craft, design, mode et graphisme en Corée* du 19 septembre 2015 au 3 janvier 2016 ; *De la caricature à l'affiche* 1850-1918 du 18 février au 4 septembre 2016 ; *Design graphique : acquisitions récentes* du 30 mars au 24 septembre 2017 ; *Roman Cieslewicz, La fabrique des images*, du 3 mai au 23 septembre 2018.

CHAPITRE III.
La Collection Salce et le Museo Nazionale della Collezione Salce

Notre travail de terrain réalisé en Italie s'inscrit dans le cadre d'un accord entre le groupe de recherche Design et Muséologie de l'Université Iuav de Venise et le Pôle muséal de la Vénétie. Cet accord prévoyait deux activités : une étude des modèles et des stratégies de valorisation numérique de la collection d'affiches Salce réalisée par des étudiants et des chercheurs de l'Université Iuav[166] et un stage d'observation de six mois (d'octobre 2016 à avril 2017) au Museo Nazionale della Collezione Salce réalisé dans le cadre de cette recherche doctorale. Au cours de ce stage d'étude et d'observation, il a été possible de consulter le fonds historique du musée constitué de la Collection Salce, ainsi que des documents issus des archives de la correspondance du collectionneur, de collecter des matériaux tels que des documents officiels, de la littérature grise, des brochures ainsi que consulter des pages institutionnelles du site web du Ministero dei beni e delle attività culturali (homologue italien du ministère de la Culture). En outre, en suivant la méthode de l'observation participante, il a été possible de prendre part à la vie quotidienne du Museo Nazionale della Collezione Salce et d'obtenir le point de vue du personnel, en recueillant des opinions et des témoignages à travers des entretiens et des conversations. La présentation de la Collection Salce et du musée à laquelle sont consacrées les pages suivantes s'appuie sur les documents et les données recueillis tout au long de ce stage d'observation.

---

[166] Convention avec le Polo museale del Veneto/ Museo Nazionale della Collezione Salce (Treviso), 2016 dans le cadre du projet *Il design fra istituzioni e imprese: strumenti di comunicazione e valorizzazione per la Collezione di manifesti Nando Salce di Treviso*, coordonné par la prof.ssa Raimonda Riccini.

1. Nando Salce, un collectionneur « omnivore » et « chanceux »

Dans ce chapitre, nous analysons la Collection Salce en tenant compte des différents contextes dans lesquels elle a été placée. Pour appréhender une collection de ce type, il est nécessaire de considérer la personne (et non des moindres, sa personnalité) qui, pendant plus d'un demi-siècle, a rassemblé toutes les pièces. C'est pourquoi nous estimons utile de proposer une brève digression sur les motivations, la méthodologie de la collecte et le contexte dans lequel a vécu Nando Salce (1877-1962).

Les données utiles à cette reconstruction ont été tirées des écrits existants sur Salce et sa pratique de collectionneur. Au fil des ans, cette littérature s'est enrichie de différentes contributions, car la collection a fait l'objet de nombreuses tutelles et de divers projets de valorisation de la part de conservateurs et de chercheurs qui se sont succédé au fil des années.

Les sources primaires que nous avons utilisées sont les témoignages du personnel du musée, recueillis sur le terrain pendant notre stage par le biais de conversations et d'entretiens. Des éléments supplémentaires ont été ajoutés ultérieurement, issus de la lecture directe des archives épistolaires[167] de Salce et de l'entretien avec Professionnel 7, responsable de leur catalogage et de leur numérisation[168]. La consultation[169] de ces archives s'est faite a posteriori, puisqu'elles sont arrivées au musée après notre stage.

Le comptable Ferdinando Salce a vécu dans ce que les collectionneurs d'affiches considèrent comme les deux siècles les plus importants pour la naissance et la diffusion de l'affiche illustrée. Tout au long de sa longue vie, Salce a collectionné les affiches jusqu'à un mois avant sa mort, le 29 décembre 1962. Le fait que la dernière affiche qu'il a acquise annonce un événement en novembre de la même année

[167] Comme nous le verrons, ces archives historiques sont constituées de lettres envoyées à Salce par des artistes, des éditeurs et des marchands d'affiches qui gravitent à l'époque dans le monde de la collection et avec lesquels Salce entretenait des relations commerciales pour l'achat et l'échange d'affiches.

[168] À l'époque, doctorante en histoire de l'art, Professionnel 7 effectuait un stage visant à cataloguer ce matériel.

[169] Nous avons eu un accès complet pour consulter les archives, mais nous ne sommes pas autorisés à publier directement les informations afin de respecter le droit exclusif de publication que le musée entend utiliser. Nous nous référerons donc aux écrits du professeur Eugenio Manzato, qui a contribué à un premier classement des archives lorsqu'elles étaient conservées aux Musées civiques de Trévise, et de Serena Franzon, docteur en histoire de l'art, qui est l'auteure d'un certain nombre d'essais parus dans les deuxième et troisième catalogues de la trilogie « Illustri persuasioni ».

peut être considéré comme emblématique, comme le dernier témoignage de la continuité d'une passion de toute une vie[170].

Salce a pu rassembler des pièces représentatives des années cruciales pour l'évolution de « l'art de l'affiche », années durant lesquelles l'expression graphique a été favorisée par l'émergence de l'industrie des biens de consommation. Il a été témoin de la naissance de la publicité commerciale et de ses développements graphiques ultérieurs et a donc pu collecter et préserver plusieurs exemples d'affiches publicitaires du XIXe à la première moitié du XXe siècle[171]. Soutenu par son épouse Regina Gregorj dont on sait peu de choses, mais qui partageait probablement sa passion pour les affiches, Salce a continuellement rassemblé des spécimens d'affiches, constituant une collection importante par la variété des pièces et l'étendue de l'espace chronologique concerné.

Favorisé par sa situation économique personnelle, à tel point qu'il a pu s'inscrire à l'état civil comme « professione benestante »[172], Salce a utilisé le titre de *Ragioniere*[173] plus qu'autre chose comme titre honorifique[174], à côté de celui de *Benemerito della cultura e della solidarietà*[175] qui lui a été décerné. N'ayant pas d'héritiers directs, il décida qu'à sa mort tous ses biens seraient donnés à des institutions publiques, leur laissant à la fois la collection d'affiches et, aux *Istituti di Ricovero* (maisons de retraite), la demeure familiale, depuis lors une maison de repos au service de la communauté[176].

---

170 Mazza, Marta, « Nando Salce, 50 anni di eredità », *in La Collezione Salce. Un'eredità che batte il tempo*, (sous la dir. de) Lippi, Emilio, Mazza, Marta, Antiga Edizioni, Crocetta del Montello 2012, p. 19. La dernière affiche a été offerte à Salce et annonce une exposition sur le peintre italien Cima da Conegliano (1459-1460) qui a eu lieu à Trévise du mois d'août au mois de novembre de 1962. L'affiche montre un détail de la peinture de Saint Michel Archange.

171 La pièce la plus ancienne date de 1844 et la plus récente de 1962.

172 En Italie sur le papier d'identité il y a l'usage de mettre l'information de la profession exercée. Salce ne travaillait pas, mais étant aisé, il pouvait spécifier cela à la place de la profession. Basso, Toni, Andrea, Cason, *Signor Salce: un collezionista di manifesti, la sua città, la sua raccolta*, Celio Libri, Treviso, 1997.

173 Expert-comptable.

174 Manzato, Eugenio, « Una "gioiosa mania": Nando Salce e la sua collezione », *L'Italia Che Cambia Attraverso I Manifesti Della Raccolta Salce,* Pepa Sparti , *(sous la dir. de)*, Abruzzese, Alberto (Textes de), 1989, pp. 21-25.

175 En France le titre équivalent est celui de chevalier de l'ordre des arts et de lettres.

176 Lippi, Emilio, Mazza, Marta, (sous la dir. de), *La Collezione Salce. Un'eredità che batte il tempo*, Antiga Edizioni, Crocetta del Montello 2012, p. 7. Sa propre maison (avec dépendances et jardin intérieur), située entre Borgo Mazzini et Viale III Armata. Le legs fait aux hospices de la ville a donné à Israa un foyer et à la ville un emplacement prestigieux pour la Casa Albergo per anziani.

1.1. Une pratique systématique et organisée

Diverses sources font remonter l'origine de la collection à une anecdote[177] selon laquelle Salce aurait acheté sa première affiche en décembre 1895. Âgé de 17 ans à l'époque, lors d'une randonnée à vélo, il a été frappé par une image publicitaire qu'il a décidé d'acheter en soudoyant le crieur public pour le prix d'une lire[178]. L'affiche était celle de la *Società Anonima Incandescenza a Gas marca Auer* de Giovanni Maria Mataloni[179].

---

[177] Basso, Toni, Andrea, Cason. *Signor Salce: un collezionista di manifesti, la sua citta, la sua raccolta, op. cit.*; Menegazzi, Luigi, *Manifesti Salce*, Electa, s.d., Milan, 1974 ; Manzato, Eugenio, « Una "gioiosa mania": Nando Salce e la sua collezione», *op. cit.*

[178] Comme le rapportent les auteurs, c'est l'écrivain et critique d'art Giuseppe Mazzotti qui a recueilli l'histoire de la propre voix de Salce et l'a rapportée dans la préface du catalogue de l'exposition, *La montagna nel manifesto pubblicitario (La montagne dans l'affiche publicitaire), pour laquelle* Salce a créé l'image logo de l'affiche publicitaire. Lippi, Emilio, Mazza, Marta (sous la dir. De), *La Collezione Salce. Un'eredità che batte il tempo,* Antiga Edizioni, Crocetta del Montello 2012, p.19. L'exposition a eu lieu à Trévise, au Palazzo dei Trecento, en 1959. Malheureusement, le catalogue est introuvable aujourd'hui. Une des expositions organisées dans l'intention de faire connaître la collection et de stimuler son acquisition par la ville, cf. Aliberti Gaudioso, Filippa M., « I manifesti Salce : cronaca di una donazione », in *L'Italia che cambia : attraverso i manifesti della raccolta Salce*, Sparti, Pepa (sous la dir. de), Artificio, Firenze, 1989, p. 17.

L'écrivain et critique d'art Giuseppe Mazzotti a été l'un des partisans convaincus de la valeur de la Collection, organisant des événements pour la faire connaître. Il a été également le promoteur d'une action publique pour préserver la collection à Trévise.

[179] Manzato, Eugenio, « Le origini di una collezione », in *Lumi di Progresso*, Comunicazione e persuasione alle origini della cartellonistica italiana, Abruzzese, Alberto, De Iulio, Simona (sous la dir. de), Treviso, 1996, p. 5 . Par ailleurs c'est à l'auteur de la première affiche de la collection, l'affichiste Giovanni Maria Mataloni, que Salce a commandé la création de son papier à lettres, dont on trouve quelques exemples dans les archives épistolaires.

Figure 1. La première affiche de la Collection Salce

L'affiche était considérée comme ayant une certaine valeur artistique et, comme l'explique Eugenio Manzato, directeur des musées civiques de Trévise de 1980 à 2000, elle montre que, dès le départ, Salce avait l'œil de quelqu'un qui « savait déjà ce qu'il voulait mettre en place »[180]. En fait, il ne s'agissait pas d'un choix naïf, puisque l'affiche a été mentionnée par l'écrivain et critique d'art Vittorio Pica dans la revue *Emporium* comme la première affiche italienne qui, « pour sa conception, son exécution et son dessin »[181], était digne d'être

[180] Manzato, Eugenio, « Le origini di una collezione », *op. cit.*, p.21.
[181] Pica, Vittorio, «Per la gioia degli occhi (Matilde Serao) », in *Emporium*, III, 13, 1896, pp.75-76.

comparée aux meilleurs exemples européens. Il s'agit donc d'un exemple représentatif d'un style graphique qui est encore considéré par les historiens de l'art comme « le tournant et le lien avec la meilleure production internationale »[182]. Comme l'atteste la correspondance, le rôle joué par les articles de Vittorio Pica est incontestable, ce qui est également confirmé par le fait que dans sa bibliothèque personnelle, qui est arrivée au musée avec le legs Salce[183], on trouve la collection complète de la revue *Emporium.* Cependant, du point de vue de Professionnel 6 directrice du Musée à l'époque du stage[184], Salce a fait preuve d'une certaine autonomie de jugement, se révélant un collectionneur « avisé »[185] car, par exemple, Pica ne mentionne pas le célèbre affichiste Leonetto Cappiello et ne considère même pas les affiches de la *Sécession*, alors que la collection contient plusieurs pièces tant de l'affichiste que du mouvement artistique viennois[186]. De plus, le fait que Salce ait été consulté par les affichistes eux-mêmes pour certains avis sur les affiches, comme nous le verrons, confirme encore à quel point son avis était considéré comme faisant autorité.

Il est certain que la diffusion de l'anecdote de l'acquisition de l'affiche Auer, mentionnée au début de ce paragraphe, a alimenté le mythe de la première pièce de la collection[187]. Mais, selon la directrice du musée, il n'y a aucune certitude sur le fait que Salce ait continué à acquérir des affiches de cette manière au fil des ans [188]. Eugenio Manzato, l'ancien directeur des Musées Civiques de Trévise, écrit que « les méthodes d'acquisition [...] ont été rapidement affinées, n'étant plus laissées à la causalité de la trouvaille mais confiées à une méthodologie précise impliquant un contact direct avec les entreprises, les imprimeurs et les auteurs eux-mêmes »[189]. Dans les pages des

---

[182] Rizzato, Roberta, « La Rivoluzione grafica americana tra il XVIII e il XIX secolo : presenze nella collezione di Nando Salce ». Roberta Rizzato, s.d. [en ligne]

[183] Manzato, Eugenio, « "Una gioiosa mania": Nando Salce e la sua collezione », *op. cit.*, p.21.

[184] Professionnel 6, directrice scientifique de la Collection, qui est ensuite devenue directrice du Musée jusqu'en décembre 2018.

[185] Entretien avec Professionnel 6 du 9 mars 2017.

[186] *Ibid.*

[187] C'est Giuseppe Mazzotti qui a recueilli l'histoire directement auprès de Salce, l'a rapportée dans la préface du catalogue de l'exposition, *La montagna nel manifesto pubblicitario,* pour laquelle Salce a créé l'image du logo pour l'affiche publicitaire. Lippi, Emilio, Mazza, Marta, *La Collezione Salce. Un'eredità che batte il tempo, op. cit.* p.19. L'exposition a eu lieu à Trévise, au Palazzo dei Trecento, en 1959. Une des expositions organisées dans le but de faire connaître la collection et de stimuler son acquisition par la ville. Aliberti Gaudioso, Filippa M., «I manifesti di Salce: cronaca di una donazione», *op. cit.*, p.17.

[188] Entretien avec Professionnel 6 du 9 mars 2017.

[189] Manzato, Eugenio, « "Una gioiosa mania": Nando Salce e la sua collezione », *op. cit.*, p.21.

archives épistolaires, en effet, on trouve une abondante correspondance à caractère commercial entre le collectionneur et les lithographes, les sociétés de commande et les galeries d'affiches, faite de demandes et de négociations de prix. Professionnel 7, curatrice de la correspondance, souligne également qu'elle montre que Salce recherchait des produits de belle facture et en excellent état : « Dans une lettre, il se plaint de la qualité d'une affiche »[190]. C'est pour cette raison, selon Professionnel 7, que plutôt que d'aller déboucher des affiches dans la rue, il a préféré s'adresser à ceux qui pouvaient les fournir de première main[191]. Cependant, comme le souligne Manzato, Salce achetait également des affiches dans les bureaux d'affichage des municipalités italiennes et il n'est donc pas rare que des pièces arrivent dans la collection après avoir été placées sur les murs et donc endommagées. [192]

Pour notre part, il semble important de noter que le *modus operandi* de Salce correspond à ces pratiques en usage chez les *affichomanes* parisiens que Nicholas Zmelty décrit ainsi :

> « Pour se procurer une affiche, les premiers collectionneurs pouvaient procéder de deux façons : tenter d'entrer directement en relation avec l'une des personnes impliquées dans sa réalisation, qu'il s'agisse de l'artiste, du commanditaire ou de l'imprimeur, ou choisir d'autres solutions flirtant avec l'illégalité. Si parmi ceux qui privilégient cette seconde option certains allèrent jusqu'à l'usurpation d'identité la plupart préféraient simplement soudoyer les colleurs d'affiches ou avoir recours au décollage à la sauvette »[193].

La consultation de la correspondance de Salce montre donc comment, dès le début, Salce a mené sa pratique de collecte d'affiches de manière systématique et organisée. Et, selon Manzato, dès ses premières années, il a utilisé « une méthode "scientifique" pour l'acquisition d'affiches »[194]. Selon Serena Franzon, la nature méthodique des pratiques de collection de Salce est évidente dans les traces de ses négociations avec les éditeurs et les imprimeurs spécialisés dans la branche publicitaire, avec les entreprises et les commanditaires,

---

[190] Entretien avec Professionnel 7 du 14, octobre, 2019.

[191] *Ibid.*

[192] Manzato, Eugenio, « "Una gioiosa mania". Nando Salce e la sua collezione », *op.cit.,* p. 24.

[193] Zmelty, Nicholas-Henri, *L'affiche illustrée au temps de l'affichomanie (1889-1905), op. cit.*, p. 96.

[194] Manzato, Eugenio, « Le origini di una collezione », *op. cit.*, pp. 5-6.

avec les galeries spécialisées en Italie et à l'étranger et avec les affichistes eux-mêmes[195]. Les échanges de correspondance témoignent des relations étroites que Salce a établies et entretenues avec les acteurs du monde de la collection européenne et en particulier du milieu parisien[196], en pleine période de l'*affichomanie*[197]. Comme il était d'usage chez les collectionneurs de l'époque, il achetait, échangeait et négociait les prix des affiches[198]. Salce était en contact avec les galeries parisiennes, et sa correspondance avec Sagot, l'une des plus célèbres galeries de la capitale française pour la vente et l'échange d'affiches[199], est particulièrement dense. Octave Uzanne, comme le rapporte Alain Weill dans son ouvrage *L'affiche dans le monde*, le mentionne également : « M. Edouard Sagot que la passion des placards illustrés a trouvé son quartier général ou plutôt son foyer central »[200].

Il n'y a pas de traces d'échange d'affiches entre Salce et d'autres collectionneurs et, selon l'ancien directeur du musée, il n'existe aucune preuve de cette pratique : « Il y a quelqu'un qui lui dit qu'il y a un collectionneur qui a des blocs d'affiches [...] Mais rien pour confirmer qu'il traite directement avec eux »[201]. Toutefois, à cet égard, nous citons un passage d'une biographie bien connue de Salce [202], dans lequel un épisode[203] de la correspondance de sa femme est mentionné. Comme le rapportent les auteurs, Regina Gregorj a écrit à un ami de Turin pour avoir des nouvelles d'un certain M. Ettore Sobrero, qui avait contacté son mari parce que, étant lui-même collectionneur, il partageait sa

---

195 Franzon, Serena, « Cronache epistolari di una collezione: l'archivio della corrispondenza di Nando Salce » in *Illustri persuasioni. Belle époque. Capolavori pubblicitari dalla Collezione Salce*, Mazza, Marta (sous la dir. de), Silvana editoriale, Cinisello Balsamo 2017, pp. 183-186.

196 Manzato, Eugenio, « "Una gioiosa mania": Nando Salce e la sua collezione », *op. cit.*; Franzon, Serena, « Cronache epistolari di una collezione: l'archivio della corrispondenza di Nando Salce » *op. cit.*

197 La mode de la collection d'affiches illustrées a été en vogue de la dernière décennie du XIXe siècle jusqu'au début des années 1900. Plus tard, de nombreux collectionneurs se sont débarrassés de leurs collections ou ont tout simplement cessé de collectionner. Nous verrons comment Salce, en revanche, a continué jusqu'aux années 1962.

198 Franzon, Serena, « Cronache epistolari di una collezione: l'archivio della corrispondenza di Nando Salce », *op. cit.*

199 Manzato, Eugenio, « Le origini di una collezione », *op. cit.*

200 Weill, Alain. *L'affiche dans le monde*, Somogy, Paris, 1991, p.53.

201 Entretien avec Professionnel 6 du 26 février 2018.

202 Le texte en question est Basso, Toni, Andrea, Cason, *Signor Salce: un collezionista di manifesti, la sua città, la sua raccolta*, *op.cit.* L'intérêt de ce texte réside dans le fait que Toni Basso, qui a connu Salce directement et en tant qu'ami et médecin personnel, a pu recueillir des informations de première main sur la constitution et la gestion de la collection telle qu'elle était faite par Salce.

203 *Ibid.*, p. 170-171.

passion pour les affiches. Selon la biographie, ce contact s'est transformé en « une amitié qui s'est avérée fructueuse pour les deux »[204]. En outre, la collection comporte de nombreux doubles que Salce a sans doute utilisés pour effectuer des échanges, notamment pour obtenir des pièces de galeristes étrangers. C'est avec cette méthode, par exemple, comme l'explique Eugenio Manzato, que Nando Salce a obtenu des éditeurs français des pièces artistiques prestigieuses signées par Jules Chéret, Alphonse Mucha et Leonetto Cappiello[205].

Une autre méthode de collecte mentionnée dans le texte biographique, consistait en un accord que Salce avait passé avec l'employé municipal chargé de contrôler l'affichage à Trévise. Afin de vérifier les droits dus à la municipalité, des copies des affiches devaient être soumises à la municipalité et retournées au client avec le cachet de la municipalité. L'une de ces copies était conservée dans la municipalité, mais une fois la fonction de contrôle terminée, elle pouvait être jetée. Salce s'est donc transformé en « balayeur providentiel »[206], laissant même probablement un certain bénéfice financier au greffier, et a récupéré de cette manière les copies des affiches, une fois qu'elles avaient rempli leur fonction à des fins municipales[207].

En outre, son réseau de contacts s'étend aux usines de lithographie et aux clients des affiches : des entreprises, telles que la société de confection *Fratelli Mele* à Naples, les *Officine grafiche Ricordi* à Milan, puis des théâtres, des maisons d'édition et enfin les affichistes. Les archives contiennent de nombreuses lettres échangées avec des artistes, y compris des artistes célèbres tels que Marcello Dudovich et Giovanni Maria Mataloni[208].

Les propositions d'achat étaient également adressées à Salce :

> « Le 14 décembre 1899, Casa Ricordi envoya une missive à Nando Salce dans laquelle, comme de coutume, on lui donnait quelques suggestions d'achat : "Les bannières Iris de l'artiste L. Metlicovitz, ainsi que l'enseigne de la Loterie de Côme" (ACS, n. 71, lettre du 14 décembre 1899). Quelques mois plus tôt, le 11

---

[204] *Ibid.*

[205] Manzato, Eugenio, « Le origini di una collezione », op.cit., p. 6 ; Entretien avec Professionnel 6 du 9 mars 2017.

[206] Basso, Toni, Andrea, Cason, *Signor Salce: un collezionista di manifesti, la sua città, la sua raccolta*, op. cit., p. 89.

[207] Ibid.

[208] Manzato, Eugenio, « Le origini di una collezione », *op.cit.* ; Franzon, Serena, « Cronache epistolari di una collezione: l'archivio della corrispondenza di Nando Salce », *op.cit.*

août 1899, une autre lettre est arrivée de Ricordi offrant, entre autres, "des notices de danse 'Sport' de Metlicovitz (1,15x2,45)". (AEC, n° 50, lettre du 11 août 1899). Les propositions d'achat provenaient également d'autres expéditeurs. Le 11 avril 1903, la Tipo-litografia Economica de Milan propose une affiche de la firme V.G. Giani à Salce, qui, confrontée à la prétendue perplexité du collectionneur quant à l'achat, revient la semaine suivante en déclarant : "L'affiche V.G. Giani est précisément de Leopoldo Metlicovitz ". Et Salce a procédé à l'achat. (AEC, n. 281, lettre du 11 avril 1903 ; n. 282, lettre du 17 avril 1903) »[209].

Depuis 1898 au moins, Salce écrivait à toutes ces personnes afin d'enrichir sa collection d'affiches. Après la conclusion des négociations, Salce avait l'habitude d'envoyer une carte postale avec sa propre image sous forme de caricature en guise de remerciement, qui sort d'une pile d'affiches, en les remerciant avec un salut et en enlevant son chapeau[210].

Figure 2. Carte de remerciements de Nando Salce

[209] ACS, n. 71, lettera del 14 dicembre 1899 ; ACS, n. 50, lettera dell'11 agosto 1899 ; ACS, n. 281, lettera dell'11 aprile 1903 ; n. 282, lettera del 17 aprile 1903, in Rizzato, Roberta, « Metlicovitz nella Collezione di Nando Salce. Un catalogo in divenire » s.d. [en ligne]

[210] Une caricature réalisée par Bepi Fabiano, peintre et auteur d'affiches publicitaires, in Basso, Toni, Andrea, Cason, *Signor Salce: un collezionista di manifesti, la sua città, la sua raccolta, op. cit.*, p. 93.

De toutes ces informations, il ressort que les pratiques d'un collectionneur comme Salce ne sont pas celles d'une personne isolée, mais s'inscrivent dans un réseau d'acteurs sociaux. Comme nous l'avons vu, ce réseau était principalement composé d'employés de sociétés d'affichage, de galeries d'art, de critiques d'art, d'ateliers de lithographie, de graphistes, de sociétés de commande et vraisemblablement d'autres collectionneurs. Toute une série d'acteurs impliqués dans les pratiques de récupération d'affiches travaillaient ensemble de manière organisée, parfois même en partageant des méthodes. De manière très similaire à ce que Howard Becker entendait par les « mondes de l'art »[211], on pourrait parler à propos de la constitution de la Collection Salce, de la mobilisation de « mondes du collectionnisme ». Avec l'expression « mondes de l'art », Becker désigne le réseau d'individus qui collaborent de manière organisée, en partageant des manières conventionnelles de faire les choses, pour produire le type d'œuvre artistique qui donne son nom au monde de l'art lui-même. Becker explique comment, autour de chaque œuvre d'art existe un monde de l'art, qui se caractérise par la collaboration entre le créateur de l'œuvre elle-même et tous ceux qui interagissent de manière temporaire ou permanente pour rendre son travail possible. C'est dans cette perspective que l'on pourrait parler de mondes du collectionnisme, en replaçant les collectionneurs (et leurs collections) dans leur environnement. De même que dans les mondes de l'art, il ne peut y avoir d'œuvre produite uniquement par l'artiste, aussi les mondes de la collection sont constitués de relations impliquant la collaboration de multiples individus qui sont des « membres bien socialisés de la société »[212].

La littérature sur Ferdinando Salce et les informations provenant de sa correspondance dressent ainsi le portrait d'un collectionneur pleinement intégré dans la communauté européenne des affichomanes. Cependant, il semble important de souligner comment Salce ait cultivé avec obstination cette passion, la faisant survivre au passage de la mode, se distinguant ainsi de la majorité des affichomanes qui, au début des années 1900, ont cessé de collectionner et de conserver les affiches une fois la mode passée. La datation de la correspondance[213] permet en effet

[211] Becker, Howard, S., *I mondi dell'arte*, edizione italiana a cura di M. Sassatelli, Il Mulino, Bologna 2004.
[212] *Ibid.*, p.62.
[213] Franzon, Serena, « Cronache epistolari di una collezione: l'archivio della corrispondenza di Nando Salce », *op.cit.*, p.183.

de constater que son activité de collectionneur s'est poursuivie sans relâche bien au-delà de l'apogée de l'affichomanie. De plus, Salce ne se limite pas à collectionner des affiches, mais aussi d'autres objets publicitaires[214], pratique qu'il partage avec d'autres collectionneurs de l'époque, dont Georges Pochet et Roger Braun[215]. Cependant, malgré leur dévouement à leur passion pour le collectionnisme, la vie de ces deux collectionneurs français s'est déroulée dans une période historique différente de celle de Salce. Pochet et Braun ont vécu entre la fin du XIXe siècle et le milieu du siècle suivant, Braun a vécu jusqu'aux années 1940, terminant sa collection à cette époque. Salce, quant à lui, est né trente ans après George Pochet et quinze ans après Roger Braun, et, grâce à sa persévérance (et à la faveur d'une longue vie), il a pu rassembler des pièces sur une période plus longue et, surtout, particulièrement représentative de l'histoire de l'art graphique, notamment en Italie. Toutes ces conditions ont permis à Salce de constituer une collection bien plus importante que les deux collections historiques du MAD Paris. Alors que le nombre total de pièces de la collection historique du Museo Nazionale della Collezione Salce dépasse les 24 000 pièces, la collection Pochet et la collection Braun du MAD Paris comptent respectivement environ 6 000 et 1 000 affiches. Il s'agit de la plus grande collection d'affiches italiennes existant à l'heure actuelle, comme l'a déclaré au début des années 1970 Luigi Menegazzi, qui était le responsable du premier catalogage de la collection. Comme l'écrit Marta Mazza, cette collection reste impressionnante, surtout si l'on considère qu'elle est l'œuvre d'un seul collectionneur[216].

Plusieurs témoignages trouvés dans les archives épistolaires, et rapportés dans les essais de Serena Franzon, confirment le fait que Salce était connu et respecté non seulement en tant que collectionneur mais

---

214 Salce collectionnait aussi des menus qui sont perdus, des calendriers publicitaires, ainsi que d'autres gadgets publicitaires.

215 Braun collectionnait aussi les livres et les menus, tout comme Pochet collectionnait aussi différentes gravures.

La collection de Georges Pochet (1843-1901) a été donnée par sa famille à la Bibliothèque des Arts Décoratifs en 1905, tout à la fin de la période considérée comme l'âge d'or de l'affiche illustrée. Ou encore, Roger Braun notaire et collectionneur (1862-1941), dont le legs a encore enrichi la bibliothèque de l'UCAD d'alors de plus de 1000 affiches illustrées françaises et internationales.

216 Mazza, Marta, « Illustri persuasioni : cartellonismo belle époque nella Collezione Salce », in *Illustri persuasioni. Belle époque. Capolavori pubblicitari dalla Collezione Salce*, Mazza, Marta (sous la dir. de), Silvana editoriale, Cinisello Balsamo, 2017, p.13.

aussi en tant que critique[217]. Dans une lettre adressée à Salce, Federico Seneca (1891-1976), l'un des artistes et affichistes les plus importants d'Italie[218], lui demande un avis sur certaines affiches et notamment une « opinion compétente mais dépassionnée sur l'affiche *Lane BBB* »[219] :

> « ... parce que le lithographe à qui j'avais décidé de confier la reproduction n'est pas digne de confiance. À moins qu'il n'imprime très bien l'affiche qui sera mise en place en janvier. J'aimerais avoir votre opinion compétente mais dépassionnée sur l'affiche du Lane BBB. »[220]

Encore une fois, comme le rapporte Franzon, Seneca a adressé une lettre à Salce :

> « Cher Salce, merci pour la carte postale "Attends et ne viens pas" avec ce qui suit ! Je viendrai dès que le travail pour le renouveau artistique me le permettra. Je refais le noviciat ! Le lithographe ne me satisfait pas, et il n'a pas encore trouvé celui qui le fera. En vieillissant, je suis devenu plus pointilleux, et mes nouvelles choses, qui semblent faciles à reproduire, donnent du fil à retordre aux vieux experts. En passant, je vous envoie une nouvelle affiche pour le Lane BBB. Il n'a pas encore été mis en place, et je pense que l'entreprise ne fera, pour l'instant, qu'un affichage local. Le premier janvier prochain, un autre sera mis en place pour les œufs en chocolat. Je lui enverrai une copie. Ses deux affiches sont encore avec moi ».[221]

La collection telle que nous la connaissons aujourd'hui est composée de pièces de factures et d'origines diverses, résultat des méthodes de collecte de Salce, qui reposaient sur différents critères. Comme l'affirme Eugenio Manzato, « Salce ne cherchait pas seulement des

---

[217] Franzon, Serena, « "Per la mia notissima collezione di cartelli e manifesti figurati", Alcune minute di Nando Salce negli anni tra le due guerre », in Illustri persuasioni. Tra le due guerre. Capolavori pubblicitari dalla Collezione Salce, Mazza, Marta (sous la dir. de), Cinisello Balsamo 2017, p. 186.

[218] Il est l'un des plus importants affichistes italiens ayant vécu entre la fin du XIXe siècle et le milieu des années 1970. Le Museo Nazionale della Collezione Salce lui a consacré une exposition monographique.

[219] Franzon, Serena, «"Come le pagine d'un enorme libro": la Collezione Salce attraverso l'epistolario del dopoguerra » in *Illustri persuasioni. Verso il boom 1950-1962. Capolavori pubblicitari dalla Collezione Salce*, Silvana editoriale, Cinisello Balsamo, Milano, 2018, p. 42.

[220] *Ibid.*

[221] Lettera 8 dicembre 1950, Museo Nazionale della Collezione Salce, Archivio Storico Salce. *Ibid.*

affiches impressionnantes (...) mais il collectionnait aussi les moins voyantes à des fins de documentation »[222]. Cependant, selon diverses sources, il semblerait que les goûts du collectionneur aient en fait évolué au fil du temps. Professionnel 6 affirme que Salce, bien qu'il ait commencé à collectionner en étant guidé par un critère principalement artistique, en recherchant d'abord des affiches esthétiquement précieuses ou rares, s'est ensuite rendu compte que certaines affiches pouvaient également avoir une autre valeur. Sur la base d'une correspondance, Serena Franzon confirme que Salce lui-même a reconnu qu'avec le temps, ses recherches se sont étendues aux affiches politiques, ainsi qu'à celles représentatives de la société ou d'un moment historique[223], sans pour autant négliger leur évaluation qualitative d'un point de vue graphique[224]. Ainsi, du milieu du XIXe siècle au milieu du XXe siècle, la collection comprend, à côté des œuvres de l'auteur, des pièces plus communes, parfois anonymes et en tout cas sans appel formel, comme des affiches politiques ou celles qui font la publicité de produits de consommation de masse, qui offrent un échantillon de la société et constituent « une sorte de « corps réfléchissant" de notre histoire récente »[225]. Cette présence atteste du fait que Salce était « fièrement conscient de la valeur documentaire, même si elle n'est pas équivalente à la valeur esthétique »[226], au point de penser sa collection comme un héritage qui témoigne de « l'évolution des us et coutumes de la communauté »[227].

Nous sommes donc confrontés à des méthodes de collecte fondées sur de multiples critères qui ont donné de la variété à la collection, « preuve que l'héritage de Nando Salce est dans son ensemble un document représentatif de l'histoire des arts graphiques et de leur évolution technique ainsi que de l'histoire de l'Italie de la fin du XIXe

---

222 Del Fabro, Elisabetta, « Nando Salce: una vita per i manifesti. intervista a Eugenio Manzato », s.e., s.d.,s.l., pp. 26-35.

223 Par exemple : l'affiche Vanga e medaglia (bêche et médaille) de Boccasile en 1939, ou l'affiche du Parti national fasciste de Dudovich, ou encore l'affiche anonyme de 1941, Vincere vincere vincere e vinceremo! Et bien d'autres encore.

224 Franzon, Serena, «Per la mia notissima collezione di cartelli e manifesti figurati », *op. cit.*

225 Rizzato, Roberta, « "Documenti di vita italiana": gli anni cinquanta nei manifesti governativi », *Illustri Persuasioni. Capolavori pubblicitari della Collezione Salce. Verso il boom 1950-1962*, Mazza, Marta (sous la dir. de), 2018, pp. 29-37.

226 Mazza, Marta, « Tra eco di Avanguardia e "personaggi-idea" : grafica e manifesti degli anni venti e 30 dalla Collezione Salce », in *Illustri persuasioni. Capolavori pubblicitari della Collezione Salce. Tra le due guerre.*, Cinisello Balsamo, 2017, p. 11.

227 Aliberti Gaudioso, Filippa M., « I manifesti di Salce: cronaca di una donazione », *op. cit.*

siècle à 1962 »[228]. Tel est le profil de Nando Salce, que le directeur du Museo Nazionale della Collezione Salce n'hésite pas à définir comme « un collectionneur omnivore »[229]. La correspondance montre également que Salce était conscient de l'*appeal* publicitaire que les affiches continuaient à exercer sur le public que la collection attirait. Comme l'explique Serena Franzon, Salce a utilisé cet argument pour faire pression sur les clients et obtenir des pièces gratuitement, considérant le public : « comme un facteur capable de préserver et d'amplifier l'intention publicitaire initiale des affiches, garantissant une "publicité pérenne" pour les produits représentés »[230].

1.2. Le grenier de Salce

La description du lieu où Salce conservait ses affiches apporte des éléments supplémentaires utiles pour comprendre comment il organisait, conservait et rendait visible sa collection. Dans le texte biographique auquel nous nous sommes référés à plusieurs reprises, Basso et Cason offrent une description détaillée des espaces au-dessus de la maison de Salce, occupés par un vaste grenier, étendu sur toute une aile correspondant à l'espace au-dessus des cuisines et des appartements du personnel domestique[231]. Les pièces ne pouvaient être visionnées que pendant la journée, Salce ayant décidé que seule la lumière naturelle devait être utilisée pour éviter les incendies[232]. Au deuxième étage, sous le grenier, les affiches plus petites étaient rangées sur des étagères et « les nouvelles arrivées en attente d'être cataloguées pour un emplacement définitif étaient disposées, pliées ou enroulées »[233]. Selon les descriptions des auteurs, Salce se consacrait quotidiennement à sa collection, pour l'enrichir, l'arranger, la cataloguer, mais aussi l'exposer. Comme l'écrit Manzato, après avoir traité la correspondance, il rangeait la collection au grenier comme un

---

[228] Mercalli, Marica, «Il lascito di Nando Salce. Un impegno di tutela e di valorizzazione », *in* Lippi, Emilio, Mazza, Marta, *La Collezione Salce. Un'eredità che batte il tempo, op. cit,* p.13.
[229] Entretien avec Professionnel 6 du 26 février 2018.
[230] Franzon, Serena, « Per la mia notissima collezione di cartelli e manifesti figurati », *op.cit.*
[231] Basso, Toni, Andrea, Cason, *Signor Salce: un collezionista di manifesti, la sua citta, la sua raccolta, op. cit.*, p. 89.
[232] Par ailleurs, dans une lettre Salce parle d'un incendie qui s'était produit pendant les bombardements et avait menacé ses affiches. Voir lettre ACS 681_1952, Franzon, Serena, « "Come le pagine di un enorme libro": la Collezione Salce attraverso l'epistolario del dopoguerra » *op. cit.*, p.44.
[233] Basso, Toni, Andrea,Cason, *Signor Salce: un collezionista di manifesti, la sua città, la sua raccolta, op.cit.*, p. 92.

« vrai professionnel » [234] et c'est pourquoi il peut être considéré comme « le premier directeur de sa collection » [235]. Il avait également entamé un premier processus de catalogage « démontrant un désir non seulement de contrôle de l'inventaire mais aussi de connaissance des objets pour une transmission future à la postérité »[236]. Son grenier a été aménagé en espace d'exposition et, à cette fin, Salce avait également conçu une méthode[237] facilitant la consultation des affiches, dont Basso et Cason fournissent une description détaillée[238]. Salce appelait ce système un « secteur » et consistait en un dispositif qui permettait de stocker les pièces de manière qu'elles puissent être vues rapidement en même temps. La consultation était facilitée car, semblable à un « livre gigantesque »[239], « la collection devenait [...] feuilletable comme de grandes pages [...] qui créaient un agréable bruissement »[240].

---

234 Manzato, Eugenio, « Le origini di una collezione », *op. cit.*; Manzato, Eugenio, « "Una gioiosa mania": Nando Salce e la sua collezione », *op. cit.*, pp. 21-22.

235 *Ibid.*

236 Mercalli, Marica, « Il lascito di Nando Salce. Un impegno di tutela e di valorizzazione », *in La collezione Salce un'eredità che batte il tempo*, *op. cit.* p. 11.

237 Manzato, Eugenio, « "Una gioiosa mania". Nando Salce e la sua collezione », *op.cit.*, p.22.

238 Basso, Toni, Andrea, Cason, *Signor Salce: un collezionista di manifesti, la sua città, la sua raccolta*, *op.cit.*

239 *Ibid.* Cette expression était chère à Salce lui-même qui l'a utilisée dans une minute de 1952. ACS 681_1952, Franzon, Serena, « "Come le pagine di un enorme libro": la Collezione Salce attraverso l'epistolario del dopoguerra », *op.cit.*, p. 42.

240 Manzato, Eugenio, « "Una gioiosa mania". Nando Salce e la sua collezione », *op.cit.*, p. 22.

Figure 3. Dessin de la méthode d'exposition des affiches

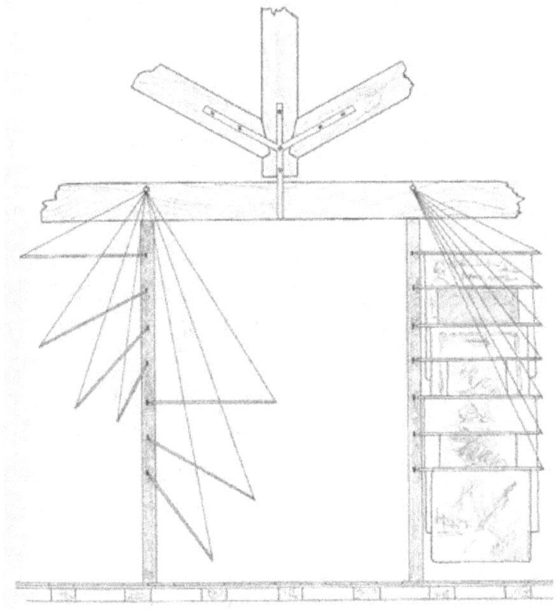

Figure 4. Photo de la machine d'exposition des affiches installée dans le grenier

«… appuyées contre un mur (ou contre un cadre approprié), des centaines de pièces reposent verticalement, les unes sur les autres, comme les pages d'un énorme livre ; et elles peuvent être déroulées comme ceci. Je possède 140 de ces "albums" et ils se trouvent dans une pièce de 18 x 8,50 m (qui était autrefois une grange) et sur un mur de 6 mètres de haut. »[241]

Il convient de noter la similitude de cette méthode d'affichage avec une description trouvée dans le texte de Nicolas Zmelty, déjà largement cité dans la section sur l'affichomanie. L'auteur montre comment, à l'époque de cette mode, toute une littérature circulait pour les affichomanes, dans laquelle des suggestions étaient dispensées et des expériences partagées sur la manière de gérer les collections d'affiches[242]. Nous citons un passage en particulier car il nous ramène à la manière dont Salce rangeait les affiches, extrait d'un numéro spécial consacré aux « affiches artistiques », dans le magazine pour enfants *Le Petit Français illustré* publié à Pâques 1899. L'article s'adressait aux parents des lecteurs du magazine, qui recevaient des conseils et des descriptions détaillées sur la manière de conserver les affiches :

> « Pour la conservation, ne laissez jamais vos affiches roulées ; elles doivent être, sinon entoilées, au moins bordées d'une ganse ou d'un ruban collé sur le bord verso de l'affiche.
>
> Si vous disposez de vastes surfaces murales, le mieux est de clouer vos affiches, soigneusement tendues, les unes à côté des autres.
>
> Si la place fait défaut, vous pourrez recourir à un système d'accrochage [...] Le plus économique consiste à monter soi-même un appareil à baguettes tournantes avec des tringles et des pitons ; chaque tringle pourra supporter deux affiches placées-non collées-dos à dos »[243].

Le grenier de Salce offrait également un espace pour la circulation des personnes, rendant la collection visitable, et en fait, comme l'affirme Serena Franzon, la correspondance montre que Salce

---

[241] ACS 681_1952, in Franzon, Serena, «"Come le pagine d'un enorme libro": la Collezione Salce attraverso l'epistolario del dopoguerra », *op. cit.*, p. 43.

[242] Zmelty, Nicholas-Henri, L'Affiche illustrée au temps de l'affichomanie (1889-1905), op.cit., pp. 32-34.

[243] « L'art de collectionner les Affiches artistiques », *Le Petit Français illustré. Journal des écoliers et des écolières*, n° 16, hors-série, Pâques 1899, p.9. Zmelty, Nicholas-Henri, *L'Affiche illustrée au temps de l'affichomanie (1889-1905), op.cit.*, p.32.

organisait également des visites réservées aux personnes intéressées. Dans une large mesure, cela s'est produit tard dans la vie, lorsque Salce a commencé à s'inquiéter du sort de sa collection et que les visites visaient à sensibiliser certains représentants des institutions[244].

Le grenier de Salce faisait déjà parler de lui du vivant du collectionneur trévisan[245]. Dans l'essai *Cronaca di una collezione*, Filippa M. Aliberti Gaudioso reconstitue l'intérêt que la collection a suscité chez les journalistes dès 1933. Des articles de journaux témoignent de l'intérêt pour la collection et rendent compte de son intérêt croissant, contribuant ainsi à sa notoriété au fil du temps. Le journaliste Giovanni Cenzato parlait de la « folie joyeuse » qui avait conduit Salce à réunir une véritable « galerie d'images en papier »[246] une définition reprise plus tard dans un article de la revue *Pirelli* en 1956. Les journalistes ont reconnu à la fois son caractère éphémère et sa valeur documentaire[247] incontestable, et même à la mort du collectionneur, certains commentateurs se sont attardés sur la valeur d'un legs considéré comme une documentation historique rare et précieuse[248].

---

[244] Cf. ACS 681_1952 in Franzon, Serena, «"Come le pagine d'un enorme libro": la Collezione Salce attraverso l'epistolario del dopoguerra », *op. cit.* ; Manzato, Eugenio, «"Una gioiosa mania". Nando Salce e la sua collezione », *op. cit.*, p. 22.

[245] Pour une liste d'articles écrits du vivant de Salce, voir *Ibid.*, p.24.

[246] Dans un article intitulé « La pinacoteca di carta » (La pinacothèque de papier), publié dans le *Corriere della Sera* du 2 avril 1933, le journaliste Giovanni Cenzato s'exprimait ainsi à propos de Salce : « …et incluons également ce sympathique comptable Salce parmi les collectionneurs : lui aussi a son propre goût, sa propre passion, disons même sa propre folie ludique : celle de collectionner toutes les affiches murales ». Cité in Perissinotto, Anna, *I manifesti pubblicitari di Achille Luciano Mauzan per l'Argentina. Catalogazione e studio della collezione conservata presso il Museo Civico di Treviso*, Tesi di laurea en Histoire de l'arts et conservation du patrimoine artistique, Università Ca' Foscari, Venise, 2012, p. 33.

[247] Aliberti Gaudioso, Filippa M., «I manifesti di Salce: cronaca di una donazione», *op.cit.*, p. 17.

[248] Pour avoir une idée des articles de la chronique de Salce, *Ibid.*, pp.17-20.

Figure 5. Photo du grenier éclairé à la lumière naturelle de la fenêtre.

1.3. Un bien d'« utilité publique »

Dans un passage du livre *The Poster,* Ruth Iskin affirme que : « L'iconophile considérait sa collection non seulement comme une activité personnelle mais aussi comme une responsabilité sociale envers l'avenir »[249]. Il est probable que Salce était lui aussi motivé par cette prise de conscience ; les lettres qu'il a envoyées et son testament nous permettent de comprendre la conscience de la valeur tant artistique qu'historique-documentaire de sa collection[250]. Pour ces raisons, Salce considérait sa collection comme un legs universel susceptible d'intéresser le plus large public. Après une idée initiale de trouver des « destinations dignes et appropriées », il a identifié d'abord les collections du Castello Sforzesco et ensuite celles de l'Accademia di Brera à Milan[251], en tant qu'institutions publiques pouvant garantir une conservation adéquate de la collection et une accessibilité au plus large public. Salce a fait plusieurs tentatives pour proposer la prise en charge de la collection aux institutions locales de sa ville natale, telles que la

---

[249] Iskin, Ruth E. *The Poster: Art, Advertising, Design, and Collecting, 1860s-1900s.*, *op. cit.*, p.241.

[250] Franzon, Serena, «"Per la mia notissima collezione di cartelli e manifesti figurati". Alcune minute di Nando Salce negli anni tra le due guerre», *op.cit.*, p. 186.

[251] Mercalli, Marica, «Il lascito di Nando Salce. Un impegno di tutela e di valorizzazione», *op.cit.*, p.11.

municipalité de Trévise et les Musei Civici, tentatives qui se sont avérées infructueuses[252] :

> « Les directeurs de musées et de galeries d'images dédaignent quelque peu cette branche de l'art décoratif prolétarien, alors qu'aujourd'hui tout ce qui touche à la publicité est de plus en plus pris en compte. Depuis 1941, j'ai reçu la visite - expresse - de Berlinois (annexe) pour voir comment une collection est conservée afin de faire quelque chose de similaire pour la faculté de PROPAGANDE de leur université »[253].

Salce avait reçu la visite du directeur des archives scientifiques du Conseil de la propagande de l'économie allemande à Berlin pour transférer les affiches à Berlin[254] . Les négociations n'ont pas abouti en raison de la réticence de Salce à sortir la collection d'Italie.

Par la suite, les tentatives de faire rester sa collection en Italie n'ayant pas abouti, le collectionneur a également négocié un certain nombre de ventes, en tenant compte d'éventuels acheteurs étrangers[255], considérés comme en avance sur l'Italie qui, selon Salce, était en retard dans sa compréhension de la valeur des affiches au niveau historique et artistique[256] : « Pour conclure, il suffirait de trouver une institution riche qui veuille sortir de l'ordinaire et se spécialiser dans une direction artistique un peu hors du commun comme celle-ci. » [257] Salce avait d'abord pensé vendre à un musée de Nice, qui avait ouvert en 1928 et était consacré à l'affichiste Jules Chéret. Une tentative de vente aux États-Unis ressort également de la correspondance, mais elle n'a jamais été finalisée[258]. Dans les archives de la correspondance, on trouve une

---

[252] Manzato, Eugenio, «"Una gioiosa mania". Nando Salce e la sua collezione», *op. cit.*

[253] ACS 681_1952, in Franzon, Serena, «"Come le pagine d'un enorme libro" : la Collezione Salce attraverso l'epistolario del dopoguerra », *op. cit.*, p. 44.

[254] Franzon, Serena, «Per la mia notissima collezione di cartelli e manifesti figurati», *op.cit.*, p. 11.

[255] Salce s'était toujours opposé à l'idée que sa collection soit émigrée à l'étranger. En 1939, un certain nombre de chercheurs allemands se sont intéressés à la collection et ont proposé de la transférer à Berlin. Voir Mercalli, Marica, «Il lascito di Nando Salce. Un impegno di tutela e di valorizzazione», *op.cit.*

[256] Franzon, Serena, « "Come le pagine d'un enorme libro": la Collezione Salce attraverso l'epistolario del dopoguerra », *op.cit.*, p. 39.

[257] ACS 681_1952, in, *Ibid.*, p. 44.

[258] Mazza, Marta, «Illustri persuasioni: cartellonismo belle époque nella Collezione Salce », *op.cit.*, p.11.

lettre de réponse à une proposition d'achat d'un particulier[259], dans laquelle Salce, jugeant la proposition d'achat incongrue, demande s'il est possible de poursuivre la collection et de « la garder bien à la disposition du public »[260]. Cependant, les négociations n'ont jamais abouti[261].

Selon Manzato, toutes ces réticences étaient dues au fait qu'il était difficile pour les institutions de supporter les coûts importants de la gestion d'une collection de cette taille[262]. D'autre part, selon Professionnel 6, le manque de distance historique a également joué un rôle, car la collection était encore trop récente[263], et pour cette raison il était difficile de lui attribuer une valeur patrimoniale. A cet égard, il faut rappeler que - contrairement à ce qui s'était passé en France à l'époque de l'affichomanie - en Italie, au début des années 1960, il n'y avait pas d'intérêt particulier, ni de mode de collectionner, qui donnait de la valeur aux affiches contemporaines de la collection.

> « Depuis quelques années, nous organisons aussi des cours spéciaux d'enseignement de la publicité à Milan et à Venise, et il y a tout juste deux mois, j'ai reçu la visite du professeur - avec des étudiants - de la section Propagande de l'École supérieure de commerce de Venise. Est-il donc utile de se concentrer sur cette dernière branche de l'"enseignement" plutôt que sur la branche "Art" ? »[264]

Finalement, Salce a décidé de faire son testament et de confier sa collection d'affiches[265]au ministère de l'Éducation. Ce choix était motivé par une double raison : d'une part, le ministère du Patrimoine culturel n'existait pas encore à l'époque ; d'autre part, comme nous l'avons vu, le souhait exprimé dans son testament était que sa collection

---

259 La note de Salce ne mentionne pas son nom. Il est clair qu'il s'agissait d'un particulier puisque Salce le désigne comme "Egregio e carissimo amico". ACS 622_1939. Franzon, Serena, «Pour la mia notissima collezione di cartelli e manifesti figurati », *op.cit.*, p.187.
260 *Ibid.*
261 Entretien avec Professionnel 7 du 14 octobre 2019.
262 Del Fabro, Elisabetta, «Nando Salce: una vita per i manifesti. intervista a Eugenio Manzato », *op.cit.*
263 Entretien avec Professionnel 6 du 9 mars 2017.
264 ACS 681_1952, in Franzon, Serena, «"Come le pagine d'un enorme libro": la Collezione Salce attraverso l'epistolario del dopoguerra», *op.cit.*, p. 44.
265 Aliberti Gaudioso, Filippa M., «I manifesti di Salce: cronaca di una donazione», *op.cit.*, p. 17.

soit disponible pour un usage éducatif et public et qu'elle soit mise à la disposition des artistes et des visiteurs[266].

2. L'histoire de la collection après la mort de Salce

> « Je lègue à l'État italien, représenté par le ministère de l'Éducation, ma collection d'affiches publicitaires réunies depuis soixante-dix ans, qui existent toutes exclusivement dans ma maison de Borgo Mazzini 48 à Trévise, dont de nombreux journaux, revues et expositions ont souligné l'importance pour l'histoire des styles et des artistes et pour l'évolution des us et coutumes de la communauté, afin qu'elle soit utilisée dans les écoles ou les académies, de préférence locales ou vénitiennes, pour l'étude et la connaissance des étudiants, des praticiens et des amoureux des arts graphiques »[267].

L'expression des souhaits de Salce nous ramène aux origines de l'autre institution que nous étudions et au principe fondateur exprimé par les membres, depuis le début à l'époque de l'UCAD : la transmission d'un patrimoine pouvant servir de modèle d'étude et d'inspiration pour la conception de nombreux artefacts. Un principe qui trouve ses origines lointaines dans la philosophie des *Arts and Crafts* et dans tous les courants artistiques et culturels modernes qui voyaient dans les objets de série produits par l'industrialisation naissante du XIXe siècle un instrument potentiel pour l'éducation du goût et la démocratisation de l'expérience esthétique. Celui de Salce est « un patrimoine universel et public, offert gratuitement au profit de la connaissance et de l'action dans le secteur spécifique de l'art graphique »[268]. Cette mission ne se concrétisera que bien des années plus tard et dans un contexte très différent. Le testament de Salce illustre l'ambition de transmettre un patrimoine de connaissances sur l'histoire des styles et des artistes, documentant l'évolution des us et coutumes de la communauté et inspirant les étudiants et les artisans. Contribuer à la formation d'un savoir- faire des acteurs qui, à cette même époque,

---

[266] Franzon, Serena, «"Per la mia notissima collezione di cartelli e manifesti figurati". Alcune minute di Nando Salce negli anni tra le due guerre», *op.cit.,* p. 186.
[267] Lippi, Emilio, Mazza, Marta, *La Collezione Salce. Un'eredità che batte il tempo*, *op.cit.,* p. 22.
[268] *Ibid.*

contribuaient au « boom économique » et travaillaient à la réalisation du « miracle économique italien ».

En 1962, au moment de sa mort, en l'absence d'héritiers et en exécution de son testament, la collection est devenue la propriété de l'État, à la condition d'être conservée dans une ville de la Vénétie, cependant sans qu'aucun lieu d'accueil n'ait été désigné. À cette fin, diverses institutions locales ont été consultées pour évaluer les possibilités de prise en charge, avec des destins différentes[269]. Plus particulièrement, une affectation initiale au musée civique de la ville de Padoue a été retirée par la suite, à la fois en raison d'un espace insuffisant pour accueillir la collection et à la suite de la mobilisation de certains intellectuels de Trévise qui voulaient garder l'héritage de Salce dans leur ville. Le ministère a ensuite attribué la collection à la ville et lui a dédié le dernier étage du Palazzo Scotti, qui fit ainsi office de dépôt[270]. Entre-temps, la direction des musées civiques a procédé à un long inventaire de toutes les pièces, qui s'est achevé en février 1968. En septembre de la même année, l'État en confie officiellement la garde à la municipalité de Trévise et la curatelle au directeur du Musée Civique de Trévise, *Luigi Bailo*[271].

2.1. Le premier inventaire

Comme l'affirme Manzato, étant donné qu'il n'y avait aucune certitude sur la quantité des pièces de la collection, plusieurs années se sont écoulées entre le legs et la prise en charge effective[272], qui a eu lieu après l'inventaire complet. Initialement commencé dans le grenier de Salce, en juillet 1965, l'inventaire comptait 15 000 affiches, mais au début de 1967 « il y avait encore du matériel emballé dans une pièce du grenier »[273] et l'inventaire s'est poursuivi jusqu'à la fin de l'été 1968 dans le premier emplacement du Palazzo Scotti[274]. C'est là que la

---

[269] Sur les événements concernant la cession du dépôt de la collection, cf. Aliberti Gaudioso, Filippa M., «I manifesti Salce: cronaca di una donazione», *op. cit.* ; l'histoire de la cession à Trévise est reconstituée en détail dans Basso, Toni, Cason, Andrea, *Signor Salce. Un collezionista di manifesti, la sua città, la sua raccolta*, *op. cit.*, pp. 185-201.

[270] Lippi, Emilio et Marta Mazza. *La collezione Salce: un'eredità che batte il tempo* ; *op. cit.*, p. 82.

[271] Aliberti Gaudioso, Filippa M., «I manifesti di Salce: cronaca di una donazione», *op.cit.*, p. 18.

[272] Del Fabro, Elisabetta, «Nando Salce: una vita per i manifesti. intervista a Eugenio Manzato», *op.cit.*

[273] Aliberti Gaudioso, Filippa M., «I manifesti di Salce: cronaca di una donazione», *op.cit.*

[274] Lippi, Emilio, Mazza, Marta (sous la dir. de), *La Collezione Salce. Un'eredità che batte il tempo*, *op.cit.*, p. 83.

direction des musées civiques a pu procéder à une première estimation quantitative complète[275] de la collection, qui a mesuré sa consistance réelle et lui a permis de réaliser un premier inventaire définitif, achevé en février 1968, recensant 24 580 affiches « répertoriées sur 663 feuilles, rassemblées en 4 volumes »[276].

Les conservateurs de la collection signalent que ce chiffre diffère considérablement de l'estimation de Salce, qui était de 12/14 000 pièces. Cette différence, comme l'explique Professionnel 6, est probablement due au fait que le calcul de Salce ne tenait pas compte des nombreux doublons de la collection[277].

Luigi Menegazzi, directeur des musées civiques de l'époque, a été le premier conservateur et diffuseur de la collection. Sous sa direction, le premier catalogage officiel et complet a été réalisé durant une décennie[278]. Ce travail comprenait également la première reproduction des affiches sur des diapositives en couleur et la publication d'un volume anthologique mettant en avant la première présentation de la collection, *Manifesti Salce,* aux éditions Electa[279], publié à l'occasion de l'exposition du même nom organisée en 1974 sous les auspices des Musei Civici et consacrée au thème de la belle époque[280]. C'est ainsi qu'a débuté la planification d'une série d'expositions récurrentes au Musei Civici[281].

Comme le rapporte Manzato, la collection avait rarement été exposée auparavant. Du vivant de Salce, une sélection d'affiches avait été présentée à la fin de l'été 1949 à l'Hôtel des Thermes de

[275] Il convient de noter que les estimations précédentes étaient incomplètes car, lorsque la maison de Salce a été vidée, on a trouvé des affiches entreposées dans d'autres endroits que le grenier. Une fois tous les objets rassemblés et transférés au Palazzo Scotti, les conservateurs ont pu procéder à une première estimation quantitative, puis à un premier inventaire, qui a été clos en 1968.

[276] Aliberti Gaudioso, Filippa M., « I manifesti Salce : cronaca di una donazione », *op.cit.*

[277] Entretien avec Professionnel 6 du 9 mars 2017.

[278] Comme en témoigne Eugenio Manzato dans une interview, « pensez aux 25 000 affiches qu'ils occupent... sans parler de tous les problèmes logistiques que cela implique : il fallait trouver un endroit approprié, les disposer en paquets sur le sol, employer un employé qui, prenant une affiche à la fois, transcrivait les données sous la supervision de Luigi Menegazzi », Del Fabro, Elisabetta, «Nando Salce: una vita per i manifesti. Intervista a Eugenio Manzato», *op.cit.*

[279] Aliberti Gaudioso, Filippa M., «I manifesti di Salce: cronaca di una donazione», *op.cit ;* Menegazzi, Luigi, *Manifesti Salce*, Electa, Milano, s.d. [1974].

[280] Manifesti Salce (Casa da Noal, Treviso, 6 avril - 12 mai 1974).

[281] Menegazzi, Luigi, *Manifesti Salce*, *op.cit.*

Salsomaggiore[282], mais la première véritable exposition avait été organisée en mai 1959, sous la direction de Giuseppe Mazzotti[283] : *La montagna nel manifesto pubblicitario,* au Salone dei Trecento de Trévise[284]. Par ailleurs, une exposition en 1968 intitulée *Mostra del Cinquantenario 1918-1968,* consacrée au cinquantième anniversaire de la victoire de la Première Guerre mondiale, comptait parmi les objets exposés quelques affiches de la Collection Salce.

Après 1974, d'autres expositions thématiques et monographiques ont suivi : *Marcello Dudovich nei manifesti Salce (Marcello Dudovich dans les affiches de Salce)* en 1978, sous la direction de Lucio Puttin ; *Cento anni di manifesti fra arte e costume. 1881-1981 Centenario IGAP*, une sélection anthologique d'affiches à l'occasion du centenaire de l'Impresa Generale Affissioni Pubblicità (IGAP) en 1981[285]. Dans les années 1980 et 1990, le professeur Eugenio Manzato[286] a pris la direction des Musei Civici et la collection a connu une période d'expositions très riche[287]. Parmi ces nombreuses expositions, nous aimerions en signaler certaines particulièrement significatives. *Affiches Mauzan des années folles,* fruit d'une collaboration avec le *musée de l'Affiche de Paris* (aujourd'hui le département Publicité et Design graphique du MAD Paris), qui – après avoir été exposées à Trévise – ont été transférées à Paris pour être confiées à la direction d'Alain Weill. *I manifesti Mele. Immagini aristocratiche della "belle époque" per un pubblico di grandi magazzini* en 1988, sous la direction de Maria Antonietta Picone Petrusa et Alberto Abruzzese. Par la suite, un projet s'est révélé très important pour la collection, l'exposition parrainée par le groupe *Fininvest* : *L'Italia che cambia attraverso i manifesti della Raccolta Salce*[288] en 1989. Cette exposition a été réalisée dans le cadre

[282] Lippi, Emilio, Mazza, Marta, *La Collezione Salce. Un'eredità che batte il tempo, op.cit.*, p. 81. À l'occasion d'une exposition d'affiches promue par la *Società dei Grandi Alberghi di Salsomaggiore.*

[283] Critique et historien de l'art, ami de Salce, il a été le promoteur de la mobilisation pour la conservation de la collection à Trévise.

[284] Elle fut proposée sous une forme réduite par Manzotti lui-même en 1967, après la mort de Salce, sous le titre *La montagna nei manifesti e nei francobolli di ieri e di oggi* (La montagne dans les affiches et les timbres d'hier et d'aujourd'hui).

[285] Manzato, Eugenio, «Cronache di un ventennio con la Collezione Salce», in *Illustri persuasioni. Capolavori pubblicitari dalla Collezione Salce. Belle époque,* Mazza, Marta (sous la dir. de), Cinisello Balsamo 2017, p. 147.

[286] Eugenio Manzato, directeur des musées civiques de Trévise de 1980 à 2001.

[287] Lippi, Emilio, Mazza, Marta (sous la dir. de), *La Collezione Salce. Un'eredità che batte il tempo, op.cit.*, p. 83.

[288] Exposition réalisée à Milan, Palazzo della Permanente, avec des annexes monographiques au Spazio Baj Palazzo Dugnani et Ridotto dei palchi del Teatro alla Scala, 12 septembre - 29

d'un accord entre Unindustria, la municipalité de Trévise et la Soprintendenza dei beni culturali et a permis, entre autres, la création d'un premier catalogue informatisé de la collection sur vidéodisque[289], avec les images associées et la possibilité d'effectuer des recherches grâce à de multiples clés d'accès (auteur, année, sujet, éditeur).

À partir d'octobre 1996, dans le cadre des célébrations *Cento anni di manifesti. La collezione Salce compie un secolo*[290], cinq expositions ont été organisées dans le même temps et dans des lieux différents[291] . Parmi ceux-ci, nous aimerions souligner *Un anno di pubblicità. Calendari,* qui a donné pour la première fois une visibilité aux calendriers de la collection, un matériel encore peu connu aujourd'hui. À noter également l'exposition intitulée *"Lumi di progresso". Comunicazione e persuasione alle origini della cartellonistica italiana,* organisée par Alberto Abruzzese et Simona De Iulio, qui ont également édité le catalogue et rédigé certains des essais[292].

Une autre phase d'exposition s'est ouverte au début des années 2000 avec une exposition consacrée aux 17 affiches de la Sécession viennoise de la collection : *I manifesti della Secessione viennese - Die Plakate der Wiener Secession 1898-1905*, organisée par Roberto Festi en 2001[293]. La dernière exposition dans les Musei Civici remonte à 2004 et était consacrée à l'éclairage, *La luce sul filo : lampadine nei manifesti della Raccolta Salce,* dont le commissaire était Eugenio Manzato[294]. Après

---

octobre 1989 (puis à Rome, ex Birreria Peroni, septembre - octobre 1990). Il comprend 326 affiches, réparties en cinq sections : *Costume e società* (a c. di Michele Falzone del Barbarò), *Comunicazione e pubblicità* (a cura di Alberto Abruzzese), *Arte e cultura* (a c. di Renato Barilli), *Il cinema* (a c. di Gian Piero Brunetta), *L'opera lirica* (a c. di Giampiero Tintori). Lippi, Emilio, Mazza, Marta (sous la dir. de), *La Collezione Salce. Un'eredità che batte il tempo, op.cit.*, p. 85. En cette occasion a été édité un catalogue richement informatif sur la collection L'*Italia che cambia attraverso i manifesti della raccolta Salce, op.cit.*

[289] Développé à la fin des années 1970, le vidéodisque est un système analogique de copie vidéo d'images, permettant la création de bases de données illustrées consultables sur des postes informatiques locaux.

[290] *Cento anni di manifesti. La Collezione Salce compie un secolo.* 5 ottobre - 1 dicembre 1996.

[291] *Lumi di progresso. Comunicazione e persuasione alle origini della cartellonistica italiana* (museo civico "luigi bailo", 5 ottobre - 1 dicembre 1996) ; *La voce del padrone. Manifesti e fonografi* (casa da noal, 5 ottobre - 1 dicembre 1996 ; *Un anno di pubblicità. Calendari* (palazzo scotti, 5 ottobre - 1 dicembre 1996) ; *I manifesti della Marca operosa* (Montebelluna, museo civico di storia naturale, 5 ottobre - 1 dicembre 1996) *Arti grafiche & affini. Il manifesto litografico 1900-1950* (spazio canoniche nuove, 5 ottobre - 3 novembre 1996).

[292] Abruzzese, Alberto ; De Iulio, Simona (sous la dir. de), *Lumi di progresso. Comunicazione e persuasione alle origini della cartellonistica italiana*, Trévise, Canova,1996.

[293] Manzato, Eugenio, «Cronache di un ventennio con la Collezione Salce», *op.cit.*, p.155.

[294] L'exposition a eu lieu à Rome, Centrale Montemartini, du 15 novembre 2003 au 28 mars 2004. *La luce sul filo: lampadine nei manifesti della Raccolta Salce*, Edizioni iniziative

cette phase d'intense activité de diffusion et d'exposition, la collection a connu une phase d'éclipse, conservée dans le dépôt des Musei Civici, principalement en raison du manque de fonds.

2.2. La redécouverte de la collection

Au début des années 2000, la surintendance de la région de Vénétie, comme le rappelle Professionnel 6, a décidé de travailler sur un projet de valorisation de la collection, en la « sortant des tiroirs »[295] des Musei Civici. Dès le début, les responsables se sont également rendu compte de la difficulté de gérer une collection aussi importante, qui posait divers problèmes en termes de logistique, de conservation et de financement. Des difficultés qui, selon la directrice, sont aggravées par le fait que « Un ministère habitué à la conservation des antiquités s'est retrouvé avec un patrimoine anormal et il semble donc normal que la logique de protection ait mûri peu à peu »[296]. Cette « anomalie » a également rendu la recherche de financement compliquée. Pendant quelques années, les objectifs de protection et de conservation à long terme fixés par le Ministero dei beni culturali ont rendu la collection inaccessible au public[297]. Entre-temps, un certain nombre de travaux financés par le ministère ont été entamés, permettant la restauration de plusieurs lots regroupés par auteur ou par thème[298].

En octobre 2007, comme l'indique Professionnel 6, elle-même a tenté de sensibiliser la direction de la surintendance à la valeur du patrimoine et à la nécessité d'une nouvelle intervention financière[299]. À ce stade, le ministère est intervenu directement, en ne renouvelant pas l'acte de dépôt à la municipalité de Trévise et en confiant la collection à la surintendance sous la direction scientifique de Professionnel 6[300]. S'agissant d'une collection nationale, des moyens importants ont été alloués pour mener à bien plusieurs actions : la première a consisté en

---

Unindustria, Treviso, 2003. Le catalogue comprend des essais de Raimonda Riccini et Patrizia Magli.

[295] Entretien avec Professionnel 6 du 9 mars 2017.

[296] *Ibid.*

[297] Lippi, Emilio, Mazza, Marta (sous la dir. de), *La Collezione Salce. Un'eredità che batte il tempo*, *op.cit.*

[298] Depuis 2006, les premiers à être répertoriés par Professionnel 6 sont quelques spécimens d'affiches de Leonetto Cappiello.

[299] Demandant un entretien avec le directeur régional des musées de la région de Vénétie de l'époque, M. Soragni, qui, bien que ne connaissant pas la collection, a immédiatement compris sa valeur patrimoniale, *Ibid.*, p. 8.

[300] L'acte de dépôt date de 1968, année où le premier inventaire de la collection a été réalisé par la direction des Musei Civici.

une mise à disposition par les services de l'État, destinées respectivement à la conservation et à la mise en valeur de la collection ; la seconde, en une campagne de catalogage standardisé[301] des affiches en vue de créer une base de données consultable en ligne[302]. La première action, comme l'a rappelé Professionnel 6 dans son témoignage pour cette thèse, a conduit en 2007 à la création – par la Direction régionale des musées de la Vénétie – d'un projet de création d'un musée consacré à la Collection Salce, qui comprendrait également des espaces dédiés à la conservation et à la restauration. La deuxième action a débuté en 2011, lorsque la Soprintendenza per i beni artistici e storici des provinces de Venise, Belluno, Padoue et Trévise a lancé, avec d'importants fonds ministériels, le projet *Collezione Nando Salce, une campagne photographique, un catalogage d'inventaire et la création d'une base de données*[303]. Les travaux ont été réalisés par le biais d'un appel d'offre public qui a permis de sélectionner vingt catalogueurs professionnels à l'échelle nationale et de confier à des spécialistes une campagne photographique au format numérique, visant à documenter toutes les affiches et autres objets de la collection – composée de cartes postales, de feuillets de théâtre, de calendriers et de plaques d'étain[304] – et à les transférer sur support numérique. Cette étape a marqué un événement très important pour la Collection, qui a été pour la première fois reproduite et diffusée grâce à la technologie et aux médias numériques[305]. Les articles catalogués ont été rassemblés dans une base de données, selon la norme du système *SIGECweb*[306], qui utilise les normes de catalogage de l'Istituto Centrale per il Catalogo e la Documentazione (ICCD), rendant les données disponibles en ligne à tout moment. Grâce à ce travail, toutes les pièces de la collection sont désormais cataloguées, numérisées et disponibles en ligne. En outre, la

---

301 Le catalogage a été standardisé en codant toutes les affiches selon les codes standard de l'ICCD et en mettant en place une base de données, qui utilise le système *SIGECweb* de l'ICCD.

302 *Ibid.*, pp. 8-9.

303 Majoli, Luca, « La catalogazione della Collezione Salce », in *Illustri persuasioni. Capolavori pubblicitari dalla Collezione Salce. Belle époque*, Silvana editoriale, Cinisello Balsamo, 2017, pp. 175-181.

304 Les affiches publicitaires ont toutes été cataloguées et se trouvent sur le site web. Parmi les autres matériaux (boîtes de conserve et cartons), seule une partie est cataloguée et visible en ligne. Le reste est visible pour un usage interne sous la forme d'une liste avec des photos.

305 La collecte de photos numériques a été entreprise par la surintendance en 2008 et les prises se sont achevées en 2014. *Ibid.*

306 Lippi, Emilio, Mazza, Marta (sous la dir. de), *La Collezione Salce. Un'eredità che batte il tempo*, op.cit., p. 13

base de données permet d'effectuer des recherches indexées et par sujet sur toutes les affiches.

Fruit des intentions de Professionnel 6, qui a coordonné le projet, le résultat de cette longue intervention doit être considéré comme une sorte de « patrimoine commun »[307] qui doit être protégé et valorisé selon une approche inclusive, qu'elle définit elle-même comme « la culture du partage, dans laquelle nous essayons de créer des opportunités de collaboration avec d'autres organismes, institutions et public »[308].

3. Les caractéristiques de la Collection Salce

Lors de son premier catalogage en 1974, la collection d'affiches publicitaires réunie par Nando Salce a été définie par le professeur Menegazzi comme « la plus grande et la plus complète des collections d'affiches italiennes existantes à ce jour »[309]. Elle reste encore aujourd'hui la plus vaste et la plus variée des collections de graphiques publicitaires en Italie et certainement l'une des plus grandes au monde. La taille des pièces va des *maxi* posters de six mètres sur trois aux affiches en format A3[310]. Chronologiquement, la pièce la plus ancienne est une notice d'opéra de petit format datant de 1844 pour la représentation de *Lucrezia Borgia* de Donizetti au théâtre *La Fenice* de Venise, tandis que la plus récente est datée de 1962 et annonce une exposition sur le peintre Cima da Conegliano qui s'est tenue à Trévise d'août à novembre de la même année.

---

307 Entretien avec Professionnel 6 du 9 mars 2017.

308 *Ibid.*

309 Menegazzi, Luigi, *Manifesti Salce, op.cit.*, s.p. [p. 7].

310 Sparti, Pepa, « Magazzini della memoria » in *l'Italia che cambia attraverso i manifesti della Raccolta Salce*, Firenze, 1989, pp. 26-30. Voir également sur le site du Museo Nazionale della Collezione Salce.

Figures 6 et 7. Affiches pour l'exposition
Cima da Conegliano (Trévise, 1962)
et pour la représentation de *Lucrezia Borgia*
de Donizetti (Venise, 1844)

Dernière affiche qui a rejoint la collection.

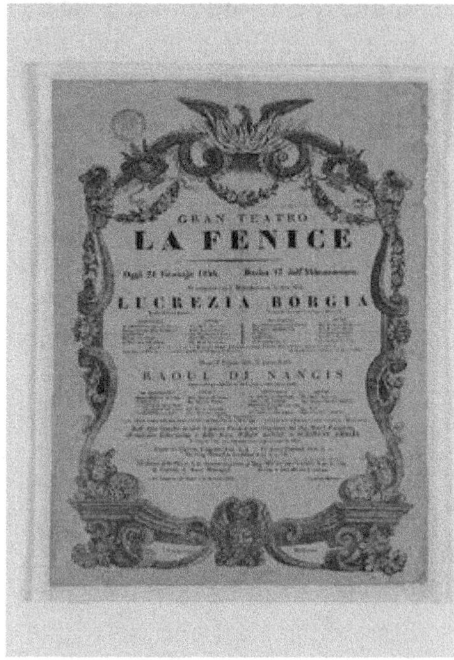

Affiche chronologiquement la plus ancienne.

La collection est appréciée, d'une part, pour la quantité d'affiches inventoriées (24 580) et pour leur variété en termes de sujets et d'origines géographiques ; d'autre part, pour la qualité graphique des pièces[311]. La collection documente également des événements, des spectacles, ainsi que la vie politique et la circulation des marchandises en Italie, couvrant une période allant des origines de la société de consommation au « boom économique »[312] italien. Après le premier catalogage, Menegazzi a constaté que la collection comprend des affiches d'auteurs célèbres et d'autres moins connus[313]. Les affiches du XIXe et du début du XXe siècle sont souvent signées par des auteurs

[311] *Ibid.*
[312] *Ibid.*
[313] Menegazzi, Luigi, *Manifesti Salce*, *op.cit.*

connus. Les affiches *C'est la santé* et *c'est la jeunesse* de Leonetto Cappiello, *Fisso l'idea* ou *Magazzini Mele* de Marcello Dudovich n'en sont que deux exemples. Au contraire, les pièces d'après la Seconde Guerre mondiale sont beaucoup plus souvent non signées ou marquées uniquement du nom des agences de publicité telles que *Crea Centro grafico pubblicitario* ou *Omnia pubblicità*[314]. Il existe cependant quelques exceptions où l'on note la signature d'illustrateurs et de graphistes connus de l'époque, comme *Formaggino Mio* de Raymond Savignac (1957) ou *Ecco. La bevanda che batte il tempo* par Erberto Carboni (1960).

La collection contient la plupart des affiches qui ont marqué l'histoire du graphisme publicitaire italien. Les protagonistes de la première saison de l'art de l'affiche, qui a coïncidé avec une période de profondes transformations et innovations dans la culture et les coutumes de la péninsule[315], apparaissent en grand nombre : Marcello Dudovich (1878-1962), Achille Mauzan (1883-1952), Gino Boccasile (1901-1952), Leonetto Cappiello (1875-1942), Plinio Codognato (1878-1940), Leopoldo Metlicovitz (1868-1944) et autres, Giovanni Maria Mataloni (1869-11944), Aleardo Terzi (1870-1943), Adolfo Hohenstein (1854-1928), Federico Seneca (1891-1976), Severino Pozzati SEPO (1895-1983) mais également des artistes qui se sont essayés à l'affiche tels que Mario Sironi (1885-1961), Umberto Boccioni (1882-1916), Giorgio De Chirico (1888-1978), Fortunato Depero (1892-1960), et bien d'autres[316].

Comme nous l'avons vu, Salce collectionnait également les doubles des affiches et nous trouvons donc plusieurs exemplaires de certaines pièces, même de tailles différentes ou avec des variantes. Une description exhaustive se trouve dans le rapport de Luca Majoli, qui a supervisé le projet de catalogage, auquel nous nous référons[317]. Du point de vue des annonceurs, apparaissent plusieurs acteurs du monde économique (industries, banques, assurances, etc.), comme l'écrit Pepa Sparti, qui a consacré un essai très détaillé au contenu de la collection. Parmi les produits annoncés, les denrées alimentaires et les moyens de

---

[314] Sparti, Pepa, « Magazzini della memoria », *op. cit.*

[315] Menegazzi, Luigi, *Manifesti Salce*, *op.cit.*

[316] Sparti, Pepa, « Magazzini della memoria », *op. cit.*. Voir également sur le site du Museo Nazionale della Collezione Salce.
Pour une liste exhaustive, voir l'essai déjà longuement cité de Sparti, Pepa, « Magazzini della memoria », *op. cit.*, où l'autrice énumère le nombre d'affiches, les thèmes et les produits de la Collection Salce.

[317] Majoli, Luca, « La catalogazione della Collezione Salce », *op. cit.*, pp. 175-180.

transport prédominent, et « il y a de nombreuses affiches publicitaires pour des objets quotidiens [...] qui font désormais partie de la vie quotidienne des Italiens »[318]. Mais, comme le souligne l'auteur, il ne faut pas oublier les affiches de la collection qui témoignent d'événements de la vie collective : expositions et foires commerciales, tourisme, événements artistiques et de divertissement, compétitions sportives de toutes sortes, etc. Un autre répertoire dense est constitué d'affiches du monde du théâtre, du cinéma et de l'opéra, du cirque, etc.[319] Enfin, la collection est enrichie par d'autres type de supports publicitaires : outre un grand nombre de petites affiches en carton, on trouve également des plaques émaillées sérigraphiées et des silhouettes publicitaires en carton.

3.1. Ajouts à la Collection Salce

Des entretiens journalistiques avec l'ancien directeur des Musei Civici, Eugenio Manzato, nous ont fourni des informations sur les ajouts effectués à la collection pendant la période où elle était gérée par l'institution de Trévise. Au cours des années 1970, les acquisitions ont été faites par le biais du marché des antiquités et, concomitamment, grâce à un accord avec le bureau des affiches de la municipalité de Trévise, qui garantissait au musée une copie de chaque affiche posée dans la ville. Comme l'explique Manzato, « cette pratique a été abandonnée au cours des années quatre-vingt en raison des difficultés à gérer un flux constant d'affiches avec toutes les opérations associées (inventaire, classement photographique, archivage) »[320]. On retrouve une méthode similaire au MAD Paris, où, comme le rapporte la conservatrice en chef, Professionnel 2, un accord avec l'*Union professionnelle des Afficheurs* a été utilisé pendant un certain temps. Là aussi, la pratique a été suspendue en raison de difficultés de gestion similaires.

Toujours dans les années 1980, après une première systématisation de la collection, la Collection Salce s'est enrichie grâce à des recherches précises visant à combler certaines lacunes temporelles ou grâce à des dons, comme ce fut le cas pour la période argentine de l'affichiste

---

[318] Sparti, Pepa, « Magazzini della memoria », *op. cit.*

[319] *Ibid.*

[320] Manzato, Eugenio, « Un'integrazione alla raccolta Salce », s.d. disponible à l'adresse : http://web.tiscali.it/maniprandi/menu/introita04.htm.

Achille Mauzan[321] ainsi que le don d'un don d'un important corpus d'affiches de films par les gérants de certains cinémas de la ville de Trévise en 1992. Il y a également eu des intégrations ciblées au sein de la production contemporaine la plus significative, comme dans le cas de la série entière d'affiches *United Colors* par le photographe Oliviero Toscani, sollicitées par Manzato au milieu des années 1990 à la société Benetton[322]. Cependant, d'après les observations faites pendant le stage, nous savons que la collection du Museo Nazionale della Collezione Salce est actuellement dépourvue de ces acquisitions faites pendant la période, où la collection était conservée dans les Musei Civici. Ces acquisitions étaient cataloguées avec un numéro différent afin de les distinguer de la collection originale. Les Musées Civiques les ont maintenues sous leur tutelle.

Depuis que la collection a été remise au Museo Nazionale della Collezione Salce, de nouvelles acquisitions n'ont pas manqué, dont l'orientation était toutefois encore floue au moment de notre stage. Selon la directrice Professionnel 6[323], les acquisitions devaient être faites en vue de la création d'un futur musée de la publicité, ce qui nécessitait de surmonter les nombreux problèmes liés à l'espace d'archivage, aux ressources financières, etc.

Pendant la période de notre observation, nous n'avons été informés que d'une seule acquisition de matériel qui a enrichi la collection du musée. Cette collection se compose d'un nombre considérable d'objets graphiques, principalement des affiches, qui ont été données directement par le collectionneur Pietro Ricca, enseignant à l'*École internationale de graphisme* de Venise. Ricca, qui est également graphiste et illustrateur, a commencé à collectionner les affiches à la fin des années 1970 et en a rassemblé environ 25 000 exemplaires[324]. Cette importante collection, appelée *Collezione Ricca,* doublerait le fonds initial, mais au moment du stage, le don était en cours de finalisation et

---

321 Exposition consacrée à l'affichiste Luciano Mauzan, en 1983, en collaboration avec le Musée de la Publicité.

322 Manzato, Eugenio, « Un' integrazione alla raccolta Salce », *op.cit.*

323 Entre le moment de notre stage et aujourd'hui, la situation au Museo Nazionale della Collezione Salce a beaucoup changé. Pendant notre stage, le musée n'avait pas encore été inauguré et a ouvert ses portes en mai 2017. La directrice au moment de notre stage était Professionnel 6, qui a quitté le musée en décembre 2018. Le musée dispose désormais de deux sites, grâce à l'inauguration des nouveaux locaux de Santa Margherita. Dans ce lieu, qui rejoint le complexe existant de San Gaetano, se trouvent de nouveaux espaces d'exposition et un dépôt intégré pour les affiches de la collection.

324 Observations pendant la visite à la réserve du musée de la part du collectionneur Pietro Ricca.

le matériel reposait dans la réserve du musée en attendant d'être catalogué[325].

3.2. Politiques de préservation des originaux

Dès la prise en charge de la Collection Salce par les institutions, une fois le long processus d'inventaire et de catalogage achevé, toute une série de questions se sont posées concernant la conservation et la restauration des affiches[326]. La conservation de ces artefacts, que Professionnel 6 définit comme « éphémères et anormaux »[327] présente sans aucun doute une série de difficultés.

Comme nous l'avons vu lors de la présentation des collections au MAD Paris, les affiches, comparées aux autres artefacts graphiques, posent plusieurs problèmes aux institutions patrimoniales. Certains de ces problèmes sont liés à leurs caractéristiques intrinsèques, comme leur caractère facilement périssable, dû au fait qu'ils sont souvent fabriqués avec du papier de mauvaise qualité, généralement de très faible grammage et avec des composants chimiques qui facilitent leur dégradation. D'autres problèmes sont liés à des facteurs environnementaux tels que la photo-oxydation causée par une exposition prolongée à des sources de lumière intense (c'est notamment le cas des affiches qui ont été apposées à l'extérieur). Outre les problèmes causés par les caractéristiques de leur fabrication, il existe d'autres difficultés liées à leur grande taille, qui rend difficile leur déplacement ainsi que leur stockage. De plus, elles sont souvent pliées ou stockées dans des conditions microclimatiques inadaptées.

Les affiches portent souvent des traces de leur utilisation et ont été réparées avec du ruban adhésif. Le scotch a causé des dommages considérables à certaines des affiches de la Collection Salce, qui sont en cours de restauration afin d'éliminer les traces de la colle qui s'est vitrifié et a endommagé le papier au fil du temps[328]. La restauration consiste à renforcer les affiches avec une nouvelle colle et des supports en papier. Les affiches sont conservées dans le dépôt et, selon leur taille,

---

[325] Aujourd'hui, la collection Ricca est intégrée à la Collection Salce, qui compte désormais quelque 50 000 affiches. Le musée distingue la collection historique (25 000 affiches collectées par Salce) de la collection complète qui a été constituée grâce à des dons et acquisitions ultérieurs.

[326] Manzato, Eugenio, « Un' integrazione alla raccolta Salce », *op.cit.*

[327] Entretien avec Professionnel 6 du 9 mars 2017; voir aussi Manzato, Eugenio, « Una "gioiosa mania": Nando Salce e la sua collezione », *op.cit.*, p.24-25.

[328] *Ibid.*

elles sont soit stockées couchées dans de grands tiroirs métalliques, soit enroulées dans des conteneurs cylindriques. Certaines affiches plus petites sont stockées dans des boîtes en carton spécialement dédiées au stockage de ces matériaux. Ce matériau est spécialement conçu pour le stockage des biens culturels en papier. L'ensemble de l'environnement est maintenu à une température constamment contrôlée et des matériaux alcalins sont utilisés pour le stockage, ce qui contrebalance l'acidité du papier et facilite sa conservation dans le temps.

Compte tenu de la fragilité particulière des affiches, les espaces et la programmation du Museo Nazionale della Collezione Salce (de même qu'au MAD Paris) sont conçus de manière à ne pas garder les pièces exposées plus de quatre mois.

Dans le passé, les restaurations n'étaient qu'occasionnelles et les restaurateurs travaillaient surtout sur les grandes affiches pour les renforcer avec un support en toile. Ces travaux ont été réalisés à l'aide de fonds aléatoires à la faveur d'opportunités de prêts à d'autres institutions, qui en retour acceptaient de les restaurer[329].

Selon Professionnel 6, depuis 2006 – date à laquelle la collection est passée sous la nouvelle protection de la surintendance – des programmes de restauration systématiques ont été lancés, grâce aux fonds ministériels spécifiquement alloués à la conservation des biens d'intérêt culturel reconnu[330]. Comme l'explique Professionnel 6, ce système a permis de réaliser divers projets de conservation avec un agenda qui, étant donné l'état précaire de certaines pièces de la collection, a été dicté par l'urgence : la priorité ayant été donnée aux affiches les plus précieuses, en choisissant de restaurer celles dont l'état de conservation était à risque. Ainsi, le financement étant assuré sur une base annuelle, la directrice du musée a pu inclure différents lots dans les classements ministériels. En suivant cette procédure, Professionnel 6 a pu faire restaurer en premier lieu les œuvres de Leonetto Cappiello, car elles présentaient un intérêt historique et artistique considérable. Elle a ensuite pu créer des lots sur une base thématique, comme ceux de la Première Guerre mondiale ou de la Belle Époque[331], restaurant ainsi un total d'environ deux cents affiches[332].

---

[329] *Ibid.*
[330] Avec le décret législatif n° 42 du 22 janvier 2004, au nom de la protection et de la sauvegarde du patrimoine national, le ministère du Patrimoine culturel a lancé des programmes de financement plus réguliers pour les travaux de restauration des biens dont l'intérêt culturel est reconnu.
[331] Entretien avec Professionnel 6 du 9 mars 2017.
[332] *Ibid.*

Les problèmes clés auxquels est confrontée la Collection Salce présentent des similitudes avec ceux d'autres collections d'affiches qui ont également été soulignés par les professionnels interrogés au MAD Paris. Les deux musées sont confrontés à des difficultés de gestion très similaires, allant des problèmes logistiques qui se posent dans le cas de collections aussi importantes composées de matériaux papier fragiles et difficiles à manipuler, aux problèmes financiers.

3.3. Le prêt d'affiches

Des pièces de la Collection Salce ont souvent été prêtées dans le passé. L'envoi de pièces à d'autres institutions suit des finalités diverses, notamment de conservation ou de publicité. Très souvent, en effet, le prêt d'affiches est accompagné d'une clause engageant l'institution bénéficiaire à restaurer les pièces. La restauration est généralement effectuée avant l'exposition, une pratique que nous avons également constatée au MAD Paris. Cette méthode est un moyen alternatif de financer la restauration des affiches, qui est généralement très coûteuse. Une autre raison pour laquelle le Museo Nazionale della Collezione Salce prête souvent des affiches est de tirer profit des opportunités de visibilité qu'offrent d'autres contextes d'exposition. Les prêts effectués avant que la collection ne dispose de son propre lieu d'exposition étaient encore plus stratégiques dans ce sens. Parmi les plus significatives, citons l'exposition au MAX de Chiasso sur Federico Seneca[333], les expositions Art nouveau de Reggio Emilia[334] et le prêt consenti au musée de l'Ermitage de Saint-Pétersbourg pour une exposition sur le peintre Giovanni Boldini[335].

---

[333] *Federico Seneca (1891-1976) Segno e forma nella pubblicità*, samedi 9 octobre 2016 - 22 janvier 2017 m.a.x. Musée Chiasso. L'exposition, conçue comme un « projet intégré », comprend trois étapes après celle de la Suisse : la première, du 12 mars au 4 juin 2017, à la Galleria Nazionale dell'Umbria à Pérouse ; la deuxième, du 14 juillet au 24 septembre 2017, à la Galleria Carifano - Palazzo Corbelli à Fano (Fondazione Gruppo Credito Valtellinese) ; la troisième, du 3 février au 3 juin 2018, au Museo Nazionale della Collezione Salce à Trévise.

[334] *La liberté en Italie. Artistes à la recherche du moderne.* Du 5 novembre 2016 au 02 avril 2017 Palazzo Magnani Reggio Emilia.

[335] *Boldini. Peintre de la Belle Époque.* Saint-Pétersbourg, 11 novembre 2016 - 11 mars 2017, Musée d'État de l'Ermitage.

4. Une histoire marquée par de nombreuses discontinuités

4.1. Comment le Museo Nazionale della Collezione Salce a été fondé

Le Museo Nazionale della Collezione Salce a été inauguré le 26 mai 2017. Comme nous l'avons vu plus haut, la collection est la propriété de l'État depuis 1962, mais elle a subi divers changements institutionnels, alternant des périodes de gloire et d'oubli. Nous avons vu comment, en 1968, l'État en a confié la garde aux Musei Civici di Treviso, qui ont procédé au premier catalogage et ont amorcé une intense activité d'exposition. Au début des années 2000, la collection se trouvait dans les dépôts des Musei Civici où elle a été redécouverte par la surintendance, qui a décidé de promouvoir le transfert de sa garde au ministère de la Culture. Sous le nouveau commissariat ministériel, un programme à long terme a été mis en place, comprenant à la fois la conservation et la mise en valeur de la collection. Professionnel 6 a été à l'avant-garde de ces démarches, d'abord en tant qu'historienne de l'art, fonctionnaire dans la surintendance, puis en tant que directrice scientifique de la collection et ensuite directrice du Museo Nazionale della Collezione Salce. D'après son témoignage, un premier problème à résoudre était la mise à disposition d'un lieu adéquat[336] : un lieu avec des espaces dédiés à la conservation et à la restauration. En 2014, deux locaux appartenant à l'État ont été affectés à cette fin. Le décret ministériel sur l'*Organisation et le fonctionnement des musées d'État du* 23 décembre[337] a établi que l'ancien complexe religieux de San Gaetano à Trévise devait devenir le lieu d'exposition de la Collection Salce et que l'église de Santa Margherita, dans la même ville, devait être utilisée pour la conservation.

C'est ainsi qu'est né le Museo Nazionale della Collezione Salce, qui fait partie du système des musées nationaux italiens et appartient au *Pôle muséal de la Vénétie*[338]. Les *Poli museali regionali*, créés en 2014,

---

[336] Depuis décembre 2014 - Décret ministériel du 23 décembre 2014, Organisation et fonctionnement des musées d'État - la Collection est devenue un musée permanent, en tant que Musée d'État appartenant au Pôle muséal de la Vénétie - Ministère des Biens et Activités culturels et du Tourisme. http://musei.beniculturali.it/wp-content/uploads/2018/04/Decreto-Ministeriale-23-12-2014-agg.-02-2018-ECA.pdf.

[337] G.U. 10 mars 2015, n° 57, disponible sur http://www.polomuseale.lombardia.beniculturali.it/wp-content/uploads/2016/03/Decreto-Ministeriale-23-dicembre-2014.pdf.

[338] Avec le décret ministériel 43 du 23 janvier 2016, les modifications du décret du 23 décembre 2014, sur l'*organisation et le fonctionnement des musées d'État, sont en vigueur,* avec

sont des regroupements périphériques de la Direction générale des musées et dépendent du ministère de la Culture[339]. Comme nous pouvions le lire sur le site web du ministère[340], les *Poli Museali* sont chargés de veiller à « la fourniture du service public de jouissance et de mise en valeur des instituts et sites culturels de l'État », de définir « les stratégies et les objectifs de valorisation » et de promouvoir « l'intégration des parcours culturels valorisés et des itinéraires touristiques-culturels ». Les *Poli Museali* ont également diverses missions, dont celle d'augmenter les collections des musées par de nouvelles acquisitions, d'organiser des expositions temporaires et de promouvoir des activités de catalogage, d'étude, de restauration, de communication et de valorisation[341].

Le fait que le musée appartient au *Poli Museali* a des répercussions sur l'autonomie de la prise des décisions. Dans le domaine de la communication et de la diffusion, par exemple, peu de liberté d'action est laissée à la gestion locale car les interventions sont le plus souvent décidées au niveau ministériel. Mais en revanche, c'est cette appartenance qui garantit une visibilité constante sur le site web du patrimoine culturel et sur tous les canaux de promotion réservés aux biens culturels appartenant aux collections nationales. Ce statut a également permis d'allouer d'importantes sommes d'argent au catalogage et à la numérisation de la collection, ainsi qu'au financement de la rénovation des locaux appartenant à l'État et servant de siège au musée[342].

4.2. Les objectifs de la collection du Museo Nazionale della Collezione Salce

Comme l'a souligné l'ancienne directrice Professionnel 6, dès les premières étapes du projet de création du musée, les deux principaux objectifs ont été la visibilité de la collection et sa conservation optimale.

---

lesquelles, à l'article 7, le "système national des musées" est établi, visant à mettre en réseau les musées italiens et à intégrer les services et les activités des musées.

339 Au moment de notre stage 2016-2017, l'actuel ministère de la Culture s'appelait le ministère du Patrimoine et des Activités culturelles et du Tourisme (MiBACT). L'articulation des pôles du musée est restée la même.

340 https://www.beniculturali.it/mibac/export/MiBAC/sito-MiBAC/Contenuti/Ministero/visualizza_asset.html_1947521712.html.

341 http://poli-museali.lft-draft.com/struttura.

342 Les fonds publics plus de 6 millions d'euros, dont 500 000 ont été consacrés au catalogage. Entretien avec Professionnel 6 du 9 mars 2017.

Le premier objectif s'entend comme permettant une visibilité constante de l'ensemble de la Collection Salce et assurant la programmation régulière d'expositions par cycles thématiques afin d'exposer le plus grand nombre possible d'affiches.

Au moment de la création du musée, l'objectif principal de la direction était d'augmenter la visibilité des pièces les moins connues de la collection. Cette démarche s'est appuyée sur le constat que les actions de valorisation précédentes avaient donné la priorité aux matériaux appartenant à l'époque la plus ancienne, mais qui représentent en fait moins de dix pour cent de la collection totale. Les nouvelles politiques de valorisation visent à rendre visible une grande partie de la collection qui est presque inconnue, et en particulier les pièces de l'après-guerre à 1962[343] . Au cours de la période sous la direction de Professionnel 6, le Musée a essayé de mettre en place certaines tentatives pour redresser ce déséquilibre, comme l'organisation de l'exposition de la trilogie *Illustri persuasioni*, consacrée aux affiches des années du boom économique italien[344].

Les conversations et les entretiens que nous avons menés avec Professionnel 6 nous ont appris qu'une autre de ses intentions était d'adopter – dans l'étude scientifique de la collection – des approches disciplinaires qui allaient au-delà de l'aspect historique et artistique. En effet, la collection a toujours été conservée par des professionnels issus de l'histoire de l'art, qui ont fortement orienté sa lecture dans ce sens. En réalité, le matériel, comme l'a souligné Professionnel 6, est si riche et varié qu'il se prêterait à de nombreuses autres interprétations et perspectives d'étude, telles que l'histoire et la sociologie de la consommation et des médias ou les disciplines spécialisées du design et du graphisme. La caractéristique de l'affiche est qu'elle combine l'image et la typographie : « par exemple, le lettrage pourrait être analysé et serait un bon travail, mais il faudrait d'autres professionnels. À envisager… »[345]. Nous avons souvent discuté avec Professionnel 6 de questions telles que les différentes manières de lire les affiches. Historienne de l'art de formation, elle était souvent intriguée par nos observations des affiches. Notre point de vue nous a amenés à en faire une lecture résolument différente de celle du bel objet d'art. Souvent les types d'affiches qui ont attiré notre attention étaient autres que des

---

343 *Ibid.*

344 *Illustri persuasioni. Verso il boom 1950-1962. Capolavori pubblicitari della Collezione Salce.* Treviso, 29 septembre 2018-17 mars 2019.

345 Entretien avec Professionnel 6 du 9 mars 2017.

pièces d'auteur, mais qui étaient représentative de la communication marchande d'une période donnée (citons à cet exemple des campagnes pour des produits aujourd'hui interdits, comme le DDT). Ces conversations nées de ces différents points de vue ont néanmoins contribué à l'élaboration de notre réflexion, nous confortant davantage dans l'idée de la complexité inhérente à l'affiche publicitaire. Il est cependant intéressant de noter qu'au MAD Paris, la composante publicitaire des affiches est davantage prise en compte. Dans les conversations avec Professionnel 2, les deux lectures des affiches publicitaires ont coexisté : celle historico-artistique et celle comme document de la société de consommation.

Fort de la richesse de son patrimoine, le musée a l'ambition de dépasser les frontières nationales pour collaborer avec des institutions similaires pour toutes les activités de catalogage, de numérisation et de valorisation, ainsi que pour partager des idées et des méthodologies ou proposer des offres culturelles. Le musée a été créé principalement pour la protection et la valorisation d'un patrimoine déjà acquis et pleinement disponible. Selon la directrice, si, d'une part, il faut continuer dans le sens de la sauvegarde et de la valorisation de ce patrimoine, d'autre part, il ne faut pas exclure l'idée de poursuivre des intégrations massives et plus larges en vue de créer un musée de la publicité. Une intégration importante de la Collection Salce, comme nous l'avons vu, a en fait déjà commencé avec le don de la collection Ricca, qui a permis de dupliquer le fond initial. Cependant, l'hypothèse d'un musée de la publicité, comme l'explique Professionnel 6, nécessiterait un accroissement de la collection avec des acquisitions qui incluraient inévitablement d'autres médias et des langages publicitaires contemporains.

La question du patrimoine numérisé reste centrale dans la politique du Museo Nazionale della Collezione Salce, et c'est précisément à la base de données informatisée, entièrement disponible et accessible (à laquelle nous consacrerons une section approfondie dans le Chap. VIII.2.2), qu'est confiée la tâche de réussir à diffuser et à donner une visibilité plus large et à un public plus nombreux et diversifié.

4.3. Le public de la collection du Museo Nazionale della Collezione Salce

Nous ne disposons pas de données sur la fréquentation et le type de public que le musée touche réellement depuis qu'il a ouvert ses portes.

Toutefois, grâce aux entretiens et aux observations, nous avons pu obtenir des informations sur la ligne que la direction entendait adopter en vue de l'ouverture et sur les publics auxquels elle entendait s'adresser. Conformément aux souhaits testamentaires de Nando Salce, qui considérait sa collection comme un bien universel, l'objectif principal du musée est de mettre son patrimoine culturel à la disposition d'un public aussi large et aussi varié que possible. Outre le public local et national, qui peut accéder plus facilement au musée et visiter les expositions temporaires, il s'adresse naturellement à des visiteurs internationaux potentiels, qui – lorsqu'ils ne peuvent se rendre sur le site de Trévise – peuvent consulter la collection numérisée via Internet. Les projets visant à donner de la visibilité à la collection vont dans ce sens : par l'organisation régulière d'expositions, on tente de rendre physiquement accessible la collection qui a longtemps été cachée aux visiteurs[346]. Il est tout aussi important de concevoir des actions de marketing spécifiques qui peuvent inclure le musée dans le circuit déjà établi des Musei Civici de Trevise. De telles initiatives, partant du niveau local – où, selon Professionnel 6, ce patrimoine culturel est souvent sous-évalué ou mal compris – visent à atteindre un public plus large et peut-être international. Une autre possibilité de visibilité (comme nous l'avons déjà évoqué) est représentée par le prêt d'affiches à d'autres institutions, qui offrent d'autres opportunités de visibilité au-delà des murs du musée, dans des contextes plus connus et auprès d'un public plus large.

Les étudiants et les enseignants ont toujours constitué le noyau dur des musées. Le Museo Nazionale della Collezione Salce ne fait pas exception à la règle, et les groupes d'écoliers et d'étudiants sont certainement l'un des types de visiteurs qui intéressent le plus l'institution de Trévise. En outre, des étudiants, des enseignants et des chercheurs de diverses disciplines s'intéressent également à la collection afin de la consulter et de l'étudier. Certains d'entre eux demandent à avoir accès aux documents sur place et pour ce type de demande, la base de données numérique disponible en ligne joue naturellement un rôle très important. Après avoir examiné la collection, ces publics souhaitent souvent obtenir aussi des reproductions numériques ou demandent à l'institution plus d'informations sur

[346] Il convient de noter que la longue campagne de numérisation a empêché l'accès à la collection pendant plusieurs années.

certaines pièces de la collection, à des fins de recherche ou pour des projets éducatifs.

La base de données en ligne vise, de manière générale, à donner une visibilité à la collection et au musée au-delà des frontières locales et nationales, et permet également de toucher un public physiquement éloigné. Le site web est principalement chargé de diffuser la collection au-delà du contexte d'une ville ou d'une région, en étendant sa notoriété dans un environnement beaucoup plus large, dans lequel – en plus des étudiants, des enseignants et des universitaires – de nombreux citoyens privés sont des amateurs, des collectionneurs ou simplement des curieux et des flâneurs d'archives numériques. Faire connaître et rendre accessible la collection par le biais du site web, dans le but communicationnel de « faire de la publicité » pour la collection (le musée compte beaucoup sur ce dispositif pour se faire connaître et ainsi pouvoir obtenir des financements privés), mais aussi dans le but d'un dispositif de médiation utile pour planifier une éventuelle visite, ainsi que pour accéder au catalogue et profiter de la collection dans un environnement exclusivement numérique.

En définitive, nous pouvons distinguer trois types de public auxquels le musée entend s'adresser : le public qui visite les expositions temporaires du musée, le public qui, pour des raisons d'étude, doit avoir accès aux matériaux sur place, et le public qui n'utilise la collection que par le biais du web. Outre cette subdivision générale, il existe un autre type de public, entendu au sens plus large de parties intéressées et d'interlocuteurs du musée, qui est constitué par les entreprises commanditaires qui demandent des copies numériques des affiches, ou parfois aussi des copies physiques en prêt pour des expositions. Parmi les entreprises les plus connues qui ont demandé des copies au Museo Nazionale della Collezione Salce, on trouve La Rinascente et Officine Ricordi. Comme nous le verrons, il s'agit de deux exemples d'entreprises qui ne disposent plus de leurs archives et qui tentent maintenant de les reconstituer en recourant aux archives numériques.

4.4. Un musée à la recherche de financeurs

Comme c'est le cas pour tous les musées nationaux, le principal bailleur de fonds du Museo Nazionale della Collezione Salce est l'État italien. Cependant, les sommes mises à disposition par le Ministère de la Culture sont destinées à la partie structurelle, principalement aux dépenses ordinaires et fixes, celles qui permettent le fonctionnement ordinaire du musée (salaires, entretien des espaces, nettoyage, sécurité). Pour la conservation et la mise en valeur de la collection, la direction du musée est obligée de compter sur d'autres sources de financement, comme les projets ministériels, et de faire appel aux particuliers, par le biais de dons et de parrainages ou d'autres soutiens par des entreprises privées.

En Italie, il existe un instrument prévu à cet effet appelé *Art bonus*, qui s'adresse aux entreprises désireuses de soutenir tout projet du Ministère. Il s'agit d'un système de financement en faveur de la culture mis en place par le gouvernement italien et réservé à toutes les entités, quelles que soient leur nature et leur forme juridique, qui font des dons en espèces en faveur de la culture et du divertissement et qui, en contrepartie, peuvent bénéficier d'avantages fiscaux sous forme de crédits d'impôt[347]. Afin d'obtenir un financement par le biais du programme *Art bonus*, il suffit au musée de s'inscrire en tant qu'organisme bénéficiaire[348]. La direction publie des dossiers en ligne sur chaque projet d'exposition, détaillant ses objectifs, son contenu, son public et ses coûts. Actuellement, les dossiers des trois premières expositions organisées au Musée sont en ligne : *Illustri persuasori 1. La Belle Epoque ; Illustri persuasori 2. Après la Seconde Guerre mondiale jusqu'en 1962*[349].

Cependant, le financement privé obtenu pour les trois expositions d'ouverture – la trilogie était également sponsorisée par l'hypermarché Conad – n'a pas été suffisant pour couvrir tous les coûts. Du point de vue du directeur du musée, le problème réside dans la méconnaissance du musée par les entrepreneurs. Dans les témoignages fournis lors de notre stage, Professionnel 6 a souligné que les acteurs économiques du secteur industriel ignorent les objectifs, le fonctionnement et les besoins du musée, et sont donc incapables d'en mesurer ses coûts. Le musée souhaite sensibiliser les entrepreneurs à ces questions, notamment dans le cas d'entreprises qui ont un intérêt spécifique pour la valorisation de leur propre histoire et qui ont peut-être des exemplaires d'affiches même dans la collection. D'après l'ancienne directrice Professionnel 6

[347] En application de l'article 1 du décret-loi n° 83 du 31.5.2014, " Dispositions urgentes pour la protection du patrimoine culturel, le développement de la culture et la relance du tourisme ", converti avec modifications en loi n° 106 du 29/07/2014 modifiée, il est institué un crédit d'impôt pour les dons libéraux en espèces en faveur de la culture et du spectacle, dit bonus Art, comme soutien au mécénat en faveur du patrimoine culturel. https://artbonus.gov.it/.

[348] https://artbonus.gov.it/registrazione-informazioni.html.

[349] Les dossiers ne sont plus visibles en ligne. Entre temps il y a eu aussi un financement via Art Bonus pour la restauration des plaques émaillées de la Collection.

les autres entreprises ne sont pas conscientes de l'importance d'un éventuel retour sur image et d'une consolidation ou d'un repositionnement de leur marque en termes de légitimation culturelle et d'ancrage à un segment important de l'histoire et de la culture italienne. Un patrimoine culturel tel que celui du Museo Nazionale della Collezione Salce peut concerner l'histoire d'une seule entreprise ou d'un secteur industriel, ainsi qu'un environnement économique local. La direction s'est donc souvent demandé comment exploiter ce potentiel spécifique.

Selon Professionnel 6, le partenariat avec l'Union des industriels et des entreprises Unindustria[350] a été particulièrement fructueux. Selon elle, les représentants de ce réseau national d'industriels considèrent la Collection Salce comme une « mine d'or » et la présidence semble être particulièrement sensible à la question de la protection des archives et au soutien des projets de numérisation et de valorisation[351]. Enfin, le Museo Nazionale della Collezione Salce reçoit parfois aussi des dons libres de particuliers, même si, en mai 2017, les adhésions n'ont pas été nombreuses et les fonds récoltés ne s'élèvent qu'à quelques milliers d'euros.

La question du financement disponible pour les musées revient très souvent, comme nous le verrons, dans nos deux études de cas. Le fait que nous avons observé est que les sommes publiques allouées sont souvent insuffisantes pour couvrir tous les coûts. Ce déficit constant oblige les musées à chercher d'autres sources de financement, ce qui fait intervenir des acteurs privés, avec des conséquences à des niveaux différents. Afin d'obtenir une contribution financière dans le secteur des entreprises, les musées doivent proposer des projets stratégiquement intéressants dans lesquels les financiers potentiels peuvent trouver leur compte. De même, afin de solliciter des dons de la part de particuliers, les musées peuvent être amenés à mettre en œuvre des politiques *mainstream* pour se rendre plus visibles et plus attrayants. Ce fait, dans le cas des affiches, a des conséquences non négligeables sur leur visibilité, conduisant, par exemple, à rendre visibles les plus célèbres d'entre elles. Néanmoins, de nos observations, comme nous le verrons, il ressort que les sources de financement privées, qu'il s'agisse de petites contributions ou de grands projets de partenariat ou de mécénat,

---

[350] www.un-industria.it.

[351] Unindustria (Union des industriels) a soutenu les projets de mise en valeur de la Collection Salce par le biais du programme Art Bonus. Il a également contribué à sensibiliser les entrepreneurs de la région de Vénétie.

constituent très souvent un point de référence de plus en plus convoité par les musées.

4.5. Affichage et stockage des affiches dans les espaces adaptés : quels enjeux ?

Le Museo Nazionale della Collezione Salce est hébergé dans deux complexes architecturaux[352] situés à proximité l'un de l'autre dans le centre historique de la ville de Trévise : le Complesso di San Gaetano, dont la vocation principale est l'exposition, et le Complesso di Santa Margherita qui, une fois les travaux de restauration structurelle achevés, sera utilisé comme lieu de conservation et de valorisation de la collection. Il est important de préciser que ces espaces ont de très grandes hauteurs et se prêtent à exposer les affiches de six mètres qui auraient été difficiles à placer et à exposer dans de nombreux autres espaces[353].

Les travaux des deux complexes ecclésiastiques ont été rendus possibles grâce à l'importante dotation prévue par la loi de stabilité pour la période triennale 2016/18, qui a assuré une couverture financière complète. Le complexe San Gaetano, dont les travaux de rénovation ont été achevés est donc maintenant accessible au public[354], il comprend une église (toujours consacrée) et un ancien couvent attenant. La sacristie abrite les locaux du musée sur quatre niveaux. Au rez-de-chaussée se trouvent la réception, quelques pièces de service, un passage de connexion menant à l'église adjacente – qui, bien que consacrée, est un lieu de concerts et d'événements culturels – et à certaines pièces adjacentes à l'église qui n'ont pas encore été restaurées. Au premier étage se trouvent les bureaux du directeur et de ses deux assistants. Un escalier mène au deuxième étage, qui abrite le premier espace d'exposition. Au troisième étage se trouve le deuxième espace d'exposition et enfin, au quatrième et dernier étage, sous les poutrelles, une pièce avec une frise de fresque de la fin du XVe siècle est le dernier espace d'exposition. Les trois salles ont été nommées pour rendre hommage aux représentants de l'art de l'affiche et du graphisme qui

[352] Les deux bâtiments sont classés comme propriété de l'État et ont été confiés au ministère du patrimoine et des activités culturelles, qui est responsable de leur restauration et de leur conception spécifique depuis 2008.

[353] Entretien avec Professionnel 6 du 26 février 2018.

[354] Nous rappelons que pendant l'écriture de cette thèse les travaux ont été terminés et les deux lieux sont désormais accessibles au public.

sont présents en collection : respectivement la salle Grignani, la salle Carboni et la salle Dudovich.

Comme on peut le lire dans l'essai écrit dans le catalogue de la deuxième exposition du Musée par l'architecte responsable des travaux de rénovation, Chiara Matteazzi, lors de la conception des espaces d'exposition du complexe San Gaetano, il a fallu tenir compte de l'espace limité pour tenter d'en tirer le meilleur parti et d'en exploiter le potentiel. Les espaces ont été spécialement équipés pour les expositions de matériel graphique, en dotant les salles de présentoirs mobiles et de parois métalliques permettant de fixer des affiches à l'aide d'aimants[355]. Cependant, l'espace est si petit que seules 40 pièces peuvent être exposées à la fois. Le musée a été conçu pour accueillir des expositions temporaires mettant en valeur le plus grand nombre possible de pièces de la collection, tout en respectant les exigences de conservation : la fragilité du matériau papier n'est pas compatible avec une exposition à la lumière pendant plus de quatre mois. L'exposition de la collection est organisée par roulement, afin de pouvoir voir un plus grand nombre d'objets qui, en raison de la petite taille du musée, ne pourraient pas être exposés en même temps. En outre, la succession des thèmes d'exposition, comme le montrent les commentaires, revêt également un aspect stratégique, qui vise à attirer un flux constant de visiteurs. De cette manière, la direction tente d'assurer la fréquentation du musée et d'augmenter la visibilité de la collection.

Le deuxième emplacement du Museo Nazionale della Collezione Salce est le complexe de Santa Margherita, conçu pour devenir la « maison de la collection », c'est-à-dire son dépôt. Le bâtiment disposant de grands espaces, le projet prévoit une partie dédiée à la conservation, c'est-à-dire le stockage permanent de la collection, et une partie laboratoire, destinée aux activités de restauration. Il y aura également de l'espace pour un laboratoire photographique, pour les archives de la correspondance de Salce et pour la bibliothèque. Cependant, au moment de notre stage, il n'était pas prévu d'espaces dédiés à la consultation des affiches originales ou même des reproductions numériques. Pour ceux-ci, la référence a toujours été

---

[355] Matteazzi, Chiara, « Consolidamento strutturale, restauro conservativo e recupero funzionale del complesso della chiesa di San Gaetano », *in Illustri persuasioni. Capolavori pubblicitari dalla Collezione Salce. Belle époque*, Mazza, Marta (sous la dir. de), Silvana editoriale, Cinisello Balsamo 2017, pp. 169-173.

l'accès à partir du site web[356]. La partie mise en valeur comprend un espace d'exposition et une zone où les reproductions numériques des affiches sont utilisées au moyen d'installations multimédia immersives[357]. En dehors des projections, il n'y a pas de postes de consultation publique pour la base de données, il semble donc évident que le musée envisage l'accès au patrimoine numérisé par le site internet et aux originaux pendant les expositions.

En attendant la fin des travaux de réhabilitation du complexe Santa Margherita (achevés en juin 2021), l'ensemble de la collection a été entreposé dans un bâtiment de la zone Fiera, à la périphérie de Trévise, dans les locaux d'un complexe scolaire désaffecté appartenant à la municipalité. Avant la fin des travaux de réhabilitation du complexe San Gaetano, les bureaux du personnel de la Collection Salce étaient situés dans ces locaux, où nous avons effectué notre stage d'observation.

L'organigramme ne comprend que trois personnes, toutes employées par le Ministère : la directrice Professionnel 6 et deux collaborateurs, Professionnel 10, historienne de l'art, chargée de la communication et des relations publiques, qui gère également les pages des réseaux sociaux utilisées par le musée, et Professionnel 14, responsable de la sécurité et de la logistique.

Au moment du stage, le directeur avait envisagé l'arrivée d'un agent de sécurité pour l'ouverture, mais en réalité, le service est désormais sous-traité à une société employant trois personnes. En février 2019, à l'expiration du mandat de directeur de trois ans, confié à Professionnel 6, la direction du musée est passée à M. Daniele Ferrara, qui est actuellement directeur du Pôle muséal de la Vénétie. En janvier 2022 la nouvelle directrice Mme Elisabetta Pasqualin a pris le relais.

Jusqu'à présent, la direction a joué un rôle clé en ce qui concerne les stratégies mises en place et les choix d'exposition effectués. Les personnalités qui ont occupé les postes de direction sont toutes issues

---

[356] La mise en œuvre des projets aujourd'hui voit une situation inchangée où l'accès aux originaux est très restreint. Dans le nouvel emplacement de Santa Margherita, l'accès aux originaux est limité aux opérateurs du musée, ou probablement à un public très restreint de chercheurs. L'accès aux reproductions numériques, qui peuvent être réalisées « depuis le confort de la maison », est fortement médiatisé (site Web, RSN) dans les communications du musée.

[357] Au moment de notre stage, nous n'avions que quelques nouvelles de ces projets à partir d'observations. Aujourd'hui, le site du Complesso di Santa Margherita, qui a ouvert en 2021, abrite des espaces de conservation et d'exposition et une installation multimédia immersive.

du domaine de l'histoire de l'art. Bien que – comme nous l'avons vu plus haut à propos des projets de valorisation – il y ait une prise de conscience de la nécessité d'intégrer la lecture de la collection à d'autres perspectives disciplinaires, il est inévitable que le positionnement culturel du Musée et la valorisation de la collection aient été fortement influencées par cette empreinte.

5. Au-delà des affiches : les autres collections du Museo Nazionale della Collezione Salce

Outre la collection d'affiches, le musée abrite également un nombre indéfini d'autres supports publicitaires que Salce avait rassemblés et inclus dans son legs : calendriers, affiches, plaques émaillées sérigraphiées, cartons façonnés et vitrophanies.

Ces matériaux, comme l'a souligné Professionnel 6, n'ont pas encore été catalogués ni même correctement recensés. C'est pour cette raison que nous n'en connaissons pas le nombre exact. D'après Professionnel 6 l'une des raisons de ce manque d'attention est le fait que ces matériaux étaient encore trop contemporains au moment du leg[358] et n'étaient donc pas considérés comme compatibles avec le processus de tutelle et de valorisation. En fait, les plaques publicitaires se sont surtout développées à partir des années 1950, mais Salce avait commencé à les collectionner bien avant cela. Les données actualisées les plus récentes, comme le signale Professionnel 10, confirment que seules certaines des plaques émaillées ont été numérisées et peuvent être trouvées dans la base de données en ligne, tandis que d'autres ne sont visibles que par le personnel du musée. La redécouverte de ces objets est l'occasion de développer de nouveaux modes de valorisation de la collection car, comme le dit la directrice, « c'est précisément l'observation de la variété des matériaux qui composent la collection qui nous fait penser à la nécessité d'une vision multidisciplinaire »[359].

Le matériel de la Collection Salce ne se compose pas exclusivement des affiches ou d'autres *gadgets* publicitaires inventoriés, mais l'héritage de Salce comprend également sa bibliothèque, composée de nombreux ouvrages, y compris internationaux, relatifs au graphisme publicitaire (notamment les œuvres de Vittorio Pica)[360] et sa

[358] Entretien avec Professionnel 6 du 9 mars 2017.
[359] *Ibid.*
[360] La bibliothèque privée de Salce, qui a été cataloguée avec les affiches au moment du legs de la municipalité de Trévise, reste aujourd'hui en sa possession.

correspondance, une ressource essentielle pour comprendre les activités de Salce en tant que collectionneur.

5.1. La correspondance acquise par le Museo Nazionale della Collezione Salce

Récemment, le musée est également entré en possession de la correspondance de Nando Salce, précédemment détenue par la municipalité de Trévise. La correspondance est une acquisition très importante, utile pour esquisser le profil du collectionneur et reconstituer la manière dont la collection a été constituée. Elle contient des traces de la correspondance étroite de Salce avec divers imprimeurs et galeries qui vendaient des affiches. Ces échanges de correspondance étaient de nature commerciale, mais on retrouve la manière dont Salce achetait, échangeait et négociait les prix des affiches. La direction du musée reconnaît que ces lettres sont des traces importantes pour définir la figure du collectionneur et pour reconstituer l'histoire de la collection, et entend les mettre en valeur afin de permettre au public de contextualiser la collection.

Les archives épistolaires ayant été cataloguées, numérisées et mises à disposition pour une consultation restreinte par les opérateurs du Museo Nazionale della Collezione Salce, nous avons effectué une autre brève visite d'étude à Trévise en février 2018[361], afin de les consulter et d'interviewer les conservateurs. Cette consultation[362], nous a permis de mieux comprendre la méthodologie de collecte et de gestion des affiches par Salce.

Les archives de la correspondance de Salce étaient auparavant conservées aux Musei Civici de Trévise avec le reste de la collection et étaient déjà connues puisqu'elles sont mentionnées à plusieurs reprises dans les essais de cette période. L'ensemble se compose de 740 documents[363], principalement des lettres et des cartes postales de correspondants du collectionneur, datés du 21 juillet 1898 au 31 juillet 1962.

Au fil des ans, les archives ont fait l'objet de plusieurs publications qui sont apparues principalement dans les catalogues des expositions

---

361 En février 2018, dans le cadre de l'organisation de la conférence *Graphic design as cultural heritage*, nous avons également prévu des visites du musée.

362 Professionnel 6 a autorisé un accès complet aux archives et Professionnel 10 a mis à disposition sa station intranet.

363 Manzato, Eugenio, «Le origini di una collezione», *op cit.*, pp.5-6.

organisées par les musées civiques de Trévise[364]. Les contributions traitent principalement de thèmes tels que la naissance de la passion pour les affiches, la méthodologie d'acquisition des pièces et les préoccupations pour l'avenir de la collection[365]. Arrivées en 2017 au Museo Nazionale della Collezione Salce, elles ont fait l'objet de travaux de réorganisation et de numérisation qui ont offert de nouvelles opportunités pour l'étude de cette ressource.

De cette correspondance émerge la figure d'un collectionneur « aussi scrupuleux que passionné, prêt à payer n'importe quel prix pour une affiche artistique »[366]. Salce négocie avec des imprimeurs qui sont bien conscients de la valeur monétaire des affiches et du marché au-delà des frontières nationales, et essaye d'obtenir un meilleur prix, « comme le montrent les nombreux calculs qu'il a trouvés et son habitude de négocier de manière exaspérée »[367]. Les archives contiennent des traces d'une correspondance fréquente avec la galerie Sagot à Paris, avec laquelle, outre les achats, il avait l'habitude d'échanger des doubles d'affiches contre de nouvelles. Cette pratique d'échange explique les nombreux doublons de la collection[368].

Au moment de notre visite au musée, une étude de catalogage venait de commencer, réalisée par Professionnel 7 dans le cadre d'un stage visant à cataloguer ce matériel, pendant sa thèse de doctorat en histoire de l'art. Professionnel 7 était également responsable de la numérisation de l'ensemble des archives épistolaires.

À l'époque de notre stage (octobre 2016 - avril 2017), il était encore trop tôt pour connaître les futurs projets d'amélioration ou d'accessibilité des archives. Toutefois, d'après les observations et les entretiens réalisés, on pouvait s'attendre à ce que les archives fassent l'objet de divers projets de valorisation une fois leur nouveau catalogage terminé. Dans les récentes expositions organisées par le musée, par exemple, des spécimens de lettres provenant des archives et mentionnant leur acquisition ont été exposés aux côtés de certaines affiches.

Les archives sont désormais entièrement numérisées et des copies numériques sont accessibles depuis un poste informatique de la

[364] En particulier, les catalogues des expositions organisées par le professeur Manzato, directeur des musées civiques de Trévise.

[365] Franzon, Serena, «Cronache epistolari di una collezione: l'archivio della corrispondenza di Nando Salce», *op. cit.*, p.183.

[366] *Ibid.*, p.184.

[367] *Ibid.*, p.183.

[368] Entretien avec Professionnel 6 du 26 février 2018.

direction connecté à l'*intranet* du musée. Une base de données en format Excel a été créée où il est possible de faire une recherche par numéro d'affiche et de trouver l'association entre les affiches mentionnées dans les lettres et le numéro correspondant à celle-ci dans le catalogue de la collection. Cette base de données a été conçue comme un dispositif de consultation et comme une aide au travail d'organisation d'expositions pour le personnel des musées.

L'historienne de l'art Roberta Rizzato, qui a travaillé sur les archives historiques, souligne les possibilités offertes par la combinaison des sources passées et des dispositifs numériques modernes, qui ont permis dans son cas de reconstituer le catalogue de Metlicovitz :

> « Croiser des sources manuscrites vieilles de plusieurs siècles avec des bases de données modernes est une possibilité non marginale de construire un chemin de restitution d'auteur. En ce sens, le Museo Nazionale della Collezione Salce offre les deux possibilités : compulser la correspondance des Archives Salce, même fragmentaire, et la connecter à la base de données Mibact. La méthode comparative entre deux sources "technologiquement" différentes permet maintenant de renvoyer au catalogue de Metlicovitz certaines affiches qui ont été proposées à l'achat à des dates différentes tant par Ricordi que par d'autres établissements, et que Salce a ensuite traduites en un achat perfectionné. »[369]

5.2. La collection Ricca

Comme déjà mentionné, le musée a récemment reçu un don d'affiches d'un collectionneur contemporain, ce qui a doublé le nombre de pièces de la collection initiale. Il s'agit d'une collection réunie par un professeur de graphisme, passionné d'affiches, de flyers et de prospectus, sans caractère publicitaire et présentant exclusivement, comme le collectionneur tient à souligner, un intérêt esthétique et artistique[370]. Cette acquisition a non seulement enrichi la collection en termes de nombre d'exemplaires, mais a surtout élargi la perspective chronologique jusqu'à nos jours. Le collectionneur qui en a fait don au musée s'est inspiré de la Collection Salce, qui commençait à être présentée au public dans les années 1970, et a idéalement poursuivi son

---

369 Rizzato, Roberta, « Metlicovitz nella Collezione di Nando Salce. Un catalogo in divenire », s.p., s.d. [En ligne]

370 Entretien avec Pietro Ricca du 3 mars 2017.

travail[371]. Pour le musée, cette acquisition s'inscrit dans le projet général d'offrir une perspective historique sur le graphisme jusqu'à la période contemporaine.

6. Projets de visibilité et d'accessibilité à la Collection

Au moment de notre stage, le Museo Nazionale della Collezione Salce n'avait pas encore été ouvert. Compte tenu de cette situation évolutive, dans laquelle la réalisation de projets tels que l'ouverture du musée, le début des activités d'exposition et l'ouverture du deuxième site étaient prévus, nous avons continué à garder le contact avec la direction, afin de suivre les développements. Parallèlement, nous avons assuré une veille constante sur les principaux canaux de communication du musée, le site web et la page Facebook. En outre, nous avons mis en place une veille informationnelle sur Internet, au moyen de mots-clés sur le moteur de recherche Google. Ainsi, entre les échanges avec la direction et les informations collectées sur internet, nous avons continué à nous tenir au courant des évolutions du musée. Depuis son ouverture, le musée offre la possibilité de participer à des visites thématiques guidées, qui ont été conçues et menées par Professionnel 10, qui s'occupe principalement des relations publiques. Depuis août 2018, en vertu d'un accord signé par le ministère des Biens et Activités culturels, visant à encourager les partenariats public-privé, le musée travaille de manière permanente avec *Heritage Italy Associazione culturale*, qui est chargé d'organiser et de gérer les visites guidées[372]. D'autres projets de mise en valeur s'inscrivent dans le cadre plus général des activités organisées par le Polo Museale dont fait partie le musée, notamment le *Domenica al museo,* une initiative nationale placée sous le patronage du ministère de la Culture[373] qui offre des visites gratuites au musée. Des visites scolaires sont également organisées, qui ont lieu pendant les heures de fermeture pour faciliter l'interaction avec ce type de public.

---

[371] La collection Ricca a été récemment acquise par le musée grâce à un don du collectionneur. Il contient une collection de 25 000 affiches.

[372] À l'occasion de l'ouverture au public des nouveaux locaux de Santa Margherita, des visites guidées sont annoncées sur le site web du musée, qui emmènent les visiteurs à la découverte des nouveaux locaux de Santa Margherita et de l'exposition *Renato Casaro. L'ultimo cartellonista del Cinema. Treviso, Roma, Hollywood* 13 juin 2021 – 1 mai 2022) qui inaugure l'ouverture.

[373] Une initiative introduite en juillet 2014 par le ministre du patrimoine et des activités culturelles et du tourisme, Dario Franceschini, qui prévoit l'entrée gratuite dans les sites culturels de l'État chaque premier dimanche du mois.

A ce type de public, identifié comme étant les enfants, les jeunes et les écoles, le musée s'adresse à eux *via* un service éducatif pour proposer tout un programme de visites et d'autres activités, comme des ateliers pédagogiques.

6.1. Visibilité de la collection

L'accès physique à la collection se fait par le biais d'expositions organisées de façon régulière en suivant un principe thématique, ou par auteur, afin de rendre visible le plus grand nombre de pièces de la collection. Selon la direction, cette logique permet d'exposer des pièces moins pertinentes d'un point de vue artistique, mais aussi de transmettre et de rendre compte de la collection selon l'esprit et la personnalité du collectionneur, qui a adopté des critères de sélection très inclusifs. Du point de vue de l'exposition, le choix est d'exposer les pièces uniquement soutenues par des aimants, sans verre de protection, qui les empêcherait d'être visualisées correctement. Afin de préserver les affiches, l'accès aux salles est limité à 20 personnes maximum, en raison de la taille restreinte des espaces.

Quant à la possibilité de consulter les pièces originales, au moment de notre stage, rien n'était prévu pour l'accès du public[374]. L'accès aux chercheurs était également très limité et devait être strictement justifié, car le dépôt, au moment de notre stage, ne disposait d'aucun moyen d'accès au public. Toutes les possibilités de consultation physique, dans des espaces correspondants adaptés au public extérieur, ont été prévues avec l'ouverture des nouveaux locaux à Santa Margherita À partir d'octobre 2021, le musée dispose d'un système extrêmement innovant, qui est géré électroniquement au moyen de micropuces et qui permet la consultation physique de la collection[375]. Cependant, nous ne savons pas aujourd'hui comment l'accès est géré pour la catégorie spécifique des chercheurs ou étudiants qui souhaitent consulter la collection[376]. Quoi qu'il en soit, c'est sur l'accès numérique à la collection que le musée mise pour viser un public plus vaste, comme nous le verrons dans le chapitre sur les modalités d'accès, et ce pour plusieurs raisons. La collection historique d'affiches peut être consultée dans son intégralité

---

[374] N'oublions pas que le musée n'était pas encore ouvert pendant notre stage, l'accès aux pièces de la collection devait donc se faire à la réserve.

[375] https://tribunatreviso.gelocal.it/treviso/cronaca/2020/10/14/news/un-robot-per-consultare-i-50-mila-manifesti-del-nuovo-museo-salce-1.39416111.

[376] Le nouveau bâtiment du musée a été inauguré au milieu d'une urgence sanitaire, ce qui a encore compliqué son accessibilité et la mise en place d'une politique d'accès in situ.

et l'accès en ligne se fait via le site web du musée et celui du catalogue général du patrimoine culturel[377].

6.2. Projets de valorisation

Le principe directeur du Museo Nazionale della Collezione Salce est de donner une visibilité également aux affiches considérées comme moins précieuses, mais qui sont tout aussi représentatives d'un contexte artistique ou témoins d'une période historique. Partant du constat que la collection offre d'infinies possibilités d'interprétation, la direction a voulu prendre la voie de la valorisation en mettant à côté des lectures historico-artistiques classiques, des lectures documentaires. Selon la directrice Professionnel 6, les futurs projets de mise en valeur seront donc basés sur une contextualisation plus large de chaque affiche[378].

Le programme de mise en valeur de deux ans fixé à l'ouverture du musée, qui – comme nous l'avons vu – comprenait un cycle inaugural d'expositions[379] sur trois périodes historiques, a été conçu comme suit : le titre général *Illustri persuasioni. Capolavori pubblicitari dalla Collezione Salce,* dans l'optique de la direction, devait tenir compte des attentes suscitées par le musée, en proposant des thèmes susceptibles de mettre en valeur les chefs-d'œuvre de la collection. La trilogie, divisée chronologiquement en *Belle Époque, Tra le due guerre* e *Verso il boom 1950-1962,* avait pour but de souligner l'étendue et la richesse de la collection sur une vaste période de temps.

La deuxième et la troisième exposition ont été entrecoupées de deux expositions monographiques consacrées à Federico Seneca et Leopoldo Metlicovitz. Le cycle s'est conclu par une exposition consacrée à la couleur dans les affiches publicitaires : *Colore come illusione. Grafica, pubblicità, manifesto*[380]. Pour chaque exposition, un catalogue est publié avec des photos couleur haute résolution permettant d'apprécier la qualité graphique des pièces.

La trilogie qui a donné le coup d'envoi de la saison d'exposition du nouveau musée a fait la part belle à des périodes historiques moins connues, comme le graphisme entre les deux guerres mondiales et les années du « miracle économique » italien. Il est vrai, cependant, que si

[377] http://www.collezionesalce.beniculturali.it/ ; https://www.catalogo.beniculturali.it/.

[378] Aujourd'hui, nous n'avons aucune preuve claire de ces projets. Les expositions prévues sous les directeurs successifs ne semblent pas être en continuité avec les idées de Professionnel 6.

[379] Chaque thème a été exposé pendant une période de quatre mois, en raison des exigences déjà mentionnées de la conservation des affiches.

[380] En collaboration avec la Tipoteca Italiana, où un espace d'exposition a été aménagé.

les thèmes sont à certains égards novateurs, l'importance accordée aux affiches exposées réside toujours dans leur valeur artistique et le choix a été fait selon des critères d'auteur. En effet, aucune pièce anonyme n'a été exposée à ces occasions, et une lecture de la collection sous un angle différent de l'angle historico-artistique n'a pas encore été proposée.

Les projets de valorisation sont conçus et mis en œuvre en fonction de la disponibilité des ressources et des financements. Comme mentionné à plusieurs reprises, souvent lors de conversations avec Professionnel 6 sur les projets d'amélioration, une intention d'élargir les horizons au-delà de l'approche historique de l'art a émergé. L'accord avec le groupe de recherche Design et Muséologie de l'école doctorale de l'Université IUAV de Venise, qui travaille depuis 2007 sur le thème des archives et des musées de design ainsi que sur la connaissance et l'interprétation du patrimoine culturel par le design, en fait partie. En particulier, le projet *Stratégies et modèles pour la valorisation numérique du Museo nazionale Collezione Nando Salce de Trévise* visait à réfléchir à des projets d'utilisation de la collection comme patrimoine numérique[381]. Cette réflexion s'est articulée autour de trois points principaux : 1) l'étude de méthodologies, de modèles et d'outils pour la médiation et la valorisation dans un environnement numérique du musée et de ses collections ; 2) la connexion dans un réseau international de méthodologies et d'outils pour la valorisation dans un environnement numérique des artefacts graphiques ; 3) le rôle du design dans la diffusion des connaissances et des expériences développées autour de la valorisation des contenus de la Collection Salce.

L'accent a été mis principalement sur les questions de valorisation, de médiation et d'accessibilité du patrimoine culturel. En raison de la spécificité des matériaux conservés, la Collection Salce a été considérée comme un terrain d'essai pour des actions de promotion et de diffusion dans un environnement numérique afin d'élargir et de différencier les parcours de visite et l'accès aux matériaux et aux contenus par différents publics.

Les projets futurs du Museo Nazionale della Collezione Salce comprennent également l'organisation de cours didactiques sur les techniques d'impression lithographique et une base de données d'encres et de papiers pour comprendre les techniques de fabrication

---

[381] Présentation de Raimonda Riccini, coordinatrice du groupe de recherche Muséologie et Design.

d'affiches. La direction du musée entend également mettre davantage en avant la figure du collectionneur Ferdinando Salce. À partir de l'analyse de sa correspondance, qui comme nous l'avons vu a été récemment acquise par le musée, l'objectif est de faire ressortir « sa personnalité, ses motivations et son ancrage au territoire »[382]. En ce sens, des collaborations avec des organismes externes sont prévues, notamment avec le secteur industriel de la région de Vénétie.

[382] Entretien avec Professionnel 6 du 26 février 2018.

CHAPITRE IV.
Défis méthodologiques pour l'étude de la numérisation des collections muséales d'affiches

Les pages suivantes présentent la démarche méthodologique adoptée pour construire et analyser notre recherche. Notre thèse effectuée en cotutelle, se situe au carrefour entre deux disciplines : les sciences de l'information et de la communication et les sciences du design. Elle a pour ambition d'examiner deux cas situés dans deux contextes nationaux divers et ayant des caractéristiques bien spécifiques. Comme nous l'avons indiqué, l'objectif de cette thèse est de comprendre dans quelle mesure la numérisation confère un nouveau statut aux affiches publicitaires. À cette fin, nous avons décidé d'étudier les questions posées par les processus et les pratiques de numérisation des artefacts graphiques publicitaires dans deux institutions muséales. En traçant ce double parcours, nous avons été amenés à faire des choix, laissant de côté certaines pistes d'analyse et en privilégiant d'autres notamment l'étude des acteurs, des lieux et des pratiques liés à la numérisation des affiches publicitaires dans ces contextes patrimoniaux spécifiques.

Notre travail de recherche en cotutelle nous a conduit à adopter une approche dans laquelle nous avons également pris en compte le point de vue de la théorie et de l'histoire du design graphique pour analyser les affiches en tant qu'objet culturel numérisé, et les sciences du design ont été mobilisées pour étudier les dispositifs de visualisation des artefacts numérisés en termes de facilité d'utilisation et du design de l'interaction. Par ailleurs, dans le cas du Museo Nazionale della Collezione Salce, nous avons pu discuter des stratégies de valorisation de la collection suggérées par les chercheurs en Sciences du design de l'Iuav[383].

Sur ces bases nous avons développé une méthodologie *ad hoc*. Nous avons identifié l'approche multi-situées d'une part, et l'approche

---

[383] Dans le cadre du projet *Il design fra istituzioni e imprese: strumenti di comunicazione e valorizzazione per la Collezione di manifesti Nando Salce di Treviso*, coordonné par Raimonda Riccini et réalisé par Maddalena Dalla Mura.

ethnographique d'autre part, comme les deux principales lignes directrices pour construire notre méthodologie.

Ce chapitre est consacré à la présentation de la méthodologie qui a guidé notre recherche. Il est organisé en deux sections : dans la première, nous tenterons de préciser dans quelle mesure notre approche peut être considérée comme multi-situées et quels sont les avantages et les limites de cette orientation ; dans la seconde, nous indiquerons les particularités de notre approche ethnographique et la manière dont elle a été appliquée dans les deux contextes examinés.

1. Deux cas d'étude situés

Nous avons choisi d'utiliser la méthode de l'étude de cas car nous souhaitons comprendre le phénomène complexe qu'est la numérisation des collections d'affiches publicitaires à partir de l'analyse de ses manifestations dans un contexte spécifique. Tandis que d'autres méthodes sont délibérément caractérisées par une abstraction du contexte, telles que les expériences en laboratoire, l'étude de cas dessine des frontières extrêmement floues entre le phénomène observé et le contexte. Il est alors presque impossible d'analyser l'un sans tenir compte de l'autre[384].

Opter pour l'approche de l'étude de cas dans une perspective ethnographique nous a permis d'observer les pratiques et les points de vue des personnes impliquées directement sur le terrain de la recherche. Les observations ont été guidées autant par le cadrage théorique que par l'immersion sur le terrain. Notre expérience nous a montré comment ces deux aspects de la recherche sont intrinsèquement liés et comment ils se conditionnent mutuellement. C'est une autre raison pour laquelle la méthode de l'étude de cas nous a semblé particulièrement adaptée à notre étude, notamment pour sa caractéristique de mener, selon le sociologue Luc Albarello, tout particulièrement au cœur même de l'articulation entre les données empiriques et les réflexions théoriques[385].

La décision de ne pas se concentrer sur un cas unique mais d'en examiner deux nous a offert un horizon plus large pour étudier les pratiques de numérisation. Ainsi, nous ne nous sommes pas limités à

---

[384] Albarello, Luc, *Choisir l'étude de cas comme méthode de recherche*, De Boeck, Bruxelles, 2011, pp.19-20.
[385] *Ibid.*

l'étude d'un seul terrain mais avons adopté une double perspective qui, d'une part, nous a donné l'opportunité de connaître deux institutions muséales différentes et d'explorer leur contexte, et d'autre part, nous a permis de problématiser les phénomènes analysés en mettant en évidence leurs caractéristiques, qui se sont présentées comme à la fois convergentes et divergentes.

L'examen de deux cas distincts afin de comprendre ce qu'ils ont en commun et ce qui les distingue assimile notre approche de celle des études comparatives. Si pour Lévi-Strauss, la comparaison est une caractéristique de raisonnement de la pensée humaine[386], selon le sociologue américain Charles C. Ragin, la connaissance comparative fournit la clé pour comprendre, expliquer et interpréter[387]. En outre, selon le sociologue italien Giovanni Sartori, la comparaison est une attitude typique des êtres humains, parce qu'ils sont des « animaux comparatifs »[388] qui utilisent volontairement ou involontairement la comparaison pour de nombreuses raisons. Notamment « pour "se situer", pour apprendre des expériences des autres, pour avoir des termes de comparaison (...), pour mieux expliquer et pour d'autres raisons »[389]. Ces mots résonnent avec notre expérience personnelle d'un doctorat en cotutelle. En effet celui-ci nous a amenés à vivre entre deux contextes linguistiques, culturels, sociaux, professionnels et nationaux qui, bien que géographiquement proches, se révèlent très différents. L'expérience de deux réalités nationales et la pratique de deux disciplines différentes nous ont également amenées très souvent à établir des comparaisons entre les faits, afin d'essayer de comprendre leurs similitudes et leurs différences.

Il convient de préciser qu'adopter une perspective comparative n'a pas signifié de rapprocher les analyses de deux contextes côte à côte pour les juxtaposer. L'enjeu a été plutôt de mettre en relation les constats faits dans les deux musées. Afin de surmonter le risque éventuel de s'enliser dans la description factuelle, nous avons tenté de problématiser l'observation à travers une dialectique fondée sur la référence à l'autre cas, une dialectique dans laquelle se manifeste le

---

386 Lévi-Strauss, Claude, *La Pensée sauvage*, Plon, Paris, 1962.

387 Ragin, Charles C., *The Comparative Method: Moving Beyond Qualitative and Quantitative Strategies*, Berkeley, University of California Press, 1987.

388 Sartori, Giovanni, « *Comparazione e metodo comparato* », *Rivista Italiana Di Scienza Politica*, vol. 20, no. 3, 1990, p. 400.

389 *Ibid.*, p. 399.

caractère réflexif de la comparaison, comme l'expliquent Remaud et *alii*[390] : « la comparaison s'avère être une tâche réflexive. On ne se contente jamais de décrire ce que l'on s'efforce de comparer. Comparer c'est déjà interpréter »[391]. Cette dialectique a fait ressortir des différences et des similitudes entre divers aspects tels que les profils professionnels impliqués, les moyens déployés pour la gestion des collections d'affiches, les programmes de valorisation ainsi que les politiques de numérisation qui ont été mises en œuvre. Des caractéristiques qui sont parfois partagées, parfois non, et parfois même incomparables.

Il semble également utile de souligner que le fait que les observations participantes dans les deux musées se soient succédé chronologiquement risquait de créer des interférences dans la perception des faits et des pratiques. Une fois la période passée dans le premier musée, l'étude du second cas aurait pu être affectée par la tendance à faire des comparaisons constantes avec le premier cas examiné, et par la tentation de faire une observation « dérivée » de la précédente. Afin d'éviter le piège d'appliquer une logique comparative au détriment d'une logique d'observation qui peut dévoiler des aspects inattendus, nous avons essayé d'éviter, dans la mesure du possible, de dissiper toute vision pré-constituée, en nous abstenant de rechercher toutes les familiarités qui se présentaient, tout en restant sur une observation ouverte. Dans cette perspective, nous avons essayé – dans la mesure du possible – de ne pas faire usage des « prénotions » résultant de la première observation, comme évoqué par Émile Durkheim, afin de la mettre à distance, et de nous en tenir à l'une des principales règles propres de la méthode comparative qui, selon Durkheim, consiste notamment en une mise à distance du chercheur se faisant à travers la rupture avec les prénotions[392]. En conséquence nous avons essayé d'adopter une attitude basée principalement sur une démarche de découverte plutôt que de confirmation. Nous avons ainsi utilisé l'expérience de l'étude du premier cas comme un « cadre » qui, une fois établi, nous a rendu familiers avec le processus d'observation. En nous appuyant sur cette familiarité, nous avons pu être plus attentifs aux similarités et aux différences qui émergeaient.

---

[390] Remaud, Olivier, Schaub, Jean-Frédéric, Thireau, Isabelle, *Faire des sciences sociales. Comparer*, Éditions de l'École des hautes études en sciences sociales, 2012.
[391] *Ibid.*,p. 14.
[392] Durkheim, Émile, *Les Règles de la méthode sociologique*, PUF, Paris, 1986.

En examinant les processus de numérisation des affiches publicitaires dans deux institutions muséales situées dans deux contextes nationaux différents, nous nous sommes délibérément écartés de toute incitation qui nous aurait conduits vers une comparaison évaluative. Il est intéressant de noter que ce sont souvent les acteurs de terrain eux-mêmes qui ont adopté une logique de *benchmarking* par rapport à l'autre institution. Il y a eu des épisodes fréquents au cours desquels les personnels des musées nous ont fourni des éléments nous permettant de faire des comparaisons en termes de procédures et de pratiques. Par exemple, lors d'une réunion du Pôle muséal de la Vénétie sur le thème de la restauration et de l'encadrement des affiches, le directeur du Polo nous a demandé si, « ils faisaient la même chose à Paris » et s'ils restauraient les affiches en utilisant les mêmes techniques[393]. En d'autres occasions, nous avons été interrogés sur les budgets pour la numérisation, des expositions ou des politiques de financement en général.

Également, de part et d'autre, il nous a parfois été demandé plus ou moins explicitement de prendre contact avec l'autre institution pour participer à des conférences ou organiser des visites d'étude. Tout cela nous a permis de jouer le rôle d'intermédiaire et, dans un certain sens, de traducteur des pratiques ou des processus qui ont lieu dans les deux domaines, ce qui nous a permis de tisser des liens entre les deux institutions.

Nous avons voulu observer l'évolution de collections d'affiches qui sont éloignées dans l'espace et ont leurs propres caractéristiques, mais qui partagent néanmoins certains éléments : les périodes historiques représentées, la variété des pièces, ainsi que les intentions des collectionneurs qui les ont rassemblées. Nous avons trouvé intéressant d'observer deux musées qui ont suivi des calendriers différents en matière de numérisation, puisque le MAD Paris a commencé le processus de numérisation avant le Museo Nazionale della Collezione Salce, mais avec des rythmes et des méthodes différents. Les deux systèmes d'archivage et d'accès ont été étudiés dans leurs différents stades de mise en œuvre : par exemple, la base de données de la Collection Salce a été finalisée et mise en ligne pendant la période de

---

[393] Le discours rapporté fait référence à une série de notes prises au dépôt de la collection Salce, lors d'une réunion avec le directeur du Pôle muséal de la Vénétie à laquelle nous avons pu assister.

notre stage, tandis que celle du musée parisien, qui est en ligne depuis un certain temps, est soumise à une adaptation et une évolution continues, ce qui nous a permis d'observer son utilisation quotidienne. En suivant cette approche, nous avons étudié l'évolution d'une base de données et de ses utilisations, comme dans le cas du MAD Paris, et la finalisation d'une base de données et de ses premières utilisations, comme dans le cas du Museo Nazionale della Collezione Salce. En recherchant les différences dans des contextes similaires et inversement les similitudes dans des contextes différents, il a été possible d'observer le même phénomène sous différents angles et d'étudier l'utilisation de dispositifs similaires dans différents contextes et par différents utilisateurs. Nous avons donc construit l'analyse des deux cas en tenant compte de leurs similitudes et en essayant en même temps de les distinguer dans leur originalité. Le fait de procéder à ce double mouvement entre éloignement dans la généralisation et approfondissement dans le détail a permis de faire émerger des continuités et des singularités.

Guidés par les grilles d'observation , nous avons mis en perspective en les confrontant, les deux points d'observation et les avons comparés. Cependant, tout ne semblait pas comparable. Selon Remaud et *alii*[394], l'un des défis de la comparaison en sciences sociales, « c'est répondre aux défis du découpage et de l'asymétrie des objets [et] c'est également forger les outils d'une méthode qui s'ajuste à des écarts »[395].

L'utilisation d'un regard croisé a nécessité une maîtrise des deux terrains différents et le dépassement de difficultés spécifiques à chaque contexte. S'insérer dans deux réalités différentes, acquérir les codes de chacune, maîtriser les deux langues ainsi que le vocabulaire des professionnels, a demandé du temps et beaucoup d'esprit d'adaptation. Nous avons consacré une grande partie de la première phase d'exploration du terrain à l'acquisition de cette maîtrise. Au début de l'observation, afin de ne pas être submergés par la grande quantité d'informations, nous nous sommes engagés à suivre un fil rouge que nous avons démêlé autour du processus de numérisation des affiches. Notre objet de recherche a agi comme le dénominateur commun des deux contextes, devenant ainsi notre boussole dans la construction de l'analyse. Nous avons donc adopté une démarche inductive qui nous a

[394] Remaud, Olivier, Schaub, Jean-Fréderic, Thireau, Isabelle, *Faire des sciences sociales. Comparer*, *op.cit.*
[395] *Ibid.*

conduit à nous imprégner du terrain puis à « inventer ou adapter, par la méthode des essais et des erreurs, le dispositif de recherche pertinent pour vérifier des hypothèses venues, ou enrichies, en cours de route »[396].

Cependant, cette approche, bien que stimulante sur le plan intellectuel, ne nous a pas éloignés de certaines difficultés rencontrées sur le terrain, notamment lors de la collecte et de la mise en relation de données empiriques. En effet, chaque environnement était régi par ses propres logiques et, par conséquent, un même élément observé sur les deux terrains, a acquis un sens différent au sein de son contexte. Les sortir et les comparer à d'autres impliquait de prendre en compte leur originalité et la spécificité de leur signification. Le défi consistait donc à réaliser un travail qui s'inscrive dans une dynamique caractérisée par le passage du général (éléments communs au processus de numérisation) au particulier.

En effet, dans les sciences humaines et sociales, les comparaisons terme à terme sont rarement réalisables. À cet égard, la sociologue Véronique De Rudder suggère que les comparaisons soient construites sur la base d'un certain nombre d'axes d'analyse principaux autour desquels s'articulent « plusieurs éléments, et parfois les mêmes que la comparaison [peut] trouver une pertinence »[397]. Il s'agit donc de « "comparaisons par paires" [...] qui construit la comparaison à partir d'axes d'analyse, évitant ainsi le piège de la comparaison terme à terme »[398].

Jusqu'à présent, nous avons insisté sur l'importance du contexte pour notre recherche et sur comment le fait d'étudier deux cas nous a amené à nous interroger sur leurs similitudes et leurs différences. Afin de surmonter les limites du comparatisme, et compte tenu du fait que notre recherche s'est déroulée dans des espaces différents, (un jeune musée de taille réduite et une institution historique dans des espaces du palais du Louvre, une dimension internationale ainsi qu'une présence locale, etc.) et des lieux multiple (la ville de Paris et Trévise, le musées et les réserves, etc.) il a semblé utile d'adopter certains principes et méthodes

---

[396] Blanc Maurice, Chadoin Olivier, « Éditorial », *Espaces et sociétés*, 2015/4 (n° 163), p. 7-23. [En ligne]

[397] De Rudder, Véronique, « Cohabitation pluri-ethnique » in Espaces et sociétés : revue critique internationale de l'aménagement, de l'architecture et de l'urbanisation / dir. publ. Serge Jonas, 1984-07, pp. 43-59.

[398] Blanc Maurice et Chadoin Olivier, « Éditorial », *op.cit.*

de l'approche multi-située[399]. Cette approche est particulièrement d'actualité aujourd'hui pour étudier les phénomènes sociaux liés à la mondialisation, cependant elle trouve ses origines dans l'ethnographie multi-située de George E. Marcus[400]. Comme l'indique l'éditorial de la revue *Espaces et sociétés,* qui en 2015 a consacré un dossier à l'approche multi-située[401], actuellement, un nombre croissant de travaux en sciences humaines et sociales qualifient comme multi-situé un objet, une marque, une posture.

Ces dimensions peuvent être déclinées de manière « polyphonique et souvent combinée »[402] pour donner lieu à d'autres recherches, dans d'autres domaines puisque, selon Denis Bocquet, « Au-delà de la migration, la recherche multi-située a aussi pris pour objet des phénomènes culturels, ou bien les logiques de consommation ainsi que les rapports de genre [...] Il y a là les prémices d'une évolution vers des recherches prenant en compte différents lieux dans la caractérisation non seulement de parcours de vie, mais aussi de rapports à l'espace »[403].

Au-delà de ces ouvertures, l'un des aspects que cette approche et notre posture de recherche ont en commun est l'implication du chercheur sur le terrain par le « mouvement ». Ce mouvement, appelé par Marcus « activisme de circonstances »[404], concerne d'une part les objets que le chercheur suit pour les analyser et, d'autre part, est compris comme la capacité du chercheur à se déplacer, donc à se « multi-situer » pour comprendre l'objet de différents points de vue et dans différents contextes. Dans la démarche multi-située, l'accent est mis principalement sur la saisie des relations, des liens et des interconnexions entre les acteurs et les lieux. La différence par rapport à l'approche comparative réside dans un plus grand intérêt pour « l'analyse des liens existant entre les lieux, les objets ou les acteurs »[405], donnant ainsi une large place à l'investigation de leurs relations. De cette manière, il est possible d'aller au-delà de la détection

---

399 Bocquet, Denis, « Les études multi-situées : entre pragmatisme et construction scientifique d'une posture », *Espaces et sociétés*, 2019/3 (n° 178), p. 175-182. [En ligne]

400 Marcus, George, E. « Ethnography in/of the World System: The Emergence of Multi-Sited Ethnography », *Annual Review of Anthropology* 24, 1995, p. 95-117.

401 Baby-Collin Virginie et Cortes, Geneviève, « Éditorial », *Espaces et sociétés*, 2019/3 (n° 178), p. 7-19.

402 *Ibid.*

403 Bocquet, Denis, « Les études multi-situées : entre pragmatisme et construction scientifique d'une posture », *op.cit.*

404 Baby-Collin Virginie, Cortes Geneviève, « Éditorial », *op.cit.*

405 *Ibid.*

des caractéristiques communes et des différences typiques de l'approche comparative.

La posture du chercheur multi-situé est celle du sujet en mouvement qui suit les objets et les acteurs « pour mettre au jour leur champ socio-spatial relationnel »[406]. C'est une multi-positionnalité du chercheur qui permet un « décentrement du regard et une variation des points de vue, la multi-situation renvoie par là même à la manière dont les chercheurs se positionnent sur leur terrain de recherche »[407].

L'un des nombreux défis de la recherche multi-positionnée, comme l'écrit Anne-Laure Pailloux, est certainement celui de savoir négocier sa place dans l'interaction avec les acteurs de terrain, et donc de savoir se fondre dans un collectif, ou de se révéler en tant que chercheur, ou encore d'observer de l'intérieur dans une position d' « indigène »[408]. Ces positions différentes et possibles impliquent des réflexions multiples qui mettent en jeu à la fois les conditions de production de la connaissance et la position de la recherche sur le terrain « car la variation de postures peut entrainer un sentiment de tromperie chez la population enquêtée, et du même coup une perte de confiance et une fermeture du terrain »[409].

Notre recherche doctorale peut être considérée comme multi-située dans la mesure où nous avons mis en place une démarche basée sur notre déplacement pour comprendre le phénomène de la numérisation depuis différents points de vue et différents contextes. En outre, nous avons accordé une attention particulière à l'analyse des interconnexions existantes entre les lieux, les acteurs et le phénomène de la numérisation. Ajouter cette dimension contextuelle et relationnelle à la dimension comparative nous a permis de dépasser la logique binaire, basée sur les similitudes et les différences, dans laquelle nous aurions risqué d'enfermer cette recherche. La construction d'une méthode répondant au mieux aux besoins de notre recherche a donc nécessité plusieurs ajustements et s'est accompagnée d'un processus de réflexion qui a évolué au cours de la recherche, partant de préoccupations

---

406 *Ibid.*
407 *Ibid.*
408 Pailloux, Anne-Laure, « Une enquête ethnographique multi-située du militantisme pour la décroissance en France et au Québec », *Espaces et sociétés*, 2019/3 (n° 178), p. 21-37.
409 Baby-Collin Virginie, Cortes Geneviève, « Éditorial », *op.cit.*

relatives à l'observation dans un esprit comparatif pour arriver à des questions relevant davantage d'une orientation multi-située.

1.1. Deux stages en tant qu'occasions d'observer en participant

Afin d'accéder au terrain de recherche et de réaliser nos enquêtes, nous avons recherché des contacts dans les deux institutions. Dans le cas du MAD Paris, en faisant une recherche sur le site du musée à l'automne 2015, nous avons trouvé une offre d'emploi concernant un poste de stagiaire de six mois pour remplacer une employée en congé maternité. Nous avons alors répondu à cette annonce en contactant le musée. La mission annoncée consistait à saisir dans une base de données des informations sur une collection d'affiches contemporaines. Nous avons donc été recrutés comme stagiaire dans le cadre d'une convention entre l'école doctorale Sciences de l'Homme et de la Société de l'Université de Lille et le MAD Paris[410]. La période passée au Museo Nazionale della Collezione Salce à Trévise s'inscrivait également dans le cadre d'un stage, dans ce cas obtenu non pas en réponse à une offre du musée mais suite à notre demande et dans le cadre d'une collaboration entre le musée et l'Università Iuav di Venezia.

1.2. Des personnes et des choses

Le stage au MAD Paris s'est déroulé du 11 janvier au 4 juillet 2016, sous la direction de Professionnel 3, responsable du service de l'inventaire. Pendant toute cette période, nous avons travaillé dans deux départements : au service des acquisitions, dépôts et inventaires et au département Publicité et Design graphique. Cette division du travail nous a permis d'étudier les procédures d'enrichissement des collections d'une institution muséale, en travaillant directement des œuvres à leur inscription dans les registres d'inventaire, nous donnant ainsi l'occasion de nous consacrer à des tâches variées, à la fois scientifiques, documentaires et administratives.

Tous les objets qui font partie de la collection nationale d'un musée sont soumis à l'avis d'un organe consultatif. Au MAD Paris, cette tâche est confiée à un comité scientifique de onze membre, qui donnent leurs

[410] N.B. Les deux institutions étaient nommées différemment à l'époque, Université de Lille 3 et Les Arts Décoratifs.

avis sur les propositions d'enrichissement des collections, qu'elles soient faites à titre gratuit ou onéreux. En arrivant au service de l'inventaire, nous avons donc été chargés de rédiger une « note d'opportunité »[411], il s'agit d'un document qui est envoyé aux membres avant la réunion. Ce document officiel, sur lequel nous reviendrons (chapitre VII.1.2.), contient des notes sur les œuvres : titre, auteur, date, etc. et un argumentaire, rédigé par le conservateur, sur leur intérêt patrimonial. Nous revendrions sur ce point plus bas Les tâches qui nous ont été confiées par le service des inventaires nous ont permis de découvrir la manière dont toutes les œuvres sont inventoriées et de comprendre plus spécifiquement le processus de patrimonialisation des objets.

Au département Publicité et Design graphique, notre mission consistait à créer des entrées de catalogue dans la base de données du musée, pour faire la saisie documentaire d'une collection d'affiches contemporaines[412]. Pour mener à bien cette tâche, nous avons reçu une courte formation pour apprendre à nous servir du logiciel *Micromusée* utilisé pour la gestion des œuvres de MAD Paris. Cette formation a été assurée par Professionnel 1, responsable de la base de données du département Publicité et Design graphique. Une deuxième session de formation, sur la façon de collecter des données sur les affiches, a été assurée par Professionnel 2 et Professionnel 8, responsables de la conservation du département Publicité et Design graphique. La saisie des données de cette collection d'affiches a été effectuée sur place, dans le dépôt du musée à Paris St. Denis. Une autre mission a été accomplie concernant une autre collection d'affiches de graphistes contemporains, dans ce cas le travail a été réalisé dans les locaux de la rue Rivoli du

[411] La note d'opportunité est un document officiel, rédigé selon les normes de présentation à destination du Comité scientifique. Elle est formulée sur la base des dossiers que les conservateurs établissent sur les nouvelles acquisitions et détaille un maximum d'informations sur l'objet. Les membres du Comité scientifique reçoivent une copie de ce document.

[412] Pour être précis, il s'agissait d'une collection d'affiches du photographe Jean Paul Goude donnée au musée par un collectionneur privé dans les années 1990 et qui attendait d'être cataloguée. Un don exceptionnel de 506 affiches a été consenti par François Louvrier, collectionneur d'affiches. Ce lot permet de faire un rattrapage massif et qualitatif sur les années 2000-2010 : toutes les affiches de Jean-Paul Goude pour les Galeries Lafayette (103), les grandes marques de luxe Chanel, Dior, Guerlain, leurs égéries et les grands noms de la photographie (Mert & Marcus, Sundsbø, Sølve, Knight, Nick, Mario Testino...), les marques grand public Morgan, Lacoste, Chantelle, Aubade, Swatch, Calvin Klein, secteurs peu représentés dans la collection informatique et téléphone (Nokia, Apple, Microsoft, Samsung...), la distribution (Printemps, Auchan, Monoprix...), les transports (Sncf), presse, boisson, alimentation (Suchard, Nespresso, Joker, Ballantine, Lavazza...) et un petit échantillon d'affiches de cinéma (*Marie- Antoinette*, *Spiderman*, *Batman*, *Ratatouille*...).

département de la publicité et du graphisme. Cette collection était moins volumineuse et il a donc été possible de la transférer de la réserve au musée. Cette expérience a été fondamentale pour comprendre le fonctionnement d'une institution muséale, pour apprendre à connaître les différents acteurs travaillant dans un musée, et pour mener notre enquête de terrain dans le cadre de cette recherche doctorale.

Le stage au Museo Nazionale della Collezione Salce a eu lieu du 1er octobre 2016 au 11 mars 2017. Les mois passés à l'institution parisienne nous ont en effet incités à vouloir répéter l'expérience du premier terrain de recherche en Italie en utilisant une approche similaire. Nous avons donc sollicité le Museo Nazionale della Collezione Salce de notre propre initiative, afin d'obtenir l'accord pour effectuer un stage. Nous avons pris contact avec la directrice du musée de l'époque, Professionnel 6, qui a accepté de nous accueillir dans les locaux du musée. Notre demande a été formalisée par une lettre d'invitation officielle, signée par le directeur du Pôle muséal de la Vénétie, M. Daniele Ferrara, qui a donné l'autorisation d'effectuer un stage d'observation[413]. Le stage n'impliquait aucune rémunération ni tâche spécifique, et consistait principalement à observer la mise en place de la base de données, ses utilisations et sa mise en ligne progressive. Les travaux ont été réalisés principalement dans le dépôt, les travaux de rénovation du musée n'étant pas encore terminés, en vue de son ouverture, plusieurs fois reportée, et finalement prévue pour avril 2017[414]. Nous avons pu observer une partie du travail de transposition des entrées du catalogue des œuvres sur le site web et les discussions concernant les critères d'indexation. Nous avons également pu observer le travail quotidien du personnel du musée, ainsi que celui des professionnels externes travaillant sur les affiches, dont certains étaient des restaurateurs, des catalogueurs et des stagiaires historiens de l'art travaillant à divers titres sur la collection. D'autres observations concernaient les travaux d'aménagement des locaux du musée naissant, en accordant une attention particulière aux modalités d'exposition et de conservation des affiches. Nous nous sommes également intéressés à la

[413] Il nous paraît intéressant de noter la manière dont l'argumentaire de la direction du musée italien se positionne naturellement dans une démarche comparative : « Compte tenu de la nature de vos études, visant à comparer les systèmes de numérisation des affiches publicitaires, nous vous proposons d'approfondir certains aspects méthodologiques et de comparer utilement notre cas avec celui des Français, reconnus comme pionniers dans ce domaine » Lettre d'invitation du Polo Museale Veneto.

[414] En fait, le musée a été officiellement ouvert le 27 mai 2017.

préparation des expositions prévues à l'ouverture, au choix des thèmes, aux critères d'interprétation de la collection par les commissaires, ainsi qu'aux actions de valorisation auprès du public. Nous avons élaboré une grille d'analyse adaptée au terrain de recherche italien et, comme dans le cas du MAD Paris, nous avons réalisé des observations et des entretiens avec le personnel du musée.

Notre objectif était d'explorer, de comprendre et de décrire les processus de numérisation des collections d'affiches et certains des défis qu'ils impliquent, en utilisant une méthode basée sur une approche qualitative de type ethnographique. L'accent a été mis principalement sur tout ce qui se passe dans les coulisses des deux musées, avec une attention particulière aux pratiques des conservateurs et des documentalistes. Nous avons également examiné les dispositifs par lesquels le matériel numérisé circule, et notamment le logiciel de gestion de catalogue et les sites web des deux musées. Nous nous sommes concentrés sur les utilisations de ces derniers par les opérateurs et les possibilités offertes aux utilisateurs.

Acquérir la souplesse nécessaire pour s'adapter aux aspérités du terrain qui se présentaient, maîtriser les différences et les codes d'expression propres à chaque contexte, faire des choix appropriés à la situation et au moment exigés nous a demandé beaucoup de temps et d'adaptation. Dans le cas du MAD Paris, les longues périodes que nous avons passées sur les sites ont été facilitées par notre intégration au sein de l'équipe du musée. Ces conditions nous ont permis de bénéficier de la double perspective d'un professionnel et d'un chercheur tout en vivant les processus observés de manière opérationnelle. À Trévise, en revanche, nous étions libres d'organiser notre temps au musée et l'intégration se faisait davantage par le biais de relations interpersonnelles et reposait sur la disponibilité des membres de l'institution.

Dans les deux musées, nous avons eu l'occasion d'entrer en contact avec l'ensemble hétérogène des professionnels qui y travaillent : la direction, les responsables de l'inventaire, les conservateurs, les documentalistes et les gestionnaires de bases de données. Ces personnes ont des compétences spécifiques et effectuent des tâches différentes. L'observation participante nous a placé au cœur de la dynamique relationnelle entre ces différents acteurs. Cependant, notre attention est restée concentrée sur l'observation des processus de numérisation des collections d'affiches, et les problèmes posés par l'organisation du travail au quotidien sont restés en marge de notre cadre.

Être perçu comme un collègue alors qu'on ne l'est pas, et gagner la confiance de tous était la condition nécessaire à l'intégration dans les deux contextes de travail, un objectif qui semblait avoir été atteint dès le moment où la chef conservatrice a déclaré : « On vous fait confiance c'est pour cela que nous n'avons pas besoin de vous faire des interdits ». De même, en Italie, la relation de confiance nous a permis une certaine liberté de déplacement dans les espaces sans être soumis à un quelconque contrôle. Comme nous l'avons déjà mentionné, savoir se situer dans un contexte professionnel pour observer en détail un processus matériel et être capable d'échanger avec des interlocuteurs divers a pris du temps.

Les principaux outils méthodologiques utilisés pour mener notre analyse – les grilles d'observation, les entretiens semi-directifs et les conversations informelles – nous ont permis de connaître de près tous les aspects qui composent la réalité organisationnelle et opérationnelle des cas étudiés. Ainsi, nous avons pu nous concentrer sur le point de vue des individus, leurs pratiques et le contexte dans lequel ils se situent.

Nous nous sommes auparavant attardés sur la manière dont la possibilité d'effectuer des stages pour mener cette étude nous a permis de réaliser des observations participantes. Nous avons essayé d'argumenter en quoi ce choix représente une solution adéquate à notre besoin d'articuler théorie et terrain de recherche, d'observer les deux institutions de l'intérieur, de nous immerger dans deux contextes très spécifiques, d'en saisir les multiples aspects et de les comprendre dans leur spécificité. Entrer dans les deux institutions suivant une approche ethnographique signifiait également laisser ouverte la possibilité de faire ressortir des aspects inattendus, en évitant de commencer l'observation dans un cadre déjà établi et trop figé. Selon le sociologue Charles C. Ragin, il est nécessaire de : « Relier l'empirie et la théorie, utiliser la théorie pour donner sens aux données et utiliser les données pour confirmer, infirmer, redéfinir la théorie »[415].

La possibilité d'assister aux événements de manière prolongée et systématique, notre participation à la vie interne et la familiarité

[415] Ragin, Charles.C., *The Comparative Method: Moving Beyond Qualitative and Quantitative Strategies*, *op.cit.*

développée au fil du temps nous ont permis de rassembler des données variées (propos, images, documents, etc.), d'écouter les échanges verbaux au sein de chaque institution, d'observer les lieux et les actions des professionnels, la manière dont ils manipulent les objets, se déplacent dans les espaces et interagissent avec les acteurs qui gravitent autour des musées.

Pendant notre séjour dans les deux musées, nous avons fondé notre travail sur une observation active et des entretiens avec des conservateurs, des documentalistes et d'autres professionnels impliqués dans la conservation, la documentation et l'inventaire. Ces conversations, couplées aux entretiens, nous ont permis d'explorer les pratiques de gestion et de numérisation des affiches à partir des différentes perspectives des acteurs impliqués. À l'analyse des discours des acteurs, nous avons ajouté l'analyse de la documentation interne et l'étude des bases de données. Afin de garder une trace des observations effectuées, des impressions suscitées et des réflexions qui ont émergé, nous avons rédigé un journal de bord et pris des photos.

1.3. Deux grilles pour guider les observations participantes

En amont de notre travail de terrain, nous avons élaboré un protocole d'enquête. Nous avons donc établi les taches et le déroulement des étapes de notre travail : l'étude de la littérature, l'analyse de la documentation, la programmation des interviews, la tenue d'un carnet de notes, *et cetera*. Dans le but d'éviter qu'un protocole trop rigide ne se révèle impropre à un terrain inconnu, nous avons abordé le terrain avec flexibilité, c'est-à-dire en modifiant et en adaptant notre protocole au fur et à mesure. Dès le début des observations, notre analyse a été guidée par deux grilles qui ont été construites avant de nous plonger dans les terrains de recherche et qui ont été adaptées au cours de l'enquête. Ces grilles avaient pour rôle d'orienter l'observation et ont été utilisées pour les deux musées, elles présentent une structure similaire avec des adaptations aux particularités contextuelles.

Nous n'avons pas nécessairement maintenu une symétrie complète des dispositifs d'investigation afin d'éviter de bloquer la recherche sur des chemins déjà connus, notre intention étant plutôt de laisser la place à l'émergence des caractéristiques spécifiques de chaque réalité. En procédant de la sorte, nous avons opté pour quelques « réajustements du protocole d'enquête »[416] au fur et à mesure et lorsqu'ils se sont avérés nécessaires.

Ces grilles ont été conçues sur la base d'une division par rubriques thématiques principales, elles-mêmes subdivisées en sous-rubriques détaillant les éléments issus de l'observation. Les thèmes sur lesquels nous sommes focalisés sont : l'institution muséale et son organisation ; l'histoire et la composition des collections d'affiches ; l'entrée des affiches dans les musées, la conservation, la valorisation des affiches ; l'inventaire et le catalogage ; la numérisation et ses retombées ; les usages des substituts numériques et leur appropriation par les publics ; les dispositifs de visualisation et de gestion des catalogues ; l'utilisation des catalogues et la circulation des images numérisées.

Au cours de l'observation, des ajustements ont été apportés à nos grilles afin de les rendre plus pertinentes par rapport au terrain qui est devenu plus familier au fil du temps. Les observations et les enquêtes sur le terrain, ainsi que les conversations et les entretiens, ont été encadrés à l'aide de ces grilles.

Un travail rétrospectif a été effectué pour faire une sélection des redondances, ou des aspects que, *ex post,* nous avons considérés comme non pertinents pour notre observation. Dans un premier temps, nous avons noté les faits, puis sur la base de ceux-ci, nous avons créé des lignes directrices pour les immersions ultérieures sur le terrain ainsi que pour les réflexions ultérieures. Nous avons ainsi maintenu un contact permanent avec certaines personnes, ce qui nous a permis de revenir sur nos observations lors de leurs analyses et de les enrichir de précisions ou de nouveaux éléments au fur et à mesure que la réflexion mûrissait, et sur la base de ces modèles, nous avons mis en relation les faits observés au cours des deux étapes.

L'écriture des faits observés a été vécue comme une traduction, évitant toute description simple dans laquelle « le chercheur se contenterait de coucher ses analyses sur le papier »[417]. L'écriture a servi d'outil d'analyse réflexive qui a permis d'enrichir l'interprétation des faits précédemment observés, nous faisant faire toute une série de choix pour explorer de nouvelles pistes d'analyse et finalement affiner les concepts utilisés.

---

416 Blanc Maurice, Chadoin Olivier, « Éditorial », *op.cit.*

417 De Verdalle, Laure, Cécile Vigour, et Thomas Le Bianic. « S'inscrire dans une démarche comparative Enjeux et controverses ». *Terrains & Travaux.* 21, no. 2, 2012, pp. 5-21.

1.4. Une combinaison de méthodes

En plus de l'observation directe et guidée par les grilles d'observation, nous avons associé une combinaison de méthodes. Nous avons mené des entretiens qualitatifs semi-directifs, des entretiens libres et non structurés, analysé la documentation interne et étudié les dispositifs de visualisation et de gestion des catalogues. En outre, nous avons pris note de conversations informelles et de tout élément de la vie quotidienne qui ont contribué à la compréhension du phénomène observé.

Les enquêtes ont été réalisées les jours ouvrables, qui correspondaient à nos journées sur les deux sites[418], et tous les entretiens ont donc été réalisés principalement sur le lieu de travail. Ces derniers ont suivi des schémas différents selon les personnes interrogées. Nous avons mené des conversations libres pendant les heures de travail, les pauses partagées et, dans certains cas, pendant les trajets en transports publics en fin de journée, car nous avons partagé une partie du trajet avec certains personnels [419]. Les seuls entretiens qui ont été programmés sont les entretiens semi-directifs, pour lesquels nous avons fixé un rendez-vous précis dans le bureau de la personne concernée. Une exception a été un entretien réalisé pendant la pause déjeuner dans un restaurant non loin du MAD Paris[420]. La familiarité avec les personnes interrogées, facilitée par le travail d'équipe, a fait que l'échange s'est déroulé dans une atmosphère plutôt informelle, ce qui a souvent encouragé de longs récits et réflexions sur les différents sujets.

Un enregistreur a été utilisé dans la mesure du possible. Dans certains cas, le choix de ne pas l'utiliser a été motivé principalement par la réticence que nous ressentions de la part de la personne interviewée (demander le consentement à l'enregistrement était donc une source d'inconfort pour nous, surtout au début), et dans d'autres cas, par le souhait exprimé par certains des personnes sollicitées. Nous sommes arrivés à la conclusion qu'à certains égards, le fait d'être pleinement intégré a entraîné la difficulté de passer du rôle de collègue à celui de chercheur. Probablement, surtout au début, la familiarité dont nous

---

[418] Au MAD Paris, nous étions présents chaque semaine du lundi au mercredi, avec une organisation dictée par notre contrat de travail. Au musée de Trévise, nous avons suivi un horaire libre qui alternait avec les engagements de notre école doctorale à l'université Iuav de Venise.

[419] Plusieurs conversations avec Professionnel 2 ont eu lieu pendant les trajets en métro.

[420] Entretien avec Professionnel 4, responsable du Projet numérique, 10 avril 2019.

jouissions, combinée au manque d'expérience dans le domaine de la recherche, nous a rendu plus difficile la gestion équilibrée de nos deux rôles. Cependant, dans les situations où l'enregistreur n'a pas été utilisé, nous avons pris des notes aussi détaillées et précises que possible.

Dans le cadre de cette recherche, nous avons pu réaliser dans les deux musées un total de onze entretiens semi-directifs (8 au sein du MAD Paris et trois au sein du Museo Nazionale della Collezione Salce). Les professionnels interviewés au MAD Paris sont : la responsable du département des acquisitions, de l'inventaire et des dépôts ; les deux conservatrices en charge du département Publicité et Design graphique, ainsi qu'une assistante de conservation et la responsable de la base de données de ce même département ; la responsable du projet numérique documentaire. Des entretiens libres (huit en total entre 2016 et 2021) ont été aussi réalisés. Il s'agit d'échanges non programmés mais qui finalement, pour la richesse d'informations qui détenaient ont acquis la valeur d'un entretien. C'est pour cette raison que nous avons décidé de les inclure. D'autres nombreux échanges, ainsi que des observations se sont présentés tout au long de notre présence dans le musée. Les entretiens ont été conduits sur différentes périodes dans les deux musées. Au MAD Paris, une première partie a été réalisée lors de notre stage en 2016 et une deuxième en avril 2019, lors d'un retour que nous avons fait au musée d'une durée de quatre jours[421]. Un séjour ultérieur a eu lieu du 9 au 12 novembre 2021 pour assister à la présentation des nouvelles acquisitions au Comité Scientifique. Lors de ce dernier retour nos interviews étaient clôturées, mais nous avons fait des prises photographiques, récolté des images du catalogue et mené cinq entretiens non structurés notamment sur les projets numériques et les évolutions des systèmes de gestion des catalogues au sein du MAD Paris.

Au Museo Nazionale della Collezione Salce nous avons mené deux entretiens à des moments successifs avec la directrice du musée. Un premier a été réalisé en 2017 lors de notre stage et un deuxième en février 2018 lors d'un retour en occasion de l'organisation de la conférence « Graphic design as cultural objet » à l'Université Iuav. Successivement à cause de la pandémie, nous n'avons plus eu l'occasion de faire un retour en Italie, donc un dernier entretien a été réalisé en octobre 2019, en visioconférence, avec la stagiaire chargée

[421] Le séjour effectué à la suite de notre stage, au MAD Paris, s'est déroulé du 8 au 12 avril 2019.

de cataloguer les archives de la correspondance de Ferdinando Salce. Un entretien libre a été reporté, celui avec le collectionneur Ricca, qui a fait don de sa collection d'affiches au musée. Également, comme dans le cas du MAD Paris, de nombreuses conversations libres ont été menées pendant la durée de notre séjour, avec la directrice ainsi que les deux membres du personnel, la personne chargée de la communication et des relations avec le public et celle chargée de la sécurité. Il s'agit également de personnes extérieures qui passent par le musée pour s'occuper de la collection, comme la catalogueuse chargée d'établir les fiches du catalogue et quelques stagiaires[422].

Les informations recueillies dans les deux musées étudiés, bien qu'issues de contextes différents, provenaient de personnes ayant le même niveau de responsabilité. Notre intention, en paraphrasant Sartori, était de construire des comparables[423] et nous l'avons fait en identifiant certains éléments de comparaison, tels que le rôle, le niveau de responsabilité ou le type de fonctions exercées au sein des deux institutions. Dans la mesure où cela était possible, car, comme nous l'avons souligné à plusieurs reprises, les deux organisations présentent des différences contextuelles fondamentales.

Dans le cas des entretiens semi-directifs, ceux-ci ont été programmés et leur durée a été planifiée à l'avance pour éviter d'engager les personnes interrogées trop longtemps. Nous avons pu constater que le problème du manque de temps était une constante dans les deux musées, où le personnel s'avère être surchargé et souvent en sous-effectif. Nous avons essayé de préparer la grille des entretiens, afin qu'ils puissent être conclus dans un délai maximum d'une heure. Cette limite a été dépassée la plupart du temps au gré des personnes interviewées. Il était très satisfaisant de voir l'intérêt et l'implication des interviewés à répondre aux questions et échanger des opinions, ce qui a rendu les dialogues relativement faciles. Travailler avec des professionnels compétents et passionnés nous a fourni une mine d'informations. Ces échanges ont alimenté notre réflexion et fait émerger de nouvelles pistes de réflexion sur les enjeux de la

---

422 La collection Ricca, donnée au musée par le collectionneur Pietro Ricca. L'inventorisation de cette collection, n'ayant pas été commencé lors de notre stage, a commencé depuis quelques mois.

423 Sartori, Giovanni, «Comparazione e metodo comparato», *Rivista Italiana Di Scienza Politica*, *op.cit.*

numérisation et de la gestion du matériel numérisé, ainsi que l'impact sur le quotidien des professionnels.

Certains entretiens ont été menés après les périodes de stage et d'autres ont été réalisés par vidéoconférence ou par mail. Au début de notre recherche, notre objectif était également d'explorer les utilisations du matériel numérisé en dehors du musée, mais au cours du travail, nous nous sommes rendus compte que le terrain d'investigation risquait d'être trop large, car l'observation des professionnels nous fournissait déjà beaucoup de matière à réflexion. Nous avons donc décidé de rester dans ce périmètre scientifique et de rapporter d'autres témoignages, uniquement à titre indicatif, pour apporter des éléments aux caractéristiques différentes et donner un aperçu sur l'utilisateur non professionnel. Cette piste mérite d'être explorée ultérieurement, ainsi que celle liée à la circulation et à l'appropriation sur le *web* du matériel numérisé.

Outre l'observation directe et quotidienne du travail et des pratiques des professionnels, nous avons pu intégrer toute une série de documents qui a complété notre recherche d'informations. Une analyse a été faite de la documentation d'information, des rapports d'activité, ainsi qu'une étude de la littérature grise et de toute une série de sources d'information normalement difficiles d'accès. Il s'agit en particulier des communications à destination des salariés qui ont circulé sur l'intranet, de notes internes, de rapports, d'informations variés.

Nous avons rappelé que, lors de notre stage au MAD Paris, nous avons été formés à l'utilisation de *Micromusée,* le logiciel utilisé pour la gestion des collections du musée. La formation et l'utilisation ultérieure de ce logiciel nous a permis de nous familiariser avec la base de données, le catalogue numérique et les outils de catalogage. Au Museo Nazionale della Collezione Salce, ils ne disposent pas d'un logiciel informatique en circuit fermé pour les affiches comme au MAD Paris. Le Système général d'information sur les catalogues *SIGECweb*[424], plateforme *web-based* hébergée sur le site de l'ICCD

[424] Plateforme *Web* qui gère l'ensemble du flux de catalogage, depuis la production et la diffusion des normes de catalogage, jusqu'à l'attribution de codes de catalogue uniques, le catalogage des biens (archéologiques, architecturaux et paysagers, démo-ethno-anthropologiques, photographiques, musicaux, naturalistes, numismatiques, scientifiques et technologiques, historiques et artistiques), et la publication des entrées de catalogue à utiliser sur le site Web du Catalogue général du patrimoine culturel : http://www.iccd.beniculturali.it/it/sigec-web.

(l'Institut central du catalogue) et centralisée au niveau national, est utilisée pour stocker et mettre à disposition les notices de catalogage de la Collection Salce. L'accès n'est autorisé qu'aux utilisateurs enregistrés s'ils sont affiliés à un organisme accrédité[425], mais nous avons pu explorer cette plateforme grâce aux informations d'identification fournies par Professionnel 6. Nous avons ainsi pu consulter les dossiers complets des affiches inventoriées appartenant à la Collection Salce[426].

Nous avons souligné à plusieurs reprises l'importance d'une présence quotidienne dans l'organisation du musée, qui nous a permis de travailler dans un climat de familiarité et de confiance avec les professionnels, nous donnant accès à tous les détails *intramuros*. De même, l'utilisation des dispositifs de gestion des collections (le programme informatique, la plate-forme web ou les sites web) nous a permis de les étudier et d'expérimenter leur utilisation en tant qu'opérateur de musée. Dans le même temps, nous avons exploré les mêmes appareils en tant qu'utilisateur externe, en essayant de comprendre le potentiel qu'ils offrent en matière de consultation. À cet effet, au MAD Paris, nous avons consulté le catalogue qui est mis à disposition sur les postes informatiques destinés au public au Centre de documentation.

1.5. Les aide-mémoires

Un journal de bord nous a accompagné pendant notre séjour sur les deux sites afin de garder une trace des réflexions et des constats que nous avons pu faire pendant les périodes d'observation. Ce carnet était également utilisé pour la prise de notes spontanée, ce qui a donné lieu à une collection d'impressions personnelles, interrogations et de notes résultant de l'observation qui s'est avérée importante pour reformuler notre problématique et fournir des éléments de réponse à nos questionnements.

Les photographies qui ont été incluses dans les annexes, ont été prises sur place, lorsque cela était possible, à des fins de documentation et de mémoire. Nous avons photographié les sites du musée, des bureaux aux

[425] Les profils suivants sont fournis : Administrateur, catalogueur, vérificateur, utilisateur de lecture/consultation, c'est à ce dernier que nous avons accédé.

[426] Les fiches de catalogue qui sont accessibles au public ont un nombre restreint de champs affichés.

espaces d'exposition, mais aucune photo n'a été prise dans les réserves du MAD Paris. Dans ces lieux, la photographie est strictement interdite, néanmoins il s'agissait des endroits parmi les plus intéressants à photographier. Les réserves offrent un regard sur les affiches qui est souvent caché, celui de leur rangement, quand elles ne sont pas exposées. Stockées dans des tiroirs, enroulées, mises en laisses, ou emballées sur des palettes en attente d'être visionnées, etc. Dans la réserve les affiches dévoilent tous les aspects liés à la difficulté de leur conservation. En Italie, il y avait plus de flexibilité dans ce sens. Nous avons pu prendre quelques photos pour documenter la façon dont les affiches étaient conservées et les espaces qui leurs sont consacrés. Les photos ont eu pour fonction d'accompagner notre découverte des lieux, de fournir un point de repère pour la mémoire en accompagnant la collecte des données et de compléter les explications des pratiques ainsi que des lieux ou des objets. Des photos ont également été prises lors des expositions auxquelles nous avons assisté. Dans l'utilisation du matériel photographique, comme nous l'avons expliqué pour les enregistrements, il y avait une certaine gêne de notre part à manifester continuellement une volonté d'investigation. Ce fait, surtout au MAD Paris, a été très conditionné par notre rôle et le climat professionnel qui s'est créé. En outre, le fait que nous étions rémunérés pour effectuer des tâches spécifiques limitait notre temps pour prendre des photos, enregistrer les intentions de nos collègues et, surtout, le temps à consacrer exclusivement à l'enquête était limité. La présence sur place était constamment arbitrée entre la nécessité de collecter des éléments pour la recherche, l'enregistrement d'informations et en même temps l'exécution des missions qui nous étaient assignées.

2. Des observations focalisées sur trois aspects principaux

Afin de répondre à nos questions dans une perspective plus large, les grilles utilisées pendant la période d'observation participante nous ont orienté vers trois aspects principaux : l'institution et les collections (leur histoire, le but des institutions, l'histoire et le type de collections) ; les acteurs et les dispositifs documentaires (archivage, numérisation et diffusion) ; et les usages faits du matériel numérisé. Tout en gardant à l'esprit le périmètre de notre recherche, ces trois focales ont semblé les plus appropriées pour orienter l'attention vers les défis posés par le processus de numérisation.

Le premier aspect, comme mentionné ci-dessus, se concentre sur les processus de muséification des affiches ainsi que sur les pratiques des acteurs impliqués dans le maintien, la conservation et la valorisation des collections. Plusieurs questions ont émergé : Quel est le parcour de patrimonialisation d'une affiche ? Quels sont les critères qui guident les choix de patrimonialisation des responsables des collections ? Comment les affiches sont-elles perçues et quelle place occupent-elles parmi les objets de musée ? Quelle est la vie de l'affiche dans un musée ? Comment on arrive de l'affiche patrimonialisée à son substitut numérique ?

Le deuxième aspect sur lequel nous nous sommes concentrés a concerné les dispositifs de catalogage et d'accès aux images numérisées et les pratiques professionnelles, avec une attention particulière à la transition vers la numérisation. Nous nous sommes notamment posé les questions suivantes : Comment sont construits les moyens d'accès aux images numérisées ? Quels sont les critères d'indexation ? Quel rôle jouent les professionnels de la documentation (documentalistes et conservateurs) dans la redéfinition des significations attribuées à ces artefacts et à leurs images numérisées ? Quelle place ont les projets d'éditorialisation ? Quel rôle jouent le design graphique et l'*interaction design* le projet d'appropriation envers le public ?

Ces questions sont complétées par celles qui ont émergé de l'analyse du troisième aspect qui a été au centre de nos observations qui a concerné à la fois les des utilisateurs du matériel numérisé et sa circulation. À ce propos, nous nous sommes posées les questions suivantes : Qu'advient-il de la numérisation des collections et des collections d'artefacts publicitaires détenues par les musées ? Qui sont les utilisateurs ? Quel usage font-ils des images numérisées et quelle nouvelle forme prend le matériel numérisé une fois en leur possession ?

Les paragraphes suivants précisent comment ces trois aspects ont été abordés d'un point de vue méthodologique.

2.1. Découverte des deux musées et de leurs collections

Comme mentionné ci-dessus, le premier aspect sur lequel notre attention s'est focalisée portait sur les institutions et de leurs collections. Nous avons eu l'ambition de conserver la même attitude dans les deux contextes, en prévoyant toutefois les adaptations nécessaires en raison de certaines différences existantes (historiques, culturelles, logistiques, financières, de finalité, etc.). Nous avons passé de longs moments dans les réserves du MAD Paris et du Museo Nazionale della Collezione Salce, où nous avons pu observer la dynamique de la gestion des collections, en étant en mesure d'explorer toute une série d'aspects qui ne sont généralement pas visibles pour les visiteurs. Au MAD Paris, nous nous sommes intéressés à l'institution, à son organisation et à la manière dont elle gère sa collection d'affiches, encadrés par notre observation des différents aspects qui la distinguent : l'histoire de sa constitution, sa taille actuelle, les actions mises en œuvre pour sa conservation, les pratiques relatives à son catalogage. Pour répondre à ces questions, nous avons examiné le point de vue du personnel du service d'inventaire et du département Publicité et Design graphique en observant et en recueillant les témoignages des professionnels qui y travaillent.

Les observations dans le Museo Nazionale della Collezione Salce ont été réalisées dans une période successive et cela nous a permis de mettre en œuvre la même démarche d'observation expérimentée à MAD Paris, mais adaptée au contexte spécifique. Dans ce cas également, notre attention s'est focalisée sur l'organisation du musée, son histoire, son contexte, sa collection d'affiches. Il nous est apparu intéressant de mettre l'accent sur la Collection Salce, son histoire et ses caractéristiques, ainsi que sur la figure du collectionneur Nando Salce et ses méthodes de collecte et de gestion des affiches. Tous ces aspects ont été mis en relation avec ceux issus de l'observation directe dans le musée et du recueil de témoignages des professionnels rencontrés. Les aspects sur lesquels nous nous sommes particulièrement concentrés sont ceux relatifs à la conservation et au catalogage de la Collection Salce et à sa valorisation, notamment dans la sphère numérique.

Nous avons délibérément laissé de côté le sort des autres types d'artefacts graphiques ou publicitaires, également conservés dans les dépôts des deux musées (artefacts graphiques non publicitaires, gadgets, objets et matériel publicitaires audiovisuels) afin de nous concentrer spécifiquement sur notre objet de recherche spécifique.

Une fois tous les éléments contextuels identifiés et définis, nous avons examiné ce qui se passe lorsque, ayant perdu leur valeur d'usage[427], les affiches sont traitées comme des biens culturels. Nous

[427] Davallon, Jean. *Le Don du patrimoine : une approche communicationnelle de la patrimonialisation*, *op.cit.*, p. 121.

avons étudié les chemins qu'elles ont empruntées et les étapes qui ont marqué leurs différents statuts, les transformant dans certains cas en objets d'art ou en « signes » d'un passé qui les rend dignes d'être préservés[428]. Sur la base de recherches bibliographiques, de conversations avec des professionnels et de diverses observations, nous avons reconstitué les étapes de la circulation que les affiches publicitaires traversent jusqu'aux musées, puis au sein de ceux-ci. Après avoir identifié et retracé ces changements, nous avons identifié et examiné les pratiques des professionnels au sein des musées, avec un accent particulier sur la transition vers la numérisation.

2.2. Acteurs et dispositifs de documentarisation

Le deuxième aspect sur lequel nous nous sommes concentrés concernait les pratiques qui ont lieu autour de la numérisation des artefacts graphiques et les défis que ce processus pose aux musées.

Dans les deux études de cas, nous avons cherché à identifier le rôle que jouent les professionnels de la documentation dans la redéfinition des significations attribuées à ces artefacts et à leurs images numérisées. Pour répondre à nos questions, nous avons identifié les acteurs impliqués dans les opérations de documentation et effectué des observations du travail des équipes impliquées dans la gestion des affiches du journal.

Des informations complémentaires sur la numérisation de la collection MAD Paris ont été recueillies lors de divers échanges et entretiens avec la personne chargée du projet de numérisation. Nous avons donc observé toutes les opérations qu'ils mettent en place pour réaliser l'archivage en vue du catalogage, comme les prises de vue photographiques et les opérations de restauration. D'autre part, nous avons étudié les dispositifs informatiques de catalogage et d'accès aux images numérisées utilisés par les opérateurs muséaux et les usages qu'ils en font : le traitement de l'affiche dans les opérations de catalogage par rapport aux autres objets, la construction de catalogues numériques, le référencement des archives, les méthodes d'accès et de visualisation des collections numériques, les dispositifs de valorisation et de diffusion. L'étude s'est concentrée sur l'analyse et l'utilisation de logiciels dédiés à la gestion et à la consultation des collections dans les deux musées : *Micromusée* au MAD Paris et la plateforme *SIGECweb* utilisée au Musée de Trévise. Nous avons également expérimenté

---

[428] *Ibid.*

l'accès aux catalogues en naviguant sur les sites web respectifs. Dans ce sens, nous avons tenté d'étudier, à travers l'observation des pratiques des professionnels, les possibilités, ainsi que les limites et les contraintes qui sont posées à l'utilisateur par les dispositifs d'accès aux images numérisées. L'attention s'est également portée sur les buts et les utilisations prévus pour le public.

Nos observations quotidiennes étaient liées autant que possible à l'expérimentation pratique. Les tâches qui nous ont été confiées, tant l'analyse documentaire réalisée au département Publicité et graphisme, que la rédaction des notes d'opportunités réalisées au service des Acquisitions/Inventaire/Dépôts, ont contribué à renforcer cet ancrage. Cela a permis de compléter notre recherche en nous plaçant dans la posture des professionnels.

2.3. Les utilisations et la circulation du matériel numérisé

Le troisième aspect au cœur de nos observations a concerné les usages, les appropriations et les re-contextualisations du matériel numérisé. Comme nous l'avons exposé plus haut, l'ambition initiale de faire une étude en direction des utilisateurs au sens large a été reformulée par la suite. En effet, la richesse des informations auxquelles nous avons eu accès au sein des deux institutions nous a conduit à circonscrire notre étude à la numérisation du point de vue des professionnels. Nous nous sommes donc concentrés sur ce que nous avons défini comme les « utilisations internes » du matériel numérisé, c'est-à-dire les utilisations faites par ceux qui, au sein du musée, sont impliqués dans la numérisation, le catalogage et la mise en ligne du matériel numérique. Par ailleurs, les professionnels sont les premiers utilisateurs du matériel numérisé. L'enquête s'est donc orientée vers l'observation de leurs pratiques et le recueil de leurs points de vue à travers différents entretiens, ainsi que la sollicitation de conversations pour clarifier les questions sur ces pratiques et appropriations.

Cependant, tout en décidant de ne pas étendre la recherche à d'autres domaines et de s'en tenir à l'application d'une méthode qualitative, un autre aspect de l'appropriation et de la circulation semblait tout à fait intéressant à explorer. Lors de notre séjour dans les deux musées, nous avons remarqué comment les institutions patrimoniales étaient confrontées à différents types de demandes de la part de différents publics. La question des utilisateurs et de leurs usages a donc été recadrée par l'apport de quelques exemples de particuliers et d'entreprises qui réutilisent des affiches numérisées. Un premier cas de figure a attiré notre attention, celui de certaines demandes par e-mail reçues par les musées. Nous avons pu observer quelques exemples de particuliers utilisant des collections numérisées pour leur travail, leurs recherches ou pour créer leurs propres collections d'images numériques.

Un deuxième cas de figure est celui des entreprises, qui se joignent à ces demandes en sollicitant les institutions patrimoniales concernant leur propre passé publicitaire, en demandant d'anciennes affiches publicitaires pour reconstituer leur histoire ou à des fins commerciales selon les principes du *heritage marketing*. Nous avons donc effectué des recherches exploratoires sur le web à propos de quelques exemples d'entreprises de ce type.

Enfin, une observation – qui n'a pas abouti à une analyse plus poussée de ces dispositifs – a été conduite sur l'utilisation des réseaux sociaux, qui sont employés par les deux musées. Au MAD Paris, l'animation est assurée par le service communication du musée (Facebook, Instagram, Twitter), tandis que la page *Facebook* du Museo Nazionale della Collezione Salce est à la charge d'une personne, qui gère généralement la communication et les relations publiques.

CHAPITRE V.
La continuité des impérissables éphémères

Les observations et les entretiens que nous avons menés au MAD Paris et au Museo Nazionale della Collezione Salce nous ont permis d'observer comment l'entrée et le parcours des artefacts graphiques dans ces deux institutions muséales suivent des étapes prédéterminées par les politiques de conservation, de sauvegarde, de restauration, d'accès et de valorisation des collections patrimoniales dictées par les ministères de la culture des deux pays. Un cadre juridique strict[429] réglemente la gestion des objets patrimoniaux dès qu'ils franchissent le seuil des institutions muséales et tout au long de leur conservation. Fondés sur la transposition de plusieurs directives européennes communes[430], le *Codice dei beni culturali e del paesaggio* promulgué en Italie en 2004 et le *Code du patrimoine* promulgué en France la même année contiennent des dispositions similaires concernant la vérification et la déclaration de l'intérêt culturel des objets susceptibles de faire partie du patrimoine national et sur le catalogage, la conservation et la circulation des biens culturels.

Les musées abritant des collections nationales sont notamment tenus de prendre toutes les mesures nécessaires pour préserver au mieux et en toute sécurité les objets dont ils ont la charge, qui restent *de facto* propriété de l'État. Comme nous l'avons déjà vu, un objet qui a été

[429] Decreto Legislativo 22 gennaio 2004, n. 42, «Codice dei beni culturali e del paesaggio, ai sensi dell'articolo 10 della legge 6 luglio 2002, n. 137» pubblicato nella *Gazzetta Ufficiale* n. 45 del 24 febbraio 2004 - Supplemento Ordinario n. 28; *Code du Patrimoine*, 20 février 2004. Annexe III.1 et Annexe III.2.

[430] La première de ces directives est la Directive 93/7/CEE du Conseil du 15 mars 1993 relative à la restitution de biens culturels ayant quitté illicitement le territoire d'un État membre ». Annexe III.1 et Annexe III.2.

reconnu comme bien culturel – comme c'est le cas des affiches appartenant aux collections nationales – ne peut être détruit ou vendu, même s'il existe certains cas, prévus par le législateur, de perte, de détérioration ou de vol[431]. Il existe également des cas spécifiques où les biens culturels peuvent passer d'une institution à une autre. Ces mouvements ont lieu par le biais d'un dépôt temporaire, ou sous la forme de prêts entre institutions. Il est important de préciser que pour qu'il y ait dépôt ou prêt, les institutions concernées doivent être autorisées à accueillir des collections nationales. Comme le souligne Professionnel 3, responsable du service Inventaire et Acquisitions au MAD Paris :

> « Les dépôts sortants, ce sont des œuvres qui appartiennent aux collections du Musée des Arts Déco, et qu'on met en dépôt dans des musées, en général qui nous sollicitent, il peut s'agir de musées parisiens, mais aussi beaucoup de musées en région [...] Les dépôts sont consentis, en principe pour des périodes de 5 ans, donc il y a une commission des prêts et dépôts qui se tient tous les mois, qui statue sur le dépôt ou sur le renouvellement des dépôts [...] Un renouvellement de dépôt intervient tous les cinq ans, et tous les dix ans on a l'obligation de faire un récolement physique des dépôts. »[432]

Comme nous avons pu l'observer lors de nos stages au service de l'inventaire du MAD Paris et au Museo Nazionale della Collezione Salce, les pratiques quotidiennes des professionnels en matière d'accès, de conservation, de valorisation, de prêts et de reproduction des affiches se déroulent dans les périmètres imposés par le cadre légal des deux pays. Comme nous le verrons dans ce chapitre, les références aux codes juridiques sont récurrentes dans les entretiens menés avec les différentes conservatrices des collections, qui, lorsqu'elles décrivent et justifient leurs actions et leurs choix, insistent sur la nécessité de se conformer strictement aux articles du *Codice dei beni culturali e del*

---

[431] Comme nous l'a expliqué Professionnel 3, une coopération particulièrement étroite avec l'Italie est envisagée dans le domaine de la protection contre le vol de biens culturels. Un canal privilégié de partage d'informations existe entre les deux pays. Au niveau européen, la France et l'Italie ont été les initiateurs de la première résolution dédiée à la protection du patrimoine considéré comme en danger, la résolution_2347 du Conseil de sécurité des Nations unies, le 24 mars 2016. La lutte contre les trafics de biens culturels - Ministère de l'Europe et des Affaires étrangères.

[432] Entretien avec Professionnel 3 du 10 avril 2019.

paesaggio et du *Code du patrimoine*, qui sont donc fréquemment cités dans leurs discours.

Cependant, au-delà des règles juridiques, comme nous le verrons, la gestion d'un patrimoine constitué d'affiches publicitaires est soumise à d'autres contraintes qui conditionnent non seulement les logiques et pratiques liées à la conservation, la tutelle, la valorisation et la médiation, mais aussi les processus de numérisation des collections.

1. Les contraintes du patrimoine

1.1. Deux musées en quête d'affiches

Dans les chapitres précédents, nous avons examiné la construction au fil du temps des collections d'affiches historiques dans les deux musées étudiés. La recherche de nouvelles affiches contemporaines fait partie des missions des deux musées, mais elle n'est menée de manière assidue et systématique que par le MAD Paris.

Au moment de notre enquête, le Museo Nazionale della Collezione Salce était une nouvelle institution qui n'avait pas encore développé de politique d'enrichissement de ses collections et ne disposait pas de ressources régulières allouées aux nouvelles acquisitions. L'objectif principal de la direction du musée de Trévise était la conservation et la mise en valeur de sa collection historique. L'acquisition de nouvelles affiches et l'enrichissement de la collection ne sont donc pas actuellement des objectifs prioritaires. La seule exception est l'importante donation d'affiches, la collection Ricca, que nous avons mentionnée au chapitre cinq de la deuxième partie. Comme nous l'avons déjà souligné, l'acquisition de cette nouvelle collection a permis au Museo Nazionale della Collezione Salce d'augmenter ses fonds en doublant sa collection et en couvrant ainsi une période de temps plus vaste. Cependant, l'arrivée de cette nouvelle collection dans le musée a soulevé dès le départ la question de sa gestion. La directrice s'est exprimée à plusieurs reprises lors de conversations informelles sur les difficultés logistiques et financières qu'implique la conservation, le catalogage et la mise en valeur d'une si grande collection d'affiches.

La situation au MAD Paris est différente. L'acquisition d'un nouvel artefact graphique publicitaire par l'institution parisienne se fait de plusieurs manières. Comme l'explique Professionnel 3, deux procédures principales peuvent être distinguées : les « acquisitions à titre gratuit », telles que les dons et les legs, et les « acquisitions à titre onéreux », telles que les achats effectués ponctuellement par les conservatrices en utilisant les ressources financières annuelles régulièrement fournies par le Ministère ou les ressources de l'institution provenant de dons de mécènes privés[433]. Au MAD Paris, comme le précise Professionnel 3, pour l'achat d'affiches :

> « … il n'y a pas de financement de l'État, sauf exception quand il s'agit d'œuvres d'intérêt patrimonial majeur ou de trésors nationaux, à ce moment-là, on peut solliciter une part du fond du patrimoine, et puis ensuite on va solliciter, dans le cadre de la Loi Mécénat, des entreprises. Mais autrement, pour des acquisitions classiques, c'est exclusivement du mécénat, en tout cas il n'y a pas de subventions, c'est annuel ». Le recours au mécénat privé n'offre aucune certitude quant à la disponibilité, la fréquence et l'étendue du financement. L'enrichissement des collections dépend de la contribution financière d'acteurs extérieurs et ne suit pas un cours régulier et programmé. »

Malgré ces incertitudes quant aux sources de financement, au département Publicité et Design Graphique du MAD Paris, les conservatrices en chef qui se sont succédé ces dernières années ont été constamment à la recherche d'objets considérés comme intéressants pour les collections[434]. Afin de réapprovisionner le « fonds moderne » de design graphique, un travail de recherche a été effectué en veillant particulièrement à trouver des œuvres de graphistes émergents. Lors de conversations informelles, l'actuelle conservatrice en chef, Professionnel 8, nous a expliqué que l'un des moyens d'augmenter le fonds est d'organiser des expositions de graphistes contemporains[435]. Dans ce cas, la conservatrice contacte des graphistes émergents pour les inviter à faire don de leurs créations au MAD Paris, offrant en retour une opportunité de visibilité et de légitimation par un musée de grande

---

433 Entretien avec Professionnel 3 du 10 avril 2019. À partir de ce point et dans les pages suivantes, nous utiliserons le terme « conservatrices » au pluriel pour faire référence à Professionnel 2, conservatrice en chef au département Publicité et Design graphique jusqu'en novembre 2017 et Professionnel 8 conservatrice en chef depuis 2017 et précédemment conservatrice.

434 Pendant notre stage, le département Publicité et Design graphique était dirigé par un conservateur en chef avec un conservateur et un assistant de conservation. En novembre 2017, un nouveau conservateur a succédé au précédent à la suite de son départ en retraite. Aujourd'hui, le département, qui est devenu le département Design graphique et Publicité, est dirigé par ce conservateur et compte deux assistants de conservation.

435 Entretien avec Professionnel 8 du 21 mars 2016.

renommée. De cette façon, par exemple, comme indiqué dans le *Rapport d'activités 2016*, plusieurs nouveaux exemplaires sont devenus partie intégrante des collections. C'est le cas « des œuvres de Cléo Charuet : 176 affiches, cartons d'invitation, flyers, dossiers de presse, autocollants, packagings, ou d'autres graphistes comme avec le don de Simon Renaud qui a offert 1 journal, 11 flyers, 2 livres, 3 badges et 7 affiches. Parmi ces dernières, cinq ont été réalisées spécialement pour ce don et leur impression a pu se faire grâce au mécénat des Amis. [...] Plusieurs graphistes et ateliers de graphisme présentés à l'exposition *Recto-verso : 87 pièces graphiques* ont fait un don : Thomas Couderc et Clément Vauchez du studio Helmo, Akatre, Pierre Vanni, Jocelyn Cottencin, Vier 5 et Fanette Mellier »[436].

Il s'agit d'une stratégie d'acquisition spécifique mise en œuvre dans un domaine tel que le design graphique, dont les artefacts sont reproductibles et souvent conservés par les auteurs en plusieurs exemplaires. Il est plus difficile d'appliquer cette stratégie à d'autres domaines de la production artistique et culturelle, tels que les arts plastiques, qui se caractérisent par l'unicité des œuvres. Enrichir les collections avec des artefacts conçus par des graphistes indépendants, et en particulier par des designers considérés comme émergents, ne semble donc pas particulièrement difficile. Les graphistes peuvent décider eux-mêmes de faire don de leur production au musée, soit en bénéficiant d'une exonération fiscale[437], soit parce qu'ils sont motivés par l'opportunité de pouvoir conserver leurs artefacts dans une institution patrimoniale prestigieuse et de voir ainsi leur travail légitimé et valorisé[438].

Au contraire, comme le souligne Professionnel 8[439], le MAD Paris rencontre de nombreuses difficultés pour acquérir des objets auprès des agences de publicité. En effet, ne disposant pas d'archives dans la plupart des cas, les agences ne peuvent souvent fournir que les fichiers numériques des affiches telles qu'elles sont configurées par les directeurs artistiques et les designers dans la version finale avant la mise en impression, alors que les conservateurs ne sont intéressés que par l'acquisition des exemplaires imprimés au moment de la campagne

---

436 Rapport d'activité 2016, MAD Paris, p. 37.

437 Loi de programmation pour la cohésion sociale n°2005-32 du 18 janvier 2005. Articles 200 et 238bis du Code Général des Impôts. Annexe III.1.

438 Entretien avec Professionnel 8 du 21 mars 2016.

439 *Ibid.*

publicitaire[440]. Par ailleurs, comme il nous a été expliqué, les négociations avec les directeurs artistiques et les graphistes travaillant dans des agences de publicité ne sont pas faciles, car ils affirment avoir du mal à identifier qui détient les droits et qui est autorisé à faire le don : « Ils disent que c'est l'agence qui doit les autoriser, mais ils ne demandent pas d'autorisation »[441].

L'acquisition des œuvres de jeunes designers a parfois suscité des controverses lors de leur présentation aux membres du Comité Scientifique du MAD Paris, qui ne sont pas toujours d'accord pour reconnaître à ces matériaux le statut de patrimoine culturel. Ce n'est pas le cas lorsque, comme nous l'ont confié Professionnel 2 et Professionnel 8, le musée reçoit des invitations inattendues à acquérir des archives destinées à la destruction de la part des héritiers de graphistes, d'entreprises ou, plus rarement, d'agences de publicité. À ces occasions, les conservatrices organisent des actions non programmées pour récupérer des matériaux qui seraient autrement détruits. Comme en témoigne Professionnel 2 : « Parfois, ils nous téléphonent et nous demandent si nous sommes intéressés par une visite rapide d'une archive, avant qu'ils ne jettent tout. C'est le cas des agences de publicité, par exemple, qui ne regardent que vers l'avenir et ne pensent donc pas à préserver leurs archives »[442]. C'est le cas de deux anciennes agences de publicité, Yves Alexandre publicité et GE2A, dont les archives complètes ont été récupérées et sont en cours de catalogage par le département[443]. Comme le souligne Professionnel 5, chargée du traitement de ces archives, le travail des anciennes agences était très différent de celui des agences actuelles dans la mesure où elles produisaient avant tout du matériel papier - maquettes, croquis, etc. Les archives acquises sont très riches et contiennent également des objets publicitaires. Par rapport aux annonceurs, selon le personnel du musée, « les agences ont moins cette idée de mettre leurs archives en valeur ». Cependant, selon l'assistante de conservation, avec l'avènement du numérique, le travail des agences a changé, « ce qui a peut-être également changé est qu'aujourd'hui le travail des agences n'est plus le même [...] Oui, parce que numériquement, je pense qu'elles les gardent,

---

440 Entretien avec Professionnel 5 du 9 novembre 2021.
441 Entretien avec Professionnel 8 du 21 mars 2016.
442 Entretien avec Professionnel 2 du 27 juin 2016.
443 Entretien avec Professionnel 5 du 9 novembre 2021.

mais pas en papier »[444] et sont donc plus susceptibles de conserver les archives au format numérique. Un changement d'attitude à l'égard du matériel publicitaire produit au fil du temps par les annonceurs a été constaté par Professionnel 2 qui, lors d'une conversation informelle, a mentionné un certain nombre d'entreprises qui avaient d'abord donné leur matériel publicitaire au musée puis, plus tard, étaient revenues sur leurs pas en demandant au MAD Paris d'anciennes affiches publicitaires afin de reconstituer leur histoire, selon les principes du *corporate heritage* ou à des fins promotionnelles sur la voie du *heritage marketing*. Du point de vue de Professionnel 1, les entreprises qui s'adressent au musée sont plutôt rares. Elle rappelle le cas de l'entreprise American Express qui avait demandé des publicités : « ça arrive ponctuellement parce que c'est l'anniversaire de… j'ai eu il y a quelques années American Express, donc ils cherchaient des pubs mais ce n'est pas le gros… C'est rare »[445]. Pour Professionnel 1, il y a aussi des contre-exemples tel que la marque Danone qui n'a pas contacté le musée lors d'une célébration historique de la marque, « Tu vois Danone, ils ne m'ont rien demandé. Là ils ont fait des pubs pour les 150 ans et ils ne m'ont rien demandé ».

Les nouvelles acquisitions proviennent également des braderies, des ventes aux enchères et des marchés aux puces. Comme il nous a été dit, il arrive souvent que les conservateurs eux-mêmes (tant les conservatrices que les assistants de conservation) financent personnellement (et réalisent) l'achat de certains objets. Au cours de nos conversations, Professionnel 2 nous a parlé de ses expéditions aux marchés aux puces à la recherche d'objets publicitaires, ainsi que de ses achats et collections d'emballages de produits au design unique et d'objets publicitaires (calendriers, gadgets, figurines, porte-clés...) qu'elle a ensuite donnés au musée. C'est grâce aux bonnes affaires réalisées sur les marchés que Professionnel 2 nous a dit qu'elle avait mis au point « un beau fonds relatif aux années 1950 ». L'ancienne conservatrice du MAD Paris a donc procédé à l'achat de « beaucoup d'affiches qui n'ont rien coûté » car elles ont été acquises à une époque où les affiches des années 1950 n'étaient pas très prisées sur le plan commercial. De même, Professionnel 11, assistant de conservation, nous a raconté comment il recherche divers objets publicitaires qu'il

---

[444] *Ibid.*

[445] Entretien avec Professionnel 1 du 10 avril 2019. Les citations suivantes sont issues du même entretien.

considère comme importants pour enrichir les collections du département. Le personnel du musée essaie donc souvent d'être en avance sur son temps en trouvant des objets publicitaires auxquels on n'a pas encore accordé de valeur significative, que ce soit sur le plan commercial, esthétique ou documentaire.

Ces initiatives sont une indication de la tendance, relevée par Anne Monjaret et Mélanie Roustan, des conservateurs à s'identifier « à “leur” collection »[446], à tel point que leur image professionnelle y est étroitement associée, tout comme leur vie quotidienne. Cet attachement est si fort « que c'est presque un lien de dépendance qui les unit à ces objets »[447]. Comme l'ont noté Monjaret et Roustan, « si la conscience professionnelle des conservateurs se pense en termes de fonction publique (État ou collectivités), elle trouve une logique dans le rapport à l'objet matériel, parfois jusqu'à la “personnification” des collections ». Consacrer son temps libre à la recherche d'affiches pour enrichir les collections montre comment « l'attachement aux collections »[448] va au-delà de l'esprit de service et se rapproche de l'attitude d'un collectionneur animé par la passion de l'objet. Dans les initiatives des conservatrices, et de même pour les assistants de conservation du MAD Paris, on retrouve donc le plaisir d'accumuler des séries d'objets, de les réorganiser et de leur donner une cohérence en fonction du sens de la collection.

L'achat d'affiches se fait également par le biais de sites Web commerciaux et de ventes aux enchères en ligne. À cet égard, au MAD Paris, lors des pauses déjeuner partagées avec le personnel du département Publicité et Design graphique, nous avons été témoins de conversations sur le prix des affiches et l'authenticité des copies vendues sur des sites de commerce électronique tels que *Ebay* ou *AbeBooks*. Les conservatrices du MAD Paris surveillent constamment ce marché et l'institution dispose d'une enveloppe budgétaire financée par l'association *Les Amis du musée* destinée spécifiquement aux achats en ligne. En 2016, par exemple, grâce à ce financement, il a été possible d'acheter, entre autres, sur *EBay* le plan du métro de New York de 1972 conçu par Massimo Vignelli, quatre livres de Robert Massin sur

---

[446] Monjaret, Anne, Roustan, Mélanie, (établi par) « Surveillants et conservateurs dans les musées des “Autres”. Retour sur un terrain, ethnologie d'une transformation », rapport final, *Ministère de la Culture et de la Communication – Direction générale des patrimoines, Département du pilotage de la recherche et de la politique scientifique*, Paris, 2012, p. 92.
[447] *Ibid.*
[448] *Ibid.*

Abebook, huit livres du *Éditions Cents Pages* auprès de Philippe Millot, auprès de Maud Guerchetrois livres réalisés avec son binôme Gregory Camilleri sous le nom de leur studio graphique *Deeprose*[449].

Outre la passion de la collection, les motivations qui poussent le personnel du MAD Paris à rechercher de nouvelles affiches à faire entrer dans le musée sont variées. Tout d'abord, elles peuvent être liées à l'organisation d'expositions temporaires et d'initiatives de médiation ponctuelles. Par exemple, de nouvelles affiches ont été récemment acquises pour une exposition sur l'histoire de la marque Prisunic. Autre exemple, à l'occasion de la mise en ligne d'un dossier thématique sur le thème de l'écologie, les conservatrices ont contacté diverses associations, dont Greenpeace, pour encourager la collecte d'affiches sur ce thème. Ensuite, le besoin de matériel documentaire sur les phénomènes, événements et tendances sociales contemporains va contribuer à rechercher et acquérir[450] de nouvelles affiches. Cela comprend la recherche, la collecte et l'acquisition d'affiches politiques issues des campagnes présidentielles ou, par exemple, celles relatives à des campagnes actuelles comme la lutte contre les inégalités ou les supports graphiques de la communication institutionnelle de la ville de Paris pendant la période de pandémie[451].

1.2. Vers la muséification

Qu'advient-il des affiches une fois qu'elles ont franchi le seuil du musée ? Le Museo Nazionale della Collezione Salce, comme nous l'avons vu, est né d'une collection déjà existante dont nous avons déjà détaillé le processus de patrimonialisation. Dans ce chapitre, nous illustrerons donc seulement les étapes de la muséification des affiches au MAD Paris, depuis leur arrivée au musée jusqu'à leur inscription au registre des collections nationales. Comme nous le verrons, les différentes étapes impliquent l'utilisation de *Micromusée*[452], un programme informatique pour la gestion des collections, dont nous

---

[449] Rapport d'activité MAD 2016, p.35.

[450] Monjaret, Anne, Roustan, Mélanie, (établi par) « Surveillants et conservateurs dans les musées des "Autres". Retour sur un terrain, ethnologie d'une transformation », *op. cit.*, p. 92.

[451] Il s'agit d'un don de la société d'affichage Clear Channel comprenant quatre affiches. Une première sur les gestes barrière commandité par la ville de Paris ainsi que trois affiches pour la campagne de communication de l'agence même dans le contexte de la pandémie.

[452] Micromusée est un programme conçu par la société Axiell France. L'un des plus utilisés en France pour gérer les collections institutionnelles. www.axiell.com.

décrirons en détail ultérieurement l'usage spécifique qui en est fait pour la gestion des affiches.

Compte tenu du grand nombre de dons reçus par le département Publicité et Design graphique, les opérations de visionnage et de sélection du matériel entrant occupent souvent les conservatrices pendant un long moment, au point de faire partie de leur routine quotidienne. Les opérations qui accompagnent la première évaluation des matériaux sont effectuées rapidement, presque mécaniquement. Avec des gestes rapides, les conservatrices observent, déballent et sélectionnent rapidement toutes sortes d'objets. Porte-clés, emballages publicitaires, prospectus, menus, pins, sous-verres, annonces presse, une fois sortis de leur emballage, sont évalués selon des critères qui restent implicites et non codés.

Les observations et les conversations avec les conservatrices nous ont toutefois permis d'identifier certaines logiques qui guident leurs choix. Puisque, comme nous l'avons déjà indiqué, il est impossible de retirer des objets des collections patrimoniales, les conservatrices sont prudentes et sélectives dans leur choix de nouvelles acquisitions. Comme l'indiquent explicitement les entretiens menés, derrière ces gestes de routine se cache avant tout une conscience du principe d'inaliénabilité et des droits imprescriptibles des objets qui obtiennent le droit d'entrer dans les collections nationales et qui subissent donc un changement de leur statut juridique et symbolique. Outre la conscience de l'irréversibilité de la muséification sanctionnée par l'inscription dans les registres de l'inventaire national des biens culturels, le tri initial du matériel est également guidé par le critère d' « exposabilité », c'est-à-dire la présence de caractéristiques qui rendent le matériel apte à être exposé. Comme le déclare Professionnel 2, « le but du musée est de diffuser, et non de préserver, ceci c'est la tâche des bibliothèques. C'est pourquoi, lorsque nous sélectionnons les choses à “garder” et celles à “jeter”, le critère est le suivant : “Qu'est-ce qui mérite d'être exposé ?” ». En outre, un autre critère qui revêt une grande importance lors de la première sélection des matériaux concerne la possibilité de les stocker correctement. Comme il nous a été précisé[453], les grands formats — notamment les affiches de format 3x6 envoyées par les sociétés de publicité extérieures — ne font plus partie des collections du MAD Paris depuis longtemps, en raison à la fois de la difficulté de

[453] Entretien avec Professionnel 2 du 27 juin 2016 ; entretien avec Professionnel 5 du 12 avril 2019.

les conserver dans leur état intact et du manque de place dans le dépôt[454]. Pendant notre séjour en réserve, nous avons pu constater par nous-mêmes le peu d'espace physique disponible et comment cela affecte les choix de conservation du musée. Cela implique des sacrifices importants en termes de représentativité, et donc la présence rare dans les collections des grands formats des premières affiches lithographiques qui ont marqué la naissance de la publicité murale à la fin du XIXe siècle, ou l'absence des formats gigantesques des affiches contemporaines, largement présentes dans les espaces métropolitains. Nous pourrions même dire que le stockage détermine l'héritage et façonne, en conséquence, le patrimoine conservé[455].

Les artefacts reçus en cadeau sont alors temporairement mis de côté et passent rapidement à travers ce premier « filtre patrimonial »[456]. Les objets considérés comme inintéressants d'un point de vue esthétique ou documentaire, ou ingérables en termes de conservation, sont retournés au donateur. Lorsque les conservatrices estiment qu'un objet mérite d'être acquis par le musée, les opérations d'objectivation de l'évaluation et de la documentarisation sont lancées.

---

[454] Le don de grandes affiches est rarement proposé par les collectionneurs, qui ne sont pas en mesure de stocker les grands objets dans des espaces privés et dans des conditions optimales (plier les affiches les abîme souvent de manière irrémédiable). Pour ces raisons, la probabilité que de grandes affiches parviennent jusqu'à nous est moins fréquente. En fait, les affiches de petite et moyenne taille sont beaucoup plus nombreuses dans les réserves.

[455] Nous nous sommes demandé si la consolidation des pratiques de numérisation et le développement de la création graphique numérique ont une influence sur l'acquisition de matériaux volumineux par le biais d'images numérisées ou de clichés originaux. En fait, nous pensons que cela pourrait être un moyen de surmonter les problèmes de conservation et d'exposition tout en préservant une mémoire. L'assistante de conservation Professionnel 5, à qui nous avons posé la question, nous a expliqué que le département n'est intéressé que par l'acquisition des exemplaires originaux imprimés des affiches et surtout de celles imprimées pendant la campagne publicitaire dont elles font partie. Cette réponse a confirmé les propos tenus quelques années plus tôt par la conservatrice en chef de l'époque, qui, lors d'une conversation informelle, a souligné que son intérêt pour les collections portait exclusivement sur l'objet physique et non sur les copies numériques, car c'est ce que le public doit voir. Poursuivant sur ce thème, Professionnel 5 a également expliqué que pour récupérer les affiches d'une campagne publicitaire quelconque, les conservateurs doivent se mobiliser pendant le déroulement de la campagne, car une fois la campagne terminée, les entreprises ne conservent aucune copie imprimée, proposant tout au plus le format numérique. Nous déduisons donc de ces retours que la numérisation n'affecte pas les critères de sélection des artefacts graphiques et ne contribue en rien à sauvegarder la mémoire d'affiches « difficiles » en termes de conservation et d'exposition, mais qui demeurent néanmoins représentatives de leur époque et des espaces métropolitains pour lesquels elles ont été conçues.

[456] Saemmer, Alexandra et Dufrêne, Bernadette, (sous la dir.) « Patrimoines éphémères », *op. cit.*.

Au MAD Paris, la deuxième étape du parcours d'entrée dans les collections est représentée par l'évaluation du Comité Scientifique. Le statut du Comité Scientifique des musées est établi par la convention générale entre l'État et Les Arts Décoratifs, qui fixe et réglemente la mission de service public de l'institution. En particulier, l'article 7 établit les droits d'adhésion des membres du Comité Scientifique qui, placé sous la présidence du président du conseil d'administration des Arts Décoratifs, est composé du directeur des musées de France et du délégué aux arts plastiques (ou de leurs représentants), du directeur des musées des Arts Décoratifs, et de quatre personnalités désignées par le ministre de la Culture pour trois ans renouvelables. En outre, le président, en accord avec le ministre de la Culture, peut nommer deux experts qualifiés dans un domaine spécifique. Le fonctionnement du Comité Scientifique est établi par un règlement interne.

L'évaluation des nouveaux matériaux par le Comité Scientifique est précédée de la rédaction d'une Note d'opportunité par les conservatrices. La Note d'opportunité est remise aux membres du Comité Scientifique à l'occasion d'une exposition, non ouverte au public et réservée aux experts, lors de laquelle sont exposés les matériaux soumis au jugement des experts.

Le travail effectué par les conservatrices et le Comité Scientifique pour décider de la conservation ou non d'un objet semble présenter des similitudes avec les opérations effectuées par les commissaires-priseurs des maisons de ventes aux enchères étudiées par Christian Bessy et Francis Chateauraynaud dans un célèbre article publié en 1992[457]. Les commissaires-priseurs sont spécialisés dans la prisée, c'est-à-dire l'évaluation d'un bien et l'attribution d'une valeur commerciale en vue de la vente éventuelle de l'objet expertisé aux enchères. Cet emploi « d'estimation, sanctionné ou non par la mise en vente, suppose de passer par le corps de l'objet, d'avoir prise sur lui, de repérer ce à quoi il donne prise, afin de trouver l'univers dans lequel il peut circuler »[458]. Dans le contexte étudié par Bessy et Chateauraynaud, l'estimation d'un objet implique une négociation entre le commissaire-priseur et le vendeur afin de parvenir à une « définition commune »[459] de ce qu'est l'objet et de ce qu'il vaut.

[457] Bessy, Christian et Chateauraynaud, Francis, « Le savoir-prendre », *Techniques & Culture*, 2010, pp. 54-55.
[458] *Ibid.*
[459] *Ibid.*

Selon nos observations, les conservatrices n'interagissent pas avec les donateurs au moment de l'évaluation qu'elles font des objets à introduire ou non dans le musée. Cependant, bien que le contexte soit différent, comme les commissaires-priseurs, les conservatrices du MAD Paris définissent les objets à évaluer et cherchent des « prises » pour justifier leur patrimonialisation. Le travail de définition et d'évaluation qui détermine si une affiche entre ou non dans les collections d'un musée et devient un bien culturel n'implique pas seulement l'examen des propriétés matérielles de l'objet (taille, qualité de l'encre, du papier, état de conservation), son appartenance à une série (collection, archives) et ne se limite donc pas à établir ce qu'est l'objet sur la base de caractéristiques factuelles. L'estimation implique également la recherche de ce qui permet à l'artefact graphique d'être « pris » afin d'entériner son passage à travers le « filtre patrimonial »[460] et sa recontextualisation dans le contexte muséal. De même que les commissaires-priseurs transforment le statut des objets soumis à leur jugement et leur attribuent une valeur commerciale, les conservatrices transforment le statut des affiches publicitaires en biens culturels en fournissant des « prises » au Comité Scientifique, qui a l'arbitrage final.

La formalisation de ces « prises » se fait par la création et l'édition par les conservatrices d'un nouveau dossier documentaire, appelé aussi notice, dans Micromusée. Ce document, qui sera décrit et analysé plus en détail dans le chapitre suivant, indique la nature de l'artefact (affiche, prospectus, etc.), son état de conservation, son format, le type d'impression, l'agence et/ou le graphiste qui l'a conçu, le client, l'imprimerie et sa valeur commerciale. Il contient également tout le texte écrit sur l'artefact et une description de l'image. Le dossier comprend également des éléments contextuels : les circonstances dans lesquelles l'artefact a été conçu et diffusé et les intentions du client sont indiquées. C'est dans ces éléments de contexte que le point de vue que les conservatrices ont sur l'objet est mis en évidence, ainsi que l'intérêt historico-artistique et/ou la valeur documentaire qu'elles lui attribuent.

Le nouveau dossier est enregistré dans la section « nouvelles acquisitions » de Micromusée et ce sont généralement les assistants de conservation qui photographient l'affiche une fois qu'elle est arrivée au musée et qu'il a été décidé de ne pas la rejeter mais de l'envoyer à la

---

[460] Saemmer, Alexandra et Dufrêne, Bernadette, (sous la dir. de) « Patrimoines éphémères », *op. cit.*.

deuxième étape du processus de patrimonialisation. Cette photo est ensuite associée à la fiche documentaire provisoire par le gestionnaire de la base de données. La création de la nouvelle notice est ensuite signalée au service de l'inventaire afin qu'il l'inscrive dans le registre d'inventaire et lui attribue un numéro qui restera provisoire jusqu'à l'issue des décisions du Comité Scientifique.

Il est important de souligner que le personnel du département n'a pas d'expertise spécifique en matière de numérisation, bien qu'il dispose d'un appareil photo numérique depuis quelques années. La première capture photographique de l'artefact entrant a lieu dans le dépôt ou dans les locaux du musée. Fixée à un mur à l'aide d'aimants, l'affiche est photographiée à une distance suffisante pour l'encadrer dans son ensemble. Les photos sont prises sans nécessairement respecter le bon angle, en évitant les distorsions, en vérifiant la mise au point et la luminosité, car les substituts numériques réalisés à ce stade n'ont pour fonction que d'illustrer provisoirement la notice et ne sont pas destinés à la diffusion publique. Les figures n° X et n° Y montrent des reproductions numériques de la même affiche. La première est une photo prise lors de l'arrivée de l'objet au musée avant son évaluation par le Comité Scientifique, la seconde est une reproduction photographique prise par un photographe professionnel après l'acceptation de cette affiche dans les collections du MAD Paris.

Figures 8 et 9.
À gauche, photo non professionnelle d'une affiche attendant d'être présentée au Comité Scientifique. À droite, la même affiche photographiée professionnellement après son acceptation

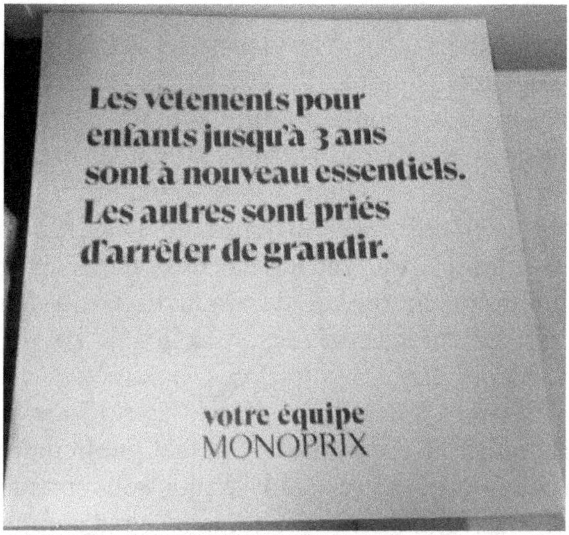

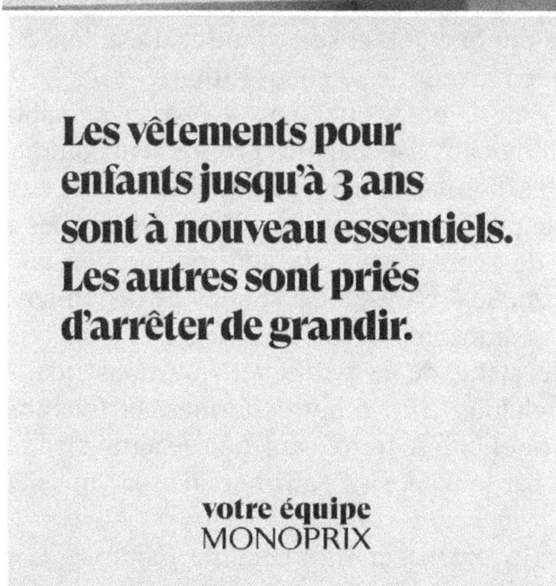

Une fois ces opérations terminées, il incombe aux conservatrices de rédiger une Note d'opportunité pour présenter les nouveaux arrivages au Comité Scientifique, qui se réunit trois fois par an pour évaluer le matériel entrant et valider son acquisition. L'une des tâches que nous avons effectuées au service de l'inventaire était précisément de vérifier les informations contenues dans les Notes d'opportunité du Département Publicité et Design graphique, de les mettre en page et de les rassembler dans un dossier unique destiné à être lu par le Comité Scientifique. Les Notes d'opportunité contiennent toutes les informations contenues dans le dossier documentaire du nouvel arrivant. En rédigeant ces notes, les conservatrices ne se limitent pas à un travail de description et de définition. Ce qui est en jeu ici n'est pas seulement le désir de vérifier si l'affiche à évaluer entre (ou non) dans des catégories préétablies, mais aussi l'intention de fournir des arguments pour permettre aux affiches de passer dans l'espace de circulation du musée. La rédaction des notes pour le Comité Scientifique implique un travail de traduction. En fait, il s'agit de restituer par écrit les caractéristiques visuelles de l'objet, et de fournir des prises en accord avec ses propres paramètres interprétatifs et évaluatifs et conformes à ceux du Comité Scientifique. Les arguments en faveur de l'acquisition d'un nouvel artefact publicitaire mis en avant dans les Notes d'opportunité reposent le plus souvent sur l'intérêt de la pièce pour une exposition en prévision, ou pour compléter une série thématique. Le fait que l'objet soit gratuit s'il est donné au MAD Paris joue également en faveur de son acquisition.

Il est intéressant de noter que, dans les Notes d'opportunité, tous les éléments se référant aux aspects plus proprement communicationnels et marchands de l'affiche sont systématiquement omis : son rôle au sein d'une campagne publicitaire, ses retombées éventuelles sur la notoriété du produit ou de la marque. Cela confirme le constat d'Emmanuelle Fantin selon laquelle « La “délocalisation” de la publicité dans l’espace muséal induit un transfert de valeur, et celle-ci s’opère au moyen d’un changement de statut de la publicité, que nous qualifions de “ dé-médiation marchande”. En d’autres termes, la fonction commerciale première de la publicité se trouve amenuisée à travers le changement de regard institué par le dispositif patrimonial et la “mise en musée” de la publicité. »[461]

Comme le fait remarquer Emmanuelle Fantin, « la présence de la publicité au musée procède d’une recontextualisation qui vient ôter la médiation marchande propre à la publicité pour lui conférer le statut

[461] Fantin, Emmanuelle, *La publicité au passé : approche communicationnelle d'une médiation ordinaire du passé*, Thèse de doctorat en sciences de l’information et de la communication, Paris 4, 2015. p.359.

d'objet de médiation patrimoniale. »[462] Cette dissimulation du passé des affiches en tant que dispositif commercial se fait au profit de la mise en valeur d'autres éléments. Pour citer à nouveau Emmanuelle Fantin : « La médiation marchande est gommée par la médiation patrimoniale et la force instituante de son dispositif ».[463] Dans ce nouveau contexte de circulation culturelle, il n'y a donc plus de place pour les finalités communicationnelles et marchandes qui sont à l'origine des affiches : « Mise sous verre ou exposée dans une vitrine, l'affiche n'est plus cet objet que l'on a l'habitude de croiser dans le métro ou dans la ville. Elle est comme arrachée à son milieu naturel, sélectionnée et rediffusée comme le fragment d'un "moment" culturel. La médiation patrimoniale engage alors un discours autour des enjeux symboliques et sociaux de la publicité, qui sont dissimulés ou masqués lorsque celle-ci est énoncée dans son cadre communicationnel originel »[464].

Dans la Note d'opportunité figurant à titre d'exemple dans l'annexe n° I.5., la conservatrice Professionnel 8 présente un don constitué d'une série de neuf affiches créées par l'agence DDB Paris pour la chaîne de grands magasins Monoprix. Ces affiches ont été publiées pendant la pandémie de novembre 2020. Dans la Note d'opportunité, en plus des données de repérage, des éléments contextuels sont fournis qui donnent implicitement des arguments pour mettre en exergue la valeur documentaire de ces matériaux. En fait, dans ce cas, il s'agit d'affiches constituées de seul texte, qui ironisent sur la décision du gouvernement de fermer les magasins vendant des produits non essentiels et en particulier de la définition de ce qui est considéré comme essentiel par les instances gouvernementales. Implicitement, il est suggéré que ces matériaux constituent une trace documentaire de la période de la pandémie.

Comme nous l'a fait remarquer Professionnel 8, argumenter sur la valeur documentaire d'une affiche, et plus généralement des artefacts publicitaires, comme dans le cas qui vient d'être évoqué, est une opération qu'elle considère comme relativement simple. Au contraire, persuader le Comité Scientifique des qualités esthétiques des productions des graphistes contemporains peut s'avérer plus difficile, surtout lorsqu'il s'agit d'objets éphémères tels que des flyers, des programmes, des dépliants, etc.[465] Parmi les artefacts graphiques, les

---

[462] *Ibid.*
[463] *Ibid.*, p.360.
[464] *Ibid.*, p.361.
[465] Entretien avec Professionnel 8 du 21 mars 2016.

affiches bénéficient d'une reconnaissance ancienne, privilégiée et incontestée en tant que biens culturels. Selon Professionnel 8, il est difficile de convaincre le Comité Scientifique de l'opportunité d'accepter des tirages éditoriaux intéressants du point de vue graphique et de l'histoire de l'art au MAD Paris, surtout s'il ne s'agit pas de livres d'art mais d'éditions de poche. Par exemple, il nous a été confié qu'il avait eu plus de mal à accepter les créations du graphiste Pierre Faucheux, qui, dans les années 1950, n'avait pas limité son intervention de conception à la couverture mais à l'ensemble du livre.

Avant d'être acquises par le MAD Paris, les affiches sélectionnées par les conservatrices sont examinées par les membres du Comité Scientifique. Cet examen a lieu lors d'une exposition des artefacts sélectionnés dans les salles du premier étage du MAD Paris, et en particulier dans le *Salon des boiseries*[466]. Le jour de la réunion, les conservatrices du MAD Paris guident les membres du Comité Scientifique à travers une véritable exposition. Dans ce cadre richement décoré de boiseries des XVIIe et XVIIIe siècles, les objets sont exposés côte à côte. Les affiches sont fixées avec des aimants sur des murs recouverts de peinture magnétique. Les aimants sont enveloppés dans du papier ou du plastique pour limiter l'impact de la pression sur le papier. Dans le cadre d'une de ces expositions, nous avons participé à l'installation des objets avec les conservateurs du département Publicité et Design graphique. À cette occasion, nous avons non seulement observé comment les affiches sont exposées, puis retirées des murs et stockées pour le transport, mais nous avons également vu à quel point l'expérience, la crédibilité et la réputation des conservatrices sont en jeu dans ces circonstances. Si, comme les commissaires-priseurs, les conservatrices contribuent « à définir, par sa position clé, celle d'un pivot, la nature et les qualités des objets qui lui sont présentés »[467], contrairement aux commissaires-priseurs, leur jugement doit être confirmé dans les décisions finales du Comité Scientifique.

Pendant la séance du Comité Scientifique, les conservatrices du département Publicité et graphisme présentent les objets exposés, en ajoutant parfois de nouveaux éléments à ceux contenus dans le dossier soumis aux membres du Comité Scientifique. Dans certains cas, elles

---

466 Un vaste espace où on peut admirer les boiseries des XVIIe et XVIIIe siècles. Parmi les éléments les plus spectaculaires, figurent un somptueux cadre doré, des panneaux décoratifs provenant d'un hôtel particulier de la Place Vendôme, du Palais Royal, de la chapelle royale de Saint-Germain-en-Laye, ainsi que des châteaux de Marly et de Crécy.

467 Bessy, Christian et Chateauraynaud, Francis, « Le savoir-prendre », *op. cit.*

tentent de persuader le Comité de la nécessité de l'acquisition. Dans d'autres, elles expriment des réserves sur certaines pièces dans le cadre d'un ensemble. Habituellement, les nouveaux arrivages sélectionnés se composent de nombreuses pièces allant de petits artefacts publicitaires (autocollants, gadgets) à des objets plus grands tels que des affiches. Toutes les pièces exposées ne sont pas présentées individuellement, les conservatrices attirent l'attention du comité uniquement sur celles qu'elles considèrent comme les plus significatives ou les plus problématiques. Suite au discours de présentation, les conservatrices quittent la salle et le comité discute à huis clos, communiquant les décisions prises à la fin de la consultation. Si le résultat est négatif, l'objet en question est renvoyé au donateur, ou s'il fait l'objet d'une négociation d'achat, au fournisseur. Si le résultat est positif, l'objet fait partie des collections nationales et poursuit son processus de patrimonialisation. Un numéro d'inventaire national définitif lui est alors attribué et le dossier documentaire passe du statut provisoire au statut confirmé. À ce stade, chacune des nouvelles affiches correspond à un fichier documentaire dans la base de données informatisée. Une fois l'exposition pour le Comité Scientifique terminée, les affiches acquises sont envoyées au dépôt. Après cette étape, le personnel du musée entrera en contact avec elles presque exclusivement à l'occasion d'expositions ou d'opérations d'inventaire.

En analysant l'un des procès-verbaux des réunions du Comité Scientifique, nous avons constaté l'importance accordée à la visualisation des objets dans le processus d'évaluation. Si un objet, qu'il soit publicitaire ou initialement destiné à d'autres fins, n'est pas physiquement présent au moment de la réunion, les membres du Comité Scientifique peuvent demander que la décision soit reportée. Cela confirme le rôle de la matérialité des objets par les professionnels des musées, conformément à ce qui ressort de diverses conversations au cours desquelles il nous a été répété que le rôle des reproductions numériques reste secondaire par rapport à l'exposition des originaux.

1.3. Politiques et pratiques de conservation des affiches à l'ère de la numérisation

Seul un nombre limité d'affiches peut être vu dans les salles d'exposition du MAD Paris et du Museo Nazionale della Collezione Salce, et jamais de manière permanente. La présence d'affiches dans les espaces d'exposition du département de publicité graphique peut être liée à quatre circonstances différentes : l'organisation d'expositions temporaires ; le transit de nouvelles acquisitions en attente de catalogage ; le transit d'affiches en prêt ; le besoin de restauration. En dehors de ces circonstances, les affiches ne quittent pas les réserves, qui, dans les deux cas étudiés, sont des lieux géographiquement éloignés du site du musée.

C'est dans les réserves que les conservateurs réalisent la plus grande partie de leur travail, en cataloguant les matériaux et en vérifiant périodiquement leur état. Il est vrai que certains objets conservés au MAD Paris sont transférés de la réserve au musée pour être catalogués. Ce n'est toutefois pas le cas des affiches, qui sont considérées comme trop fragiles et encombrantes pour être déplacées à des fins de catalogage. Pour ces raisons, le catalogage de la collection d'affiches à laquelle nous avons contribué dans le cadre de notre stage a eu lieu exclusivement dans les réserves.

Au MAD Paris, un récolement décennal est effectué, c'est-à-dire un sort d'inventaire complet de tous les objets des collections, qui dresse un bilan de la vie des objets dans le musée. Tous les dix ans, les affiches sont recensées et leur état matériel vérifié. Comme en témoignent les conservateurs, ce processus est très long et prend plus de temps que les dix ans prévus par la loi. Comme le note Professionnel 2 : « on finit un récolement et on commence le suivant ». Cette remarque a été réitérée par Professionnel 5, assistante de conservation, « on n'a pas fini le premier, qui date du 2004, qu'on a commencé le deuxième »[468].

Pendant le travail d'inventaire, les affiches sont examinées par les conservateurs qui vérifient leur état et établissent un *constat d'état*[469], qui consiste en une description détaillée de l'état physique et de conservation des affiches. À l'issue de cette analyse, chaque affiche est photographiée avec un appareil semi-professionnel (appareil photo reflex de marque Nikon)[470]. Ces images au format jpeg ont une double fonction : d'une part, elles servent à documenter l'existence et l'état de conservation de l'artefact au moment des opérations de récolement

---

[468] Entretien avec Professionnel 5 du 12 avril 2019.

[469] Dans le constat d'état, le conservateur doit décrire l'état de conservation : l'état physique et matériel de l'objet et son emplacement. Il est également obligé de photographier l'objet.

[470] Nous avons fait nous-mêmes l'expérience de l'utilisation de photos des affiches lors des opérations de catalogage. À ce stade, le fait de disposer de reproductions photographiques (que nous avions prises nous-mêmes) a facilité la description du spécimen. En effet il n'était pas nécessaire de se déplacer constamment entre la table où l'affiche était fixée et le poste informatique pour la saisie des données.

décennales à l'appui du procès-verbal[471] rédigé par les conservatrices ; d'autre part, étant prises à intervalles réguliers, elles servent à établir des comparaisons afin de visualiser l'évolution de l'état des matériaux dans le temps[472].

C'est dans les réserves que nous avons fait l'expérience de la matérialité des affiches et de la façon dont certains de ces artefacts se caractérisent par leur taille impressionnante et leur extrême fragilité. Le travail sur le terrain nous a donné l'occasion d'expérimenter concrètement toutes les difficultés de conservation et de manipulation des affiches. Passer du temps dans les réserves montre à quel point la moindre fausse manœuvre peut endommager irrémédiablement une affiche, surtout les plus anciennes, particulièrement fragiles en raison de l'acidification du papier, qui devient rigide et s'effrite facilement. La figure X montre les dommages qui peuvent être causés à une affiche et une opération de restauration du papier au Museo Nazionale della Collezione Salce.

Aux institutions qui reçoivent des affiches en prêt du Musée italien, le Polo Museale délivre un vade-mecum qui, en plus de contenir divers éléments réglant le prêt d'un point de vue administratif et logistique, fournit des indications pour la manipulation correcte des pièces.

---

[471] La rédaction du procès-verbal est une obligation légale qui doit être effectuée par un conservateur. Il s'agit d'un document officiel qui contient un bilan final de chaque campagne du plan de récolement et qui valide scientifiquement et légalement la mise en œuvre du récolement conformément à la loi.

[472] Entretien avec Professionnel 2 du 27 juin 2016 ; Entretien avec Professionnel 5 du 12 avril 2019.

Figure 11. Des affiches en départ pour le Musée de l'Ermitage à Saint-Pétersbou

Le guide précise comment traiter les problèmes posés par la fragilité et l'encombrement de ces artefacts. Si l'affiche a déjà été exposée au cours des trois dernières années, il est précisé que la pièce doit être exclue du prêt. Comme on peut le lire dans le guide, l'accès aux affiches qui sont rangées dans les réserves est une opération complexe. L'obtention des mesures exactes d'un spécimen, « étant donné les difficultés d'extraction et de manipulation des affiches », n'est possible que si le prêt a déjà été accordé. Comme indiqué dans le vade-mecum, les pièces ne peuvent être manipulées que par le personnel de l'institution patrimoniale et les affiches non intactes ne peuvent être touchées qu'avec des gants. En outre, il est précisé que les objets graphiques de plus de 100 centimètres doivent être manipulés par deux opérateurs, en prenant l'affiche uniquement par les coins et en le déplaçant avec des mouvements lents et contrôlés. Le vade-mecum contient également des instructions sur l'emballage, qui doit inclure la séparation des affiches avec un papier spécial au pH neutre et leur logement à l'horizontale et *face vers le haut* dans des caisses de transport ignifugées et hydrofugées. Le vade-mecum recommande également les procédures à suivre pour l'affichage et l'exposition. En particulier, des indications sont données tant sur l'application d'un cadre, en précisant les méthodes de montage et d'utilisation, que sur l'utilisation d'aimants sur des parois métalliques, en résumant les avantages et les inconvénients des deux systèmes. Enfin, le guide indique les paramètres environnementaux requis pour les espaces d'exposition, l'humidité, la température et l'intensité lumineuse.

En suivant les professionnels des deux musées dans leurs pratiques quotidiennes[473], il nous est apparu clairement à quel point le numérique a changé la façon de traiter les collections en vue ou pendant une exposition : la consultation, le déplacement et la comparaison des pièces, ainsi que la conception de l'exposition elle-même, sont des opérations qui impliquent désormais toutes l'utilisation de substituts numériques et non des originaux[474]. Comme le rappelle Professionnel 2, avant l'avènement du numérique, les dessins sur papier étaient utilisés pour concevoir les expositions afin de représenter les salles d'exposition et de préfigurer la disposition des affiches dans les espaces d'exposition.

---

[473] Dans le contexte du musée italien, nous avons observé la préparation et l'envoi des affiches pour des expositions programmées à d'autres endroits, ainsi que la sélection d'affiches pour le cycle d'expositions prévu lors de l'inauguration du musée.

[474] Entretien avec Professionnel 2 du 27 juin 2016 ; Entretien avec Professionnel 5 du 12 avril 2019.

Aujourd'hui, seules des copies numériques sont utilisées dans la première phase de conception de l'exposition, au cours de laquelle les conservateurs sélectionnent les spécimens, les assemblent et réfléchissent à la manière de les présenter dans les salles. Dans une deuxième phase, les conservateurs se rendent dans les réserves et exposent les originaux sélectionnés. Ces opérations *sur place* sont encore essentielles aujourd'hui, non seulement pour vérifier l'état réel des originaux, mais aussi pour voir physiquement les pièces individuelles et vérifier leur taille réelle. En effet, lors de plusieurs observations, nous avons constaté que même les conservatrices, puisqu'elles travaillent souvent sur des copies numériques, ont parfois du mal à estimer les dimensions réelles de certaines affiches.

Comme il est apparu à plusieurs reprises lors de conversations informelles avec le personnel du MAD Paris et du Musée national de la Collection Salce, le fait d'effectuer toutes les opérations de la première phase d'une exposition en utilisant les copies disponibles dans la base de données informatisée réduit considérablement non seulement la nécessité et le temps nécessaire à la manipulation des pièces, mais aussi les risques liés à cette manipulation. À cet égard, l'assistante de conservation Professionnel 5 souligne :

> « P 5 : … quand on nous demande des recherches justement, avoir l'image nous permets de voir à quoi ressemble l'affiche quand on ne la connaît pas ; sur l'état d'une affiche aussi, notamment quand on a des commandes de la photothèque pour des affiches, il y a déjà le visuel qu'on a sur la notice pour se rendre compte un peu de l'état mais ce qui ne va pas empêcher par contre aussi qu'on va toujours sur place à vérifier. Parce que même si sur la photo… la photo est bonne on va toujours sur place, car on ne sait jamais[475]
>
> FL : Les images numérisées vous l'utilisez aussi pour avoir l'idée d'un ensemble d'affiches. Par exemple en vue d'une exposition, ou se faire une idée d'un ensemble thématique dans les collections ?
>
> P 5 : C'est plus facile d'avoir une image pour se rendre compte de comment peut être une salle, par exemple. Oui c'est mieux avec les images, effectivement[476] ».

---

[475] Entretien avec Professionnel 5 du 12 avril 2019.
[476] *Ibid.*

2. De la reproduction photographique analogique à la reproduction numérique

2.1. Avant il y avait l'argentique et les diapositives

Au MAD Paris, toutes les nouvelles acquisitions approuvées par le Comité Scientifique et toutes les affiches qui font l'objet d'une exposition sont photographiées par des photographes professionnels. Lors de notre passage à la réserve, nous avons pu assister à plusieurs séances de photos professionnelles réalisées sur un plateau installé *ad hoc* dans les locaux de la réserve pour numériser une collection d'affiches de graphistes contemporains. Le lot de spécimens à photographier n'était pas important, ce qui a permis au photographe de travailler de manière semi-autonome ; l'assistant de conservation a simplement retiré les affiches des rouleaux et les a placées sur la table. Le photographe a pris les clichés en fixant les affiches verticalement sur un mur métallique à l'aide d'aimants.

Photographier les originaux n'est pas une pratique nouvelle, ni au MAD Paris, ni au Museo Nazionale della Collezione Salce. Dans le passé, les photographies étaient prises avec des équipements analogiques. La reproduction systématique des collections d'affiches du musée de Paris a commencé en 1981 avec la production de diapositives[477] . L'objectif de la reproduction analogique était double : permettre au public de consulter les collections au centre de documentation du musée[478] et faciliter le travail des conservateurs et autres professionnels qui pouvaient ainsi disposer de substituts pratiques des affiches pour inventorier et étudier les collections sans les manipuler. Au milieu des années 1990, les diapositives ont notamment été utilisées pour constituer une base de données créée dans le but de gérer la collection à l'aide d'appareils informatiques.

En 1998, les diapositives des affiches ont toutes été numérisées et sont entrées dans la base de données où elles ont ensuite été associées

---

[477] Au MAD, certains départements avaient l'habitude de prendre d'anciennes photographies documentaires sur pellicule noir et blanc, qui étaient utilisées pour associer l'image de certains objets des collections à la fiche correspondante dans les archives papier. Ces cartes ne sont plus en activité, mais elles documentent l'existence d'une pratique qui remonte à bien plus loin que les diapositives, mais qui n'a jamais impliqué d'affiches.

[478] Selon le témoignage de Professionnel 1 : « Pour avoir la représentation, comme quoi les gens ne peuvent pas voir les affiches en vrai, elles venaient regarder les diapositives car tout n'était pas encore dans la base des données informatisée. Comme avec la numérisation, seulement que le support était différent, on n'avait pas encore l'appareil photo numérique donc c'étaient les diapositives, on était encore dans l'argentique encore ».

aux *notices* dans *Micromusée*[479] . En 2008, la reproduction numérique des affiches originales des collections a commencé :

> « La numérisation a commencé en 1998 quand on a donné à une société les diapositives à transformer en format numérique. On a envoyé nos diapositives à une société qui les a scannées et qui nous a renvoyé des fichiers numériques. À partir de 2008, au lieu de faire une diapositive et de l'envoyer à numériser, quand il y avait les appareils numériques on a fait des photos numériques directement »[480].

Les images numériques produites à diverses occasions (expositions, récolement, etc.) de ces affiches, qui étaient déjà photographiées sur des diapositives numérisées, remplacent au fil du temps les anciennes reproductions. Ce remplacement de la diapositive numérisée par l'image numérique native se fait au rythme des occasions de financement et d'exposition, il est donc difficile de prévoir quand cette transition se fera pour toutes les diapositives qui ont été numérisées.

Comme nous l'avons déjà mentionné, la Collezione Salce a également été reproduite photographiquement sur diapositives pour la première fois dans les années 1970, à l'occasion du premier catalogage effectué par les Musei Civici de Trévise. Suite à cette première campagne photographique, le premier catalogue illustré de la collection a été créé[481]. Comme au musée de Paris, la reproduction analogique à Trévise a permis, d'une part, de limiter les possibilités de manipulation des originaux et, d'autre part, de mettre pour la première fois des copies des originaux à la disposition du public des Musei Civici[482]. Mais les reproductions analogiques avaient également d'autres fonctions. Comme l'explique la directrice du musée Professionnel 6, après avoir consulté les diapositives, il a été possible de demander des reproductions photographiques des affiches[483].

Puis, au milieu des années 1990, grâce à un investissement substantiel du mécène Publitalia 80, un concessionnaire publicitaire appartenant au groupe Fininvest, intéressé par la valorisation des affiches publicitaires, un premier transfert numérique des diapositives existantes a été réalisé, couvrant l'ensemble de la collection. Les

---

479 Entretien avec Professionnel 1, 20 juin 2016.
480 Entretien avec Professionnel 1, 10 avril 2019.
481 Menegazzi, Luigi, *Manifesti Salce*, *op. cit.*
482 Manzato, Eugenio, « "Una gioiosa mania": Nando Salce e la sua collezione », *op. cit.*, p 24.
483 Entretien avec Professionnel 6 du 9 mars 2017.

données ont été enregistrées et stockées sur un vidéodisque[484]. La réalisation de ce type de support, aujourd'hui obsolète mais novateur à l'époque, a abouti à la création d'une archive numérique qui, pour la première fois, a permis la consultation de la collection à l'aide de *clés d'accès*[485]. Comme le rapporte Professionnel 6 : « la chose révolutionnaire était de donner l'accès à tout le monde. La collection avait ce genre de problème. Accès extrêmement limité. Le vidéodisque qui n'était consulté que par ceux qui prenaient rendez-vous et venaient à Trévise était en quelque sorte déjà en soi un accès »[486]. Par rapport aux diapositives, qui prévoyaient une consultation en deux phases, la phase de visualisation et une phase ultérieure de consultation du dossier où l'auteur, le texte, la description, etc.[487], pour la première fois, le vidéodisque a permis non seulement de visualiser ensemble l'image de l'affiche et la notice du catalogue, toutes deux accessibles sur l'ordinateur, mais aussi d'effectuer des recherches par auteur, contenu et date[488]. Le musée ne possède pas ces archives, qui sont actuellement la propriété de la municipalité de Trévise[489].

La dernière campagne photographique numérique complète de la collection Salce a été commandée par la Soprintendenza Archeologia, Belle Arti e Paesaggio pour la zone métropolitaine de Venise et les provinces de Belluno, Padoue et Trévise en 2008 et a été réalisée en plusieurs étapes, pour se terminer en 2014. La numérisation a été réalisée à partir des affiches originales et non à partir des diapositives. Cette dernière campagne, menée par des photographes professionnels, a produit des substituts numériques qui ont pris la place de toutes les reproductions précédentes[490].

---

[484] Développé à la fin des années 1970, le vidéodisque est un système analogique permettant de faire des copies vidéo d'images, ce qui permet de créer des bases de données illustrées pouvant être consultées sur des postes informatiques locaux.

[485] Manzato, Eugenio, « “Una gioiosa mania”: Nando Salce e la sua collezione », *op. cit.*

[486] Entretien avec Professionnel 6 du 26 fevrier 2018.

[487] Manzato, Eugenio, « Una “gioiosa mania” : Nando Salce e la sua collezione », op. cit., p. 24.

[488] Manzato, Eugenio, «Cronache di un ventennio con la Collezione Salce», *op.cit.*, p. 150.

[489] Pour plus d'informations sur une expérience détaillée de la consultation du vidéodisque, voir la thèse, Perissotto, Anna, Les affiches publicitaires d'Achille Luciano Mauzan pour l'Argentine. Catalogage et étude de la collection conservée au Museo Civico di Treviso.

[490] La collection de photographies numériques a été entreprise par la surintendance en 2008. Trois photographes professionnels ont participé à ce travail depuis 2008 et la documentation photographique a été achevée en 2014. Majoli, Luca, « La catalogazione della Collezione Salce », *op. cit.*

Les pratiques des professionnels des deux musées ont changé depuis qu'ils ont pu disposer de reproductions en argentique pour le catalogage des affiches[491]. La pratique consistant à associer une image à l'objet au moyen de photographies documentaires, de microfilms ou de diapositives a toujours été destinée à aider l'opérateur dans la phase de catalogage ou même de simple consultation. Comme l'explique Professionnel 1, à partir du moment où le dossier comporte une image, la gestion de la base de données interne devient beaucoup plus facile car il n'est plus nécessaire de noter toute une série d'adjectifs et de codes pour décrire une affiche :

> « Disons que ce qui est important, mais là c'est d'un point de vue scientifique, c'est d'avoir accès non plus à des fiches uniquement descriptives mais avec un visuel ça nous permet quand-même de mieux… fin, on connaît mieux les collections déjà, on peut les visualiser, on peut faire une indexation iconographique quand on a le visuel à côté alors que la petite fiche carton, voilà qu'on avait contenant deux mots clés dessus mais c'est tout et après on peut imaginer des produits de suivi »[492].
>
> « Il y avait donc cet usage [de visualisation des diapositives], donc après quand la numérisation est arrivée les diapositives on va la numériser. Parce que du coup, tu avais la diapo, mais tu n'avais pas la fiche qui correspondait, donc là en numérisant on a pu mettre les deux ensembles. J'ai ma notice et je mets l'image qui est en train d'être décrite, voilà. Et puis après c'est bien beau mais c'est toujours que en interne, mais d'un seul coup, avec les possibilités d'internet, paf ! »

Selon les professionnels interviewés, la numérisation des artefacts graphiques, qui a débuté à la fin des années 1990, s'inscrit en fait dans le cadre des pratiques antérieures de reproduction analogique. Le passage au numérique n'a pas été perçu comme une rupture avec le passé puisque l'introduction de la photographie et du microfilm dans les

[491] Lors de notre passage au MAD Paris, nous avons observé que depuis l'époque des fiches en papier logées dans des meubles en bois, l'habitude a été prise au MAD Paris, chaque fois que cela était possible, d'appliquer une reproduction photographique sur péllicule en noir et blanc sur la fiche afin de faciliter la compréhension. Cette pratique, qui remonte au Musée des Arts Décoratifs, était assez répandue parmi les départements du musée, et on trouve plusieurs fiches d'objets avec des photos sur film noir et blanc. Nous ne savons pas pourquoi cette méthode de reproduction n'a pas concerné les affiches, même si, rappelons-le, elles se trouvaient à l'époque au Musée de la Publicité.

[492] Entretien avec Professionnel 1 du 10 avril 2019. Les citations suivantes sont issues du même entretien.

années 1960 s'était accompagnée d'un changement des pratiques qui restent, de l'avis des professionnels, essentiellement les mêmes, même avec l'avènement de la photographie numérique. Plutôt que de modifier les pratiques des acteurs au sein des institutions muséales, les changements introduits par les technologies informatiques ont donné une plus grande autonomie aux utilisateurs. En effet, les services de documentation font l'objet d'une restructuration informatique qui, entre autres, vise également à autonomiser la consultation par les usagers : « Là on espère que les bases des données soient accessibles à la bibliothèque et que les gens pourront les consulter avec le nouvel outil sans qu'on soit là ».

> « C'est plutôt ça mais de dire que ça a changé... moi à mon niveau je ne sais pas mais peut être que pour ***, ou *** te diront autre chose mais, mise à a part ce côté on va rechercher dans l'indexation et de pouvoir appréhender le visuel et le...ça c'est intéressant et vraiment parce que nous, nos collections ne sont pas exposées de façon permanente et quand quelqu'un nous fait une demande, une recherche pouvoir faire une recherche accompagnée d'un visuel c'est quand-même mieux que... »

Cette constatation fait écho aux conclusions de la recherche exploratoire sur la numérisation des affiches dans les bibliothèques menée par Chevry et De Iulio[493]. En fait, le point de vue des opérateurs de musées rejoint celui des bibliothécaires, qui ne considèrent pas le passage au numérique comme une rupture avec le passé, mais plutôt comme une continuité avec des pratiques vieilles de plusieurs décennies qui se sont développées depuis la première utilisation des technologies analogiques. Comme le dit Bernard Miège dans son texte consacré à la numérisation en cours de la société : « Elle [la numérisation] fait suite à une assez longue période initiée par les techniques d'information et de communication alors analogiques »[494].

2.2. Derrière le terme « numérisation », des pratiques et des temporalités différentes

Dans cette section du chapitre, nous allons détailler les processus de numérisation des collections. Toutefois, avant de reconstituer les

---

[493] Chevry-Pébayle, Emmanuelle, De Iulio, Simona, « Les collections numérisées d'affiches publicitaires : entre construction de l'offre et appropriations », *op. cit.*

[494] Miège, Bernard, *La numérisation en cours de la société*, PUG, Grenoble, 2020, p.35.

différentes étapes de ces processus et d'examiner le calendrier, les acteurs et les critères qui ont guidé la numérisation des documents au MAD Paris et au Museo Nazionale della Collezione Salce, il semble nécessaire de souligner à quel point les politiques nationales soutenues par les ministères de la Culture des deux pays et le cadre juridique ont influencé les choix des deux institutions.

Le MAD Paris et le Museo Nazionale della Collezione Salce ont en effet tous deux bénéficié de programmes de financement public pour numériser leurs collections. Concernant la situation italienne, avec un décret ministériel[495] de 2017, le gouvernement avait prévu que les programmes de numérisation du ministère des Biens et Activités culturels seraient coordonnés par un Plan national de numérisation du patrimoine culturel (PND). Dans ce contexte, un institut *ad hoc,* appelé « Servizio Digital Library »[496], a été créé, qui s'est vu confier la coordination et la promotion des programmes de numérisation du patrimoine culturel sous la responsabilité du ministère. L'objectif, comme indiqué sur le site web de l'institution, est de travailler en synergie pour accroître l'efficacité des politiques relatives au patrimoine culturel sur le web[497]. De la même manière, l'État français accompagne la politique territoriale de numérisation des contenus culturels à travers le Programme national de Numérisation et de Valorisation des contenus culturels (PNV) promu par le ministère de la Culture qui a pour rôle de centraliser et de superviser les politiques de numérisation[498].

La numérisation des collections des deux institutions a également été stimulée par une nouvelle législation sur le catalogage. Comme nous l'avons souligné précédemment, en France et en Italie, la gestion des biens culturels est réglementée par leurs codes respectifs, le *Code du patrimoine* et le *Codice dei beni culturali e del paesaggio,* conformément à l'article 10 de la loi 137 du 6 juillet 2002. Il existe également des obligations et des directives précises concernant le dépôt des œuvres. Dans le cas des musées, conformément à la législation des deux pays, la fiche de catalogage doit être établie en joignant une photographie de l'objet correspondant[499]. En effet, le code stipule que

---

[495] DM 23 gennaio 2017, n. 37.

[496] La tâche de créer et de mettre en œuvre le PND avait été confiée par l'État italien à l'ICCD, dont le Service Digital Library est une émanation.

[497] Il piano - Istituto Centrale per la Digitalizzazione del Patrimonio Culturale.

[498] https://www.culture.gouv.fr/Sites-thematiques/Innovation-numerique/Programme-national-de-Numerisation-et-de-Valorisation-des-contenus-culturels-PNV2.

[499] Pour la France voir, Arrêté du 25 mai 2004 fixant les normes techniques relatives à la tenue de l'inventaire, du registre des biens déposés dans un musée de France et au récolement. Pour

les collections nationales doivent être incluses dans les bases de données fournies avec l'image documentaire.

Bien qu'il existe de fortes similitudes dans les cadres politiques et juridiques des deux institutions, les processus de numérisation de leurs collections ont suivi des calendriers et des trajectoires différents. La numérisation est fréquemment présentée par les organismes gouvernementaux, certains théoriciens du numérique et les professionnels des musées et des bibliothèques comme un processus linéaire et sans entraves. En revanche, l'étude de nos deux cas montre que, même lorsqu'il s'agit de la numérisation d'un même type de biens patrimoniaux, aux caractéristiques très précises comme les affiches publicitaires, le processus présente des particularités propres à chaque institution en termes de calendrier, de rythme, d'acteurs impliqués, de critères de sélection, et d'autres aspects. En particulier, comme nous le verrons dans les pages suivantes, les choix de numérisation ne sont pas nécessairement faits de manière systématique et ne semblent pas adhérer à ce que prévoient les guides de bonnes pratiques comme notamment les *Linee guida di digitalizzazione di bandi e manifesti*[500]. Nous avons fait référence à plusieurs reprises à ce document édité par l'ICCU et visant à promouvoir un développement numérique « de qualité ». Le texte propose des bonnes pratiques pour les bibliothèques, les archives et les musées. Selon le guide, la protection et la préservation doivent être prises en compte lors de la sélection des affiches à numériser. La priorité doit donc être accordée aux matériaux qui risquent de se détériorer, tels que ceux imprimés sur du papier de mauvaise qualité (un exemple typique est celui des affiches de la période de l'entre-deux-guerres qui étaient nécessairement imprimées sur du papier bon marché, et donc extrêmement périssables), ou les affiches de grand format qui ont très probablement été stockées pliées et présentent maintenant des déchirures et une oxydation du papier. Enfin, il est suggéré de donner la priorité aux affiches qui sont plus sujettes à la consultation et donc plus exposées à la détérioration[501]. Selon les *Linee guida,* la priorité doit être accordée aux affiches considérées comme importantes pour la mémoire historique, pour des

---

l'Italie, Atto di indirizzo sui criteri tecnico-scientifici e sugli standard di funzionamento e sviluppo dei musei (D. Lgs. n.112/98 art. 150 comma 6), elaborato del Gruppo di lavoro (D.M. 25.7.2000).

[500] Gruppo di lavoro sulla digitalizzazione di bandi, manifesti e fogli volanti (sous la dir. de), *Linee guida per la digitalizzazione di bandi, manifesti e fogli volanti op. cit.*

[501] *Ibid.*, p.36.

thématiques d'intérêt et enfin celles qui se caractérisent par leur caractère unique et leur rareté, « parce qu'elles ne sont pas détenues par d'autres institutions, ou parce qu'elles présentent des éléments d'unicité tels que des actes authentifiés par l'auteur ou l'autorité ou portant des annotations manuscrites »[502].

En réalité, ces ordres de priorité ne sont pas respectés et il existe toute une série de contingences qui rendent le choix des lots d'affiches à numériser plus aléatoire. En particulier, comme nous l'avons vu, si en théorie les conservateurs considèrent qu'il est pertinent de suivre le critère de sélection prioritaire, en fait les choix en matière de numérisation dépendent en grande partie du financement et des pratiques de catalogage qui suivent des logiques différentes de celles indiquées dans les manuels de bonnes pratiques.

Cependant, le cadre réglementaire a favorisé l'établissement de certaines routines. Depuis 2004[503], au MAD Paris, toutes les nouvelles acquisitions sont systématiquement photographiées dès leur arrivée au musée, parfois, comme mentionné ci-dessus, par les conservateurs eux-mêmes. Comme déjà mentionné, le MAD Paris a commencé à photographier des affiches en 1998 afin d'illustrer la base de données. En 2004, année de l'introduction de l'obligation légale, grâce à un financement du ministère de la Culture, toutes les diapositives ont été numérisées, en commençant par celles libres de droits, puis les autres, à commencer par les affiches d'auteurs renommés. Pour les nouvelles acquisitions, comme nous l'avons vu, la priorité est établie par la fréquence du Comité Scientifique, qui se réunit trois fois par an et fixe une sorte de « calendrier de la numérisation »[504].

Une autre circonstance qui favorise la numérisation au MAD Paris est l'organisation des expositions : lorsque les affiches sont sorties des réserves, avant le démontage de l'exposition, les conservatrices en profitent pour les faire photographier professionnellement. C'est le cas même si l'affiche a déjà été reproduite photographiquement, car dans chaque cas, le format est mis à jour avec une photo plus récente. Dans ce contexte, il est plus probable qu'un photographe professionnel soit chargé de la séance photo, car le coût peut plus facilement être inclus dans le budget global de l'exposition. Une autre occasion de

---

502 *Ibid.* p.36-37.

503 Par exemple, la numérisation de toutes les diapositives des affiches a été rendue possible grâce à un financement public en 2004.

504 Entretien avec Professionnel 1, 20 juin 2016 ; 10 avril 2019 ; entretien avec Professionnel 4 du 10 avril 2019.

photographier des affiches, comme nous l'avons vu, est le récolement décennal. Cependant, les photos prises dans ce cas par les conservateurs seront de nature documentaire et donc visibles dans la base de données pour un usage interne uniquement.

Comme le fait remarquer Professionnel 1, il ne devrait pas y avoir de critère de priorité dans le traitement photographique des affiches, puisque tous les objets sont censés être inclus dans la base de données : « Normalement tout ce qui rentre dans les collections doit être photographié pour être intégré dans la base de données, donc ça c'est le premier critère »[505]. Mais alors, de son point de vue, il faut distinguer au sein de la base de données la photo documentaire, qui reste accessible uniquement pour consultation au sein du musée (sur Micromusée, pour les professionnels et le public autorisé) mais n'est pas rendue accessible en ligne, et la photo professionnelle, qui fera partie de la diffusion au public dans le catalogue disponible sur le site institutionnel du musée :

> « Après numérisées, ça dépend si tu me parles aussi de qualité professionnelle ou ça peut être le documentaire. La numérisation non plus il y a pleins de choses derrière. C'est pas juste objet et représentation numérique parce que on fait aussi, quand on fait du récolement, de la photo numérique mais avec nos appareils photo et c'est du documentaire on peut pas après les valoriser autrement que voilà j'ai une image dans la base des données on peut pas vendre ce cliché là à un client ou l'envoyer chez notre prestataire qui fait de la vente en ligne donc voilà tout dépend aussi là de quoi tu parles »[506].

Les ressources économiques influencent également le choix et l'ordre des matériaux à sélectionner. Comme mentionné ci-dessus, ces ressources proviennent de différentes sources et en différentes quantités. Elles peuvent provenir de parties de budgets internes spécifiquement affectées à la numérisation, ainsi que de la participation à des appels à projet, qui sont régulièrement lancés par le ministère, ou de fonds privés sous forme d'actions de mécénat[507] . En fonction de la nature du financement, certaines pièces ou parties des fonds sont prioritaires pour les intégrer à un projet de numérisation.

---

505 Entretien avec Professionnel 1 du 10 avril 2019.

506 *Ibid.*

507 Entretien avec Professionnel 1 du 20 juin 2016.

Si l'origine et la nature des ressources financières constituent l'un des principaux critères des choix de numérisation, il est également possible d'identifier d'autres logiques qui guident les conservateurs du MAD Paris pour rationaliser la sélection des spécimens à numériser et établir ainsi un ordre de priorité dans le traitement des matériaux : « Nous avons choisi de numériser par thèmes car lorsqu'on doit présenter un dossier à un mécène, il faut le motiver et le rendre intéressant »[508]. Sur la base de la logique de sélection par corpus thématique, les conservateurs ont commencé à proposer aux mécènes des projets de numérisation d'affiches originales regroupées sous forme de dossiers susceptibles d'intéresser les financeurs potentiels. Quelques exemples de ces dossiers sont des corpus monographiques d'artistes renommés ou de certains thèmes tels que les expositions universelles, ou les affiches japonaises. Du point de vue de Professionnel 2, la nécessité de devoir impliquer des acteurs privés (et l'injonction implicite de trouver des affiches intéressantes aux yeux des financeurs) cache un problème de fond, qui conduit à la numérisation des affiches les plus célèbres, au détriment des moins connues, qui sont systématiquement laissées de côté. Ces dernières ne s'intègrent pas très facilement dans les projets de numérisation ou de valorisation, car le budget n'est pas suffisant pour couvrir les coûts. C'est le cas des affiches qui n'ont pas d'auteur, qui ne sont pas reconnues comme ayant des qualités esthético-artistiques ou qui ne sont tout simplement pas connues.

Par conséquent, bien que la décision finale sur le choix des œuvres à numériser revienne au directeur du musée, un compromis est toujours recherché entre les ambitions du mécène et celles du conservateur. Pour le conservateur, un projet de numérisation est l'occasion de constituer une archive documentaire des éléments de la collection, éventuellement de qualité professionnelle et de haute définition. Pour le conservateur, l'idéal serait d'avoir beaucoup plus de photos et « pas seulement celles des affiches à la mode ».

> « En effet, les besoins de numérisation ne sont pas les mêmes entre les financeurs privés et les conservateurs. Les besoins de commercialisation, puisque dans le passé on vendait des photos d'affiches, se heurtent aux besoins professionnels, puisque le conservateur souhaite disposer de nombreuses photos pour

[508] Entretien avec Professionnel 2 du 27 juin 2016. Les citations suivantes sont issues du même entretien.

documenter la collection et donc pas seulement celles des affiches à la mode ».

Au MAD Paris, la numérisation en pratique s'est déroulée en plusieurs étapes qui ont été rythmées par la disponibilité de financements de différents types et tailles : « Donc à un moment donné, si on n'a pas assez d'argent pour faire du numérique professionnel, on fait du documentaire. On se sert d'un scan ou d'un appareil photo interne »[509]. Récemment, une autre méthode a été testée, en envoyant les affiches à un prestataire de services pour qu'elles soient scannées, mais comme l'explique Professionnel 1, il s'agissait d'un test, car cette solution s'avère plus compliquée car elle comporte plus de contraintes par rapport aux prises de vue et l'une d'entre elles est l'obligation d'envoyer des lots homogènes.

En avril 2019, Professionnel 1 déclare que, « tout le courant est photographié »[510] et le reste est réalisé lors des opérations de *récolement*. Au moment de notre stage en 2016, il y avait 37 322 affiches numérisées avec une couverture photographique de 80 %[511]. Au moment du deuxième entretien en 2019, les chiffres n'étaient « Pas loin du 90% de ce qui est inventorié bien sûr »[512].

Diverses subventions du ministère de la Culture ont d'abord permis de numériser l'ensemble des diapositives en 2004, puis de numériser une partie des collections d'affiches, y compris celles en format « librairie »[513] et, en 2009, des affiches touristiques des années 1950. Le choix de numériser par corpus thématique, d'une part, sert d'appel à susciter l'intérêt de financeurs, de l'autre, selon Professionnel 2, c'est aussi un moyen de trouver et de proposer des thèmes nouveaux et différents pour enrichir les collections[514] . Comme l'explique la conservatrice, cette opération a en tout cas permis de numériser plusieurs pièces : en 2012, plusieurs corpus monographiques dont Leonetto Cappiello, Eugène Grasset et Toulouse Lautrec, et en 2014, la collection d'éventails publicitaires[515] . En 2016, en ajoutant les données rapportées par le rapport d'activité du MAD, 151 affiches sur le thème

---

[509] Entretien avec Professionnel 1, 10 avril 2019.

[510] *Ibid.*

[511] Entretien avec Professionnel 1, 20 juin 2016.

[512] Entretien avec Professionnel 1, 10 avril 2019.

[513] Le format librairie est un format d'affiche plus petit qui n'est pas destiné à l'affichage extérieur, mais qui est utilisé dans les librairies pour promouvoir des événements ou des livres.

[514] Entretien avec Professionnel 2 du 27 juin 2016.

[515] Fondation Bettencourt-Schueller, cf. https://www.fondationbs.org/.

des Expositions universelles, 543 affiches japonaises, ainsi que 374 affiches de l'institution Les Arts Décoratifs ont été numérisées. [516]

Comme indiqué dans les manuels de bonnes pratiques, l'état de conservation des originaux devrait être une autre condition qui détermine le choix des affiches à numériser. Une fois que le jeu a été sélectionné, la priorité est donnée en fait aux artefacts qui nécessitent une restauration. D'une manière générale, les opérations de restauration sont planifiées en fonction de la disponibilité des fonds, mais elles sont préparées pour toute la durée de vie des affiches conservées, la programmation effective de ces interventions dépendant toutefois beaucoup des possibilités financières. La restauration d'une collection d'affiches est très coûteuse et, de plus, c'est un processus qui doit être renouvelé dans le temps, car le papier est sujet à la détérioration par le seul passage du temps. L'un des autres moyens de financement des travaux de restauration que nous retrouvons dans les deux musées consiste à recourir à des prêts ou des dépôts d'œuvres. Dans de nombreux cas, les conservateurs essaient d'inclure une clause de restauration dans les prêts ou les dépôts. Cette condition, comme nous l'a expliqué l'assistant de conservation, est un stratagème pour obtenir un gain financier, puisque le musée ne peut pas louer ses biens. Pour cette raison, les affiches les plus précieuses doivent nécessairement être restaurées en priorité, un fait qui coïncide avec leur présence dans la plupart des campagnes de numérisation. Le fait que le financement de la numérisation (qui va souvent de pair avec le financement de la restauration) soit de nature privée signifie que la restauration est le plus souvent effectuée sur des spécimens dont la valeur artistique est reconnue et que, dans le même temps, il y a un manque de ressources pour la restauration d'autres pièces de moindre valeur qui peuplent la collection du musée. La conséquence en est que toutes les pièces de la collection d'affiches ne sont pas dans le même état de conservation[517]. A partir de conversations informelles, nous avons pu comprendre comment, dans certains cas, l'opportunité d'une restauration, qui est offerte par un projet de numérisation, conduit à ce que certaines pièces soient incluses avant tout pour bénéficier d'une restauration.

Le processus de numérisation de la collection Salce s'est déroulé à un rythme, selon des temporalités et d'une manière très différentes de la

---

[516] Rapport d'activité MAD Paris, 2016, p. 90.
[517] Entretien avec Professionnel 2 du 27 juin 2016.

numérisation de la collection d'affiches au MAD Paris. Aujourd'hui, les conservateurs du musée de Trévise disposent d'une base de données complète, en haute définition, qu'ils utilisent quotidiennement pour leurs recherches ou pour observer l'état des affiches documentées par des photographies.

Grâce à l'attribution en 2011 d'une importante subvention de l'État italien pour la réalisation du projet de numérisation de la *Collezione Nando Salce, campagna fotografica, catalogazione inventariale e realizzazione di database*[518] il a été possible de numériser les 24 580 affiches et autres objets publicitaires catalogués de la collection : « Une opération complexe impliquant une série d'opérations concaténées : l'inventaire du matériel, avec toutes les conséquences financières et juridiques, la collecte et la structuration scientifique de l'information, sa mise en relation avec les besoins de conservation, l'organisation du fonds documentaire et, enfin, la publication de l'ouvrage, selon les modes de communication de notre temps qui exigent la nécessaire accessibilité des données, leur partage et la possibilité de leur réutilisation »[519].

La création et l'archivage de près de 30 000 images à haute résolution ont été accompagnés d'un long processus de classification et de catalogage conformément aux règles de l'Institut central de catalogage et de documentation, qui a impliqué la compilation de plus de 25 000 entrées de catalogue, 2700 entrées d'auteurs et 300 entrées bibliographiques, et a abouti à la publication des données sur le site web du musée[520] . Cette activité a mobilisé plusieurs professionnels au cours de la période 2012 à 2014. Après la restauration de certaines pièces, tous les spécimens de la collection ont été numérisés par ordre chronologique et en une seule opération, faisant ainsi table rase des reproductions précédentes[521].

Compte tenu de la particularité du cas, dans l'état actuel des choses, pour le Museo Nazionale della Collezione Salce, le personnel estime qu'il est encore trop tôt pour s'interroger sur les priorités éventuelles d'un projet de numérisation. Ces questions ne manqueront pas de se poser lorsqu'il s'agira de numériser les nouvelles acquisitions,

[518] Majoli, Luca, « La catalogazione della Collezione Salce », *op. cit.*

[519] *ibid.*

[520] *Ibid.*

[521] La collection photographique numérique a été entreprise par la *Soprintendenza* en 2008 (photographe Gabriele Toso) et poursuivie par Maddalena Santi (2012). La tâche de compléter la documentation photographique a été confiée à Luigi Baldin qui a terminé le tournage en 2014, *Ibid.*

notamment la Collection Ricca, ou de mettre à jour les fichiers actuels qui sont obsolètes.

Lors de nos observations au musée de Trévise, afin d'aborder la question de la priorité des affiches à sélectionner et de la dynamique du financement, que nous avons pu analyser au MAD Paris, il nous a été utile d'observer comment se déroule la programmation des projets de restauration. Selon nous, il est possible de discerner certaines similitudes entre la dynamique enclenchée par les projets de restauration et les projets de numérisation (dont les programmes de restauration font souvent partie). Les relations qui se développent entre les acteurs impliqués, ainsi que l'origine du financement, sont toutes entremêlées et voient des relations complexes s'établir entre les ambitions de l'institution et les conditions imposées par les financeurs.

Selon Professionnel 5, assistante de conservation au MAD Paris, la présentation d'affiches dans les expositions soulève un certain nombre de questions, et s'il est vrai que les espaces des musées sont limités et que certaines affiches ont une taille qui les rend difficiles à exposer[522], il est également vrai que l'affiche n'est pas un objet qui peut supporter une exposition prolongée. Comme l'a expliqué à plusieurs reprises la directrice du musée italien, « les affiches sont très sensibles à la lumière et aussi à leur poids lorsqu'elles sont exposées »[523]. Des observations que nous retrouvons dans les pratiques des deux musées.

Bien que le travail de catalogage et d'inventaire des images numérisées effectué par les conservateurs ait des répercussions importantes sur la diffusion des collections sur le web, la logique des conservateurs du MAD Paris relègue la diffusion en ligne à un rôle secondaire, privilégiant plutôt l'exposition des spécimens dans les salles du musée. D'après les entretiens réalisés, il nous semble clair que pour le personnel de la conservation, la diffusion est toujours comprise dans le sens d'une exposition physique puisque, comme le déclare la conservatrice en chef : « la numérisation ne remplacera jamais l'objet et c'est toujours l'objet physique qui doit être montré au public »[524]. Nous avons constaté à plusieurs reprises que cette attitude est profondément ancrée chez les conservateurs et qu'elle a également trouvé un écho au Museo Nazionale della Collezione Salce où, malgré tout, le personnel

[522] Entretien avec Professionnel 5 du 12 avril 2019.
[523] Entretien avec Professionnel 6 du 26 février 2018.
[524] Entretien avec Professionnel 2 du 27 juin 2016.

du musée attend beaucoup de l'exploitation de ce qui constitue pour la directrice leur « patrimoine numérique ».

Après ces premiers constats, l'une des premières réflexions que nous pouvons faire est d'envisager la numérisation des affiches comme un processus qui n'est ni automatique ni linéaire, mais qui dépend d'un certain nombre de facteurs juridiques et économiques ainsi que des politiques et des choix stratégiques des institutions patrimoniales.

En dehors des grands projets financés par des fonds publics ou privés, les politiques et pratiques de numérisation ne sont pas planifiées de manière régulière et systématique. Le projet de numérisation complète de la collection Salce a été réalisé grâce à des fonds publics et aucune autre numérisation n'est actuellement prévue. Le soutien de l'État français à la numérisation afin de rendre les collections nationales visibles et accessibles a certainement un impact sur les processus de numérisation des collections d'affiches au MAD Paris. Cependant, le financement de l'État est insuffisant pour une programmation systématique et à long terme. De même pour la collection Salce, le projet de numérisation complèt a été possible grâce à des fonds publics utilisés pour assurer l'accessibilité à un patrimoine.

Au MAD Paris, seuls les grands projets de numérisation sont régis par un plan, mais dans la pratique, la politique de numérisation se fait au fil de l'eau sans calendrier programmatique, précisément parce qu'elle est principalement conditionnée par l'obtention de financements qui s'avèrent être « une vraie contrainte »[525]. Ces derniers doivent toujours être assez importants pour couvrir les coûts et peuvent donc impliquer des acteurs privés sous forme de parrainage ou de mécénat, ou trouvés par la participation à des appels d'offres lancés principalement par le ministère de la Culture.

La numérisation des spécimens dans les collections se fait donc de manière discontinue et selon des calendriers différents. Les deux musées ont en commun l'absence d'un plan d'action pour la numérisation. Pour le musée Salce, la question se posera plus probablement à l'avenir, lorsque la technologie actuelle sera obsolète et qu'il faudra penser à la mettre à jour. Pour l'instant, les possibilités d'enrichissement de la collection soulèvent déjà des questions sur le catalogage et la numérisation des nouvelles acquisitions.

Dans les musées, les conservateurs et les documentalistes sont impliqués en première ligne dans la mise en œuvre des actions qui

[525] Entretien avec Professionnel 1 du 10 avril 2019.

garantissent l'accès au patrimoine et sa diffusion. Dans le chapitre suivant, nous verrons comment le travail de ces professionnels est complété par la construction du catalogue et la valorisation des contenus rendus accessibles de diverses manières. Le travail de sélection des artefacts qui viendront compléter l'offre numérique peut revêtir une importance stratégique, car le travail de sélection effectué en amont de la chaîne est significatif et efficace s'il s'inscrit dans un projet qui vise des actions de médiation de contenu. Idéalement, cela serait souhaitable, mais il s'avère qu'en pratique, la sélection des artefacts à numériser est une opération généralement conditionnée par la disponibilité des fonds et des ressources techniques.

3. Des points de vue différents sur la numérisation et ses objectifs

Les processus de numérisation des collections d'affiches publicitaires du MAD Paris et du Museo Nazionale della Collezione Salce se sont déroulés à des moments et à des rythmes différents et ont été guidés par des logiques différentes liées aux spécificités des deux institutions, à la nature de leur financement et à l'histoire de leurs collections. Nous avons également observé comment différentes significations et finalités sont attribuées à la numérisation des collections d'affiches : pour les conservateurs du MAD Paris, la numérisation de l'ensemble de la collection est à la fois un objectif et une nécessité afin d'effectuer correctement leurs tâches d'inventaire ou de récolement et de se conformer à leurs obligations légales ; au Museo Nazionale della Collezione Salce, la numérisation de l'ensemble de la collection a été considérée comme une opportunité en termes de valorisation et de médiation. Alors que dans le musée parisien, la numérisation est donc considérée par le personnel comme un processus nécessaire pour remplir adéquatement les missions de l'institution, dans le musée de Trévise, la direction estime que, grâce aux substituts numériques, il est possible de rendre visible un patrimoine longtemps resté inaccessible au public, sans risquer de compromettre l'intégrité des spécimens originaux. Depuis le début du projet de numérisation et encore aujourd'hui, les images numériques des affiches ont été considérées par la direction du musée de Trévise comme une ressource pour faire connaître la collection Salce, tant à travers les écrans et les dispositifs interactifs dans le cadre des expositions qu'à travers le site web et les autres ressources en ligne du musée au-delà des limites de l'espace d'exposition. À Trévise, le grand public, ainsi que le public spécifique des chercheurs, enseignants et étudiants, n'a pas accès aux originaux, sauf à l'occasion des expositions. Face à des ressources financières limitées pour organiser des expositions d'affiches en papier, comme l'a déclaré l'ancienne directrice Professionnel 6, « le défi consiste à exploiter les ressources pour faire connaître la collection, et la ressource la plus importante dont dispose le musée est certainement sa base de données numérique »[526].

Dans cette section du chapitre 7, nous montrerons comment l'utilisation des reproductions numériques acquiert des significations et des objectifs différents en fonction des tâches effectuées par les différents professionnels dans les deux institutions muséales étudiées. Comme nous le verrons, les différents professionnels ont en commun la volonté d'optimiser la conservation des collections en réduisant au maximum l'accès aux originaux, mais aussi de simplifier les opérations d'inventaire et de catalogage et de faciliter l'accès aux collections. Toutefois, un examen plus approfondi révèle que les opinions sur les opportunités offertes par la numérisation varient en fonction des compétences et des tâches des différents acteurs. Ces diverses facettes étaient les plus évidentes chez MAD Paris, où l'organigramme est plus large et les rôles plus spécialisés.

3.1. La numérisation vue par les conservateurs

Pour Professionnel 2, nous avons vu comme la numérisation ne porte pas atteinte à la place de l'objet original et c'est précisément l'objet patrimonial qui doit, selon elle, rester au cœur des actions de protection, de préservation et de valorisation du musée. Tout en soulignant fortement le rôle central de l'artefact patrimonialisé, Professionnel 2 ne sous-estime pas les avantages de l'utilisation de substituts numériques, tant en termes de conservation que de possibilités offertes par la diffusion d'images d'affiches.

Pour les conservateurs du MAD Paris ainsi que pour le directeur du Museo Nazionale della Collezione Salce, qui sont les personnes qui ont le contact le plus direct, le plus fréquent et le plus constant avec les originaux, la numérisation est avant tout une opportunité d'assurer la conservation et la protection des collections. À partir du moment où les images des affiches peuvent être visualisées sur des écrans, la manipulation des copies papier par le personnel du musée et le public est réduite. La visualisation de substituts numériques à la place des

[526] Entretien avec Professionnel 6 du 9 mars 2017.

originaux évite de déplacer, de manipuler et donc de détériorer des affiches particulièrement fragiles et/ou de grande taille, difficiles à transporter, à dérouler ou à déplier, à plier ou à enrouler, à ranger dans des rouleaux de carton ou des tiroirs métalliques. La conservatrice, rappelle qu'à l'époque du musée de la Publicité, les différents déménagements que les collections ont subis ont endommagé de manière irréversible certaines d'entre elles. Aujourd'hui, grâce à la base de données avec des fichiers d'images numériques, il n'est plus nécessaire de visualiser les affiches originales pour les examiner en vue d'un éventuel déménagement, mais il est possible de « tout transférer directement avec le mobilier à plat et le matériel publicitaire reste bien rangé dans les caisses vertes qui servent aussi au transport ».[527]

Disposer d'une base de données aussi complète que possible permet donc d'effectuer au mieux un certain nombre d'opérations quotidiennes, allant du contrôle des fonds à la réponse à toute demande d'information sur les affiches. Pour Professionnel 6, avoir des substituts numériques signifie « réduire au minimum le contact direct avec l'œuvre et seulement dans des cas spécifiques où il faut s'occuper de l'objet, ce qui pour les personnes extérieures est presque inexistant »[528]. La même idée a été exprimée par Professionnel 2 : « l'un des principaux objectifs de la numérisation est de réduire au minimum les manipulations et de protéger sa conservation »[529]. La numérisation apparaît donc comme un processus qui répond parfaitement au paradigme du patrimoine selon lequel l'immuabilité des objets est une condition nécessaire à leur transmission.

Du point de vue des conservatrices, en plus d'être une aide à la conservation, les substituts numériques sont également une ressource pour l'étude des affiches. Comme le souligne Professionnel 2, « l'utilité de la numérisation consiste à préserver et avoir une vision différente des affiches ». La conservatrice reconnaît que la numérisation offre des possibilités sans précédent pour la visualisation et donc la connaissance des collections. Outre la précision des reproductions numériques à haute résolution, Professionnel 2 apprécie les avantages offerts par toutes les opérations rendues possibles par l'affichage des substituts numériques : agrandissement d'une image entière ; zoom sur des sections de l'image, ce qui permet d'étudier le moindre détail dans les

---

[527] Entretien avec Professionnel 2 du 27 juin 2016.

[528] Entretien avec Professionnel 6 du 9 mars 2017.

[529] Entretien avec Professionnel 2 du 27 juin 2016. Les citations suivantes sont issues du même entretien.

moindres détails et d'en faire ressortir de nouveaux ; création instantanée de mosaïques d'images, ce qui permet de faire apparaître rapidement les différences et les similitudes de formes, de couleurs et de motifs.

Professionnel 2 estime que la création de deux moyens différents d'accès aux images numériques des affiches est appropriée. Selon l'ancien conservateur du MAD Paris, il convient de faire la distinction entre un site documentaire, où les conservateurs peuvent avoir accès à des photos de qualité professionnelle afin d'exploiter au mieux les avantages offerts par la technologie numérique, et un site de communication et de valorisation utile à d'autres fins « où les "belles choses" et les "choses habituelles" sont exposées ».

C'est la solution préconisée par Professionnel 2 et effectivement adoptée par le MAD Paris, où, comme nous le verrons plus en détail par la suite, les images numériques des affiches sont visibles par deux dispositifs différents : la base de données gérée par les documentalistes et les conservateurs, consultable par le public dans les murs, et le site internet géré par le service communication. La base de données contient les affiches illustrées, soit avec des images à haute résolution produites à l'aide de divers programmes de numérisation, soit avec des photographies numériques prises par le personnel du musée, qui sont des reproductions moins précises, à basse résolution, ne répondant pas aux besoins des conservateurs. Le site web contient uniquement une sélection de reproductions photographiques numériques d'affiches célèbres et libres de droits, uniquement en haute définition et prises par des photographes professionnels.

Il est intéressant de noter que l'ancienne directrice du Museo Nazionale della Collezione Salce considère la consultation et la visualisation des éléments de la collection d'affiches par le biais d'une base de données comme une occasion de générer de nouveaux intérêts de recherche, de nouvelles pistes d'étude et, en fin de compte, de développer de nouveaux itinéraires d'exposition. Pour Professionnel 6, le fait de pouvoir effectuer facilement des recherches dans la base de données peut donner lieu à de nouvelles interprétations de la Collection, différentes de celles historico-artistiques qui ont caractérisé son étude et sa valorisation jusqu'à présent :

> « Donc je rêve du moment où quelqu'un viendra et dira, regardez, en travaillant sur la base de données, j'ai eu ce projet d'exposition, je suis sociologue, je suis... [...] maximum de respect parce que je n'ai pas la présomption d'exclusivité ici, au moment

même où vous avez mis la base de données à disposition. Je sais que je peux voir ces objets de mes propres yeux et j'ai également l'honnêteté et le sérieux nécessaires pour étudier cette vue en profondeur, mais elle reste une vue de mon point de vue ».[530]

3.2. La numérisation vue par les documentalistes

Il nous semble intéressant de citer l'avis de Professionnel 1 sur les avantages de la numérisation. Professionnel 1 est, on s'en souvient, responsable de la base de données du musée[531] . Du point de vue d'une personne comme elle qui contrôle l'accès aux images numériques tant par le personnel du musée que par le public, le fait de disposer d'une base de données facilite la consultation des images car les demandes peuvent être satisfaites en économisant du temps et des ressources en consultant les fiches illustrées :

> « Disons que ce qui est important, mais là c'est d'un point de vue scientifique, c'est d'avoir accès non plus à des fiches uniquement descriptives mais avec un visuel ça nous permet quand-même de mieux… enfin, on connaît mieux les collections déjà, on peut les visualiser, on peut faire une indexation iconographique quand on a le visuel à côté alors que la petite fiche carton, voilà, qu'on avait contenant deux mots clés dessus mais c'est tout. Et après on peut imaginer des produits de suivi quand on fait de la numérisation professionnelle on peut envisager de vendre les clichés, on peut envisager de faire des expositions virtuelles comme on a déjà eu, ou des petits dossiers sur internet ça peut être quand on fait un catalogue d'exposition forcément on va se servir de ces clichés-là, voilà »[532].

Il ressort clairement de la conversation que le fait de disposer de cartes avec une photo constitue un premier changement déterminant pour les pratiques des opérateurs. Le fait de pouvoir visualiser les objets, surtout dans une base de données aussi importante que celle de MAD Paris, est très important. Nous avons souvent constaté que les conservatrices elles-mêmes ont été surprises, par exemple, par les caractéristiques d'une affiche parce qu'elle ne correspondait pas à ce

---

[530] Entretien avec Professionnel 6 du 26 février 2018.

[531] Au moment de notre stage, Professionnel 1 était responsable de la base de données du département Publicité et Design graphique.

[532] Entretien avec Professionnel 1 du 10 avril 2019. Les citations suivantes sont issues du même entretien.

dont elles se souvenaient, ou qu'elles ont effectué des recherches pour voir des objets dont elles n'avaient pas une idée précise.

En outre, l'ajout d'images à la base de données a ouvert la voie à leur indexation iconographique, ce qui a amélioré et élargi les possibilités de recherche dans deux directions, tant vers les opérateurs que vers le public.

À ces avantages s'ajoute le fait que disposer d'images numériques multiplie les idées d'utilisations possibles, à des fins commerciales, comme la vente d'images ou la conception de catalogues, mais surtout — et l'on constate ici que l'intérêt des professionnels pour la médiation reste prioritaire — à travers des projets éditoriaux d'expositions virtuelles ou de dossiers thématiques.

Au-delà de tous ces avantages offerts par la numérisation, les opérateurs ne voient cependant pas de changement substantiel dans les finalités de leur travail : « on est toujours là pour décrire une affiche qu'on a sous les yeux et le visuel sert à l'illustrer et après, comme on ne peut pas les exposer de façon permanente, à les faire vivre autrement, à les présenter autrement, à les porter à la connaissance autrement ». Même si ce n'est pas radicalement, les pratiques semblent néanmoins avoir changé depuis que le regard du documentaliste se tourne vers l'image numérique et non plus vers l'affiche papier : « Je ne suis pas sûre que ça change la façon de travailler, on travaille peut-être plus par l'image que par la donnée ». Le travail avec des images numériques va de pair avec de nouvelles attentes et exigences de la part des utilisateurs. Proposer des fiches complètes avec des images est devenu la norme, non seulement pour compléter, améliorer et accélérer la demande d'information, surtout lorsque, comme dans le cas du département Publicité et Design graphique, la collection n'est pas accessible en permanence : «c'est intéressant et vraiment parce que nous, nos collections ne sont pas exposées de façon permanente et quand quelqu'un nous fait une demande, une recherche, de pouvoir envoyer le résultat de la recherche accompagné d'un visuel c'est quand-même mieux ».

Dans le passé, le visionnage des images par le public, comme nous l'avons rappelé, était déjà possible, mais se faisait en accédant aux diapositives disponibles dans le centre de documentation du musée, « il y avait des meubles qui s'appellaient *Abodia*, c'est le nom d'une marque, mais en fait on classait les diapositives, quand tu ouvrais les portes tu avais une lumière au fond et après tu avais des rails que tu tirais sur lesquels étaient posées toutes les diapositives on regardait les diapositives comme ça. »

Ce mode ne permettait pas à l'utilisateur d'effectuer des recherches de manière autonome : « Parce que du coup, tu avais la diapo, mais tu n'avais pas la fiche qui correspondait » et pour l'opérateur, accompagner l'utilisateur dans la recherche n'était pas facile : « Donc on pouvait déjà regarder l'image, sauf que c'était fastidieux, quand tu avais un chercheur, tu ne pouvais être qu'un sur les rails parce que tu ne pouvais tirer à droite et à gauche et mettre deux têtes dans le meuble… »

Avant la numérisation, la consultation du catalogue se faisait donc à deux moments distincts, lors de l'affichage de la diapositive et lors de la lecture de la notice descriptive. Par la suite, l'insertion des images numériques des diapositives dans la base de données a permis d'associer l'image et la notice, rendant ainsi possible la consultation simultanée. Cette opération a sans doute facilité la consultation du catalogue, mais elle a surtout simplifié les pratiques des professionnels, qui ont commencé à cataloguer et à décrire les affiches plus facilement et plus précisément, « J'ai ma notice et je mets l'image qui est en train d'être décrite, voilà ».

L'avènement des technologies numériques, qui ont permis de nouvelles formes de circulation et d'appropriation des images, a marqué un profond changement dans les pratiques des documentaristes du MAD Paris :

> « … c'est bien beau mais c'est toujours que en interne, mais d'un seul coup, avec les possibilités d'internet, paf ! Je vais pouvoir le donner à consulter autrement. Donc en fait, voilà il y a des évolutions mais, peut -être pas une révolution tant que ça non plus. Publier la photo d'une œuvre, ça existe depuis cent ans. Juste publier une photo d'œuvre. C'est donner la photo d'œuvre à publier entre guillemets aujourd'hui au monde entier, ça c'est différent. Avant c'était à celui qui achetait le journal, c'était à celui qui achetait le catalogue, à celui qui allait voir une affiche dans la rue parce que on avait reproduit une œuvre. Là maintenant on démultiplie la portée. La portée est démultipliée. Au moins il me semble que ce soit ça. Je parle toujours, dans mon usage personnel des collections. Après il y a probablement d'autres choses, dans d'autres endroits qui diffèrent, mais… »

Avec la diffusion d'images numériques sur Internet, il est possible pour chacun de consulter une partie des reproductions depuis n'importe quel appareil connecté et cela place l'utilisateur dans une situation d'autonomie puisqu'il peut effectuer des recherches parmi la sélection d'objets disponibles dans le catalogue, en réalisant des juxtapositions et des regroupements d'images.

La logique qui guide les opérateurs du centre de documentation est dictée par le principe de médiation et de mise à disposition du matériel numérisé à un large public ayant des exigences plus ou moins précises et définies. En fin de compte, ce n'est pas la numérisation qui est perçue comme le véritable changement, mais les programmes de base de données :

> « Pour nous, à la pub, qui a changé les choses, d'abord c'est la révolution informatique qui a fait ça, pas que le numérique. Le numérique est venu après. C'est parce qu'on a eu des logiciels qui nous ont permis d'informatiser notre fiche papier, de transposer le papier sur de l'informatique, alors qu'avant on feuilletait des petites fiches comme ça. Il fallait regarder, il y avait mille-cent, milles fiches Chéret, qu'il fallait que tu regardes comme ça, que tu prenais des notes si tu voulais quelque chose et que puis après tu te dis, "mais ça ressemble à quoi ?" Attendez, on va faire ça, on va ouvrir, ah bah je suis désolée on la voit pas elle n'est pas faite" Donc là après c'était un ordinateur, on me demandait Jules Chéret, hop, j'interrogeais, Jules Chéret et tout ressortait. C'était déjà mieux et je pouvais envoyer. Après il fallait toujours aller voir mais une petite image ».

Outre l'élargissement constant de l'offre afin d'accroître et de faciliter l'accès aux utilisateurs, l'intention des documentalistes est également de mettre en œuvre l'interopérabilité en vue de servir le public : « Ça c'est peut -être une révolution parce que tu peux le faire de chez toi si tu es pas véhiculé, mais au point de vue de la pratique muséale, oui ça se faisait déjà avant… La photo… mais c'est aller jusqu'à la personne en fait. En tout ça le numérique c'est "le numérique peut venir à toi" c'est pas toi qui va. Venir ici chercher l'image pour repartir chez toi. Là, si on arrive à mettre beaucoup plus en ligne, tu es chez toi, tu vas chercher l'image tout est virtuelle. C'est ça qui a vraiment changé ».

Professionnel 4, responsable du projet documentaire, est du même avis. Même de son point de vue, le numérique n'a pas représenté une révolution substantielle, mais il présente un réel intérêt pour les possibilités d'appropriation par le public et les opérateurs de musées eux-mêmes :

> « … moi je suis réservée là-dessus parce que c'est pas la numérisation en elle-même qui rend mobile, c'est ce qu'on fait. C'est plutôt les outils en ligne et les possibilités de réappropriation, d'utilisation, d'usage qui vont faire si c'est dynamique ou pas dynamique parce que tu peux publier une photo en ligne, tu la regardes et ne se passe rien, c'est comme si elle été collée sur le mur. [...] c'est le mot "nouvel" qui m'a un peu perturbé [...]c'est nouveau par rapport à quoi ? »

Les changements substantiels qui ont été perçus sont ceux de l'arrivée des technologies de l'information :

> « Mais disons que si on devait comparer avec le papier ou avec la recherche avec en tout cas… Disons que ce n'est pas la mise en ligne, mais c'est l'informatisation finalement. Parce que ce que ça a apporté c'est aussi des possibilités de recherche découplés parce que on a tellement augmenté les quantités d'objets gérés et les quantités d'objets visibles/montrés »[533].

3.3. Les ambitions des financeurs

En ce qui concerne les attentes des différents acteurs finançant les projets de numérisation, nous avons vu qu'elles varient selon que le financeur est public ou privé. En effet, lors des périodes d'observation dans les deux musées, nous n'avons jamais eu l'occasion d'obtenir le point de vue direct de ces acteurs, qui jouent certainement un rôle important dans les projets de numérisation. Cependant, leurs attentes transpirent indirectement des témoignages d'autres acteurs.

Dans le cas de MAD Paris, lorsque le financeur est le ministère de la Culture, l'intention est clairement d'étendre autant que possible le patrimoine publicitaire graphique national numérisé. C'est pourquoi les campagnes de numérisation qui ont été financées par des fonds publics n'ont pas donné la priorité à des affiches particulières, conformément aux attentes des opérateurs de musées. En fait, comme l'explique Professionnel 1, de leur point de vue, les objets des collections n'ont pas une valeur intrinsèque qui justifierait certaines priorités, mais puisqu'ils font partie des collections, ils ont droit au même traitement. S'il n'y a

---

[533] Entretien avec Professionnel 4 du 10 avril 2019.

pas de fonds pour une photographie professionnelle, ils procèdent de manière autonome à une photo documentaire :

> « Oui, et il y a de toute façon aussi, ne l'oublions pas, l'argent est le nerf de la guerre. Donc à un moment donné, si on a pas assez d'argent pour faire du numérique professionnel, on fait du documentaire. On se sert d'un scan ou d'un appareil photo interne. » Mais au moment où on fait rentrer les choses, on est contraints par un budget, on ne sait pas immédiatement à quoi cela va nous servir. On ne se pose pas ce genre de questions, quand ça rentre c'est parce que on a estimé que cette affiche était importante pour une raison ou pour une autre, on la fait rentrer dans les collections, on la traite comme tout le reste du fond, que ce soit une Lautrec ou un graphiste contemporain ou même quelqu'un d'inconnu. Mais parce que le sujet semble important, que ça soit juste une agence de com, et après il est décrit de la même façon, il est photographié de la même façon, il n'y a pas de valeur dans l'objet lui-même. Et après il y a aussi des choses, parce-que à cause de ces contraintes budgétaires, quand on a des petits flyers, des petites cartes de visite, quand Professionnel 8 collecte par rapport à l'identité visuelle, les affiches on les fait systématiquement photographier, car nous n'avons pas la place ni le matériel pour le faire, car de toute façon ce n'est pas jouable, les objets en 3D aussi, mais après tous les petits flyers, les petits prospectus, ça on va plutôt utiliser le scan, pour avoir un visuel d'identification.
>
> Et si un jour quelqu'un, pour des besoins d'édition ou autre, a besoin de qualité professionnelle, là on commande une prise de vue. »[534]

L'objectif principal étant de donner la visibilité la plus complète possible aux collections, la question de la qualité cède la place à la nécessité de rendre les collections accessibles et visibles.

Bien sûr, les financeurs n'ont pas le pouvoir de décider de ce qui doit être numérisé, mais le fait qu'un mécène participe financièrement à des projets de numérisation, soumet le projet à certaines conditions.

> « Non. Ils ne décident pas ce qu'il faut numériser. Le musée fait des propositions et ça a été ou pas accepté, soit ils étaient sensibles au sujet, ils trouvaient ça bien. Il a fallu lui faire des

---

[534] Entretien avec Professionnel 1, 10 avril 2019.

petits documents pour présenter les fonds à numériser, ce qu'on allait en faire, quelles étaient les contraintes. Il a fallu faire des petites fiches par fonds qu'on proposait et après ils ont arbitré. Ce ne sont pas eux qui sont venu me dire.... Pas que je sache et pas pour la pub, j'en suis certaine, "Moi je veux voir ça et je veux voir ça" ».

Un des facteurs qui oriente le choix des financeurs lors de la sélection des affiches à numériser est sans aucun doute leur notoriété. Dans le cadre des initiatives de parrainage et de mécénat, les financeurs externes décident souvent de mettre en avant les affiches les plus connues ou celles dont la valeur artistique est reconnue. Pour les donateurs privés, dont le but principal est de gagner en visibilité, associer leur nom à celui d'une institution culturelle prestigieuse contribue à leur notoriété[535]. C'est pourquoi les fondations et les sponsors donnent généralement la priorité aux pièces les plus populaires de leurs collections, comme celles signées par Leonetto Cappiello ou Jules Chéret, ou à certaines périodes comme la Belle époque ou la Sécession viennoise. Cela a un impact majeur sur la visibilité des affiches, car les pièces les plus importantes bénéficieront, au fil du temps, de différents formats numériques de plus en plus actualisés. D'autre part, les deux principaux problèmes que sont la limitation des ressources pour la numérisation et l'obsolescence des supports risquent de limiter l'accessibilité et la visibilité de toutes les affiches qui, sur la base de critères de représentativité, ne sont guère incluses dans les campagnes de numérisation.

Dans le cas de la collection Salce, déjà lors du premier catalogage numérique dans les années 1990, le financeur privé, une société de publicité italienne bien connue, a été motivé par la présence massive de marques publicitaires dans la collection. Aujourd'hui, le musée est actif dans la recherche de fonds privés, précisément dans le domaine industriel, en tirant parti de l'attrait de la vaste représentation publicitaire des entreprises à travers leurs affiches publicitaires.

En général, on peut donc dire que, selon le personnel des deux musées que nous avons interrogés à ce sujet, les financeurs privés préfèrent la numérisation des spécimens les plus célèbres, car cela donne plus de notoriété à leur nom et plus de visibilité à leurs actions de mécénat. D'autre part, l'intérêt principal du financement public semble être

---

[535] C'est sur ce même sujet que le MAD Paris base sa campagne de recherche de mécénat.

d'accroître la visibilité des collections, certes pour des raisons de prestige national, mais surtout pour exploiter le potentiel de la numérisation, en favorisant l'accès le plus large possible à celle-ci, dans une perspective de démocratisation culturelle.

Chapitre VI. Organiser les contenus numériques

La littérature professionnelle traitant de la numérisation met très souvent en évidence les complexités de ce processus aux multiples facettes, surtout lorsqu'il se déroule dans le secteur du patrimoine, d'autant plus que la numérisation des objets culturels joue un rôle stratégique tant pour la conservation que pour la valorisation des biens patrimoniaux. De plus, aujourd'hui, les institutions patrimoniales misent sur la numérisation pour atteindre le double objectif de diffusion des connaissances et de démocratisation culturelle[536].

Compte tenu de ce cadre général et après avoir observé ce qui se passe dans les deux contextes muséaux qui font l'objet de notre recherche, un premier constat concerne le rôle prépondérant que jouent les documentalistes et les conservateurs dans ce domaine. Le travail constant de ces professionnels s'effectue à travers une série d'opérations d'organisation du contenu visant à rendre les substituts numériques des affiches visibles dans les environnements numériques. À travers une succession d'actions visant à documenter, redocumenter et concevoir de nouveaux modes de publication de contenus, ces professionnels sanctionnent les étapes de la circulation des artefacts graphiques dans l'environnement muséal. Leurs actions sont nécessaires pour donner une visibilité aux affiches numérisées en favorisant leur circulation dans les environnements numériques, mais pas seulement. Comme le souligne Matteo Treleani, toutes les actions de numérisation et de publication en ligne ne font pas seulement partie d' « une activité exposant au public un patrimoine déjà existant, stocké quelque part et mis occasionnellement à disposition, indépendamment de sa lisibilité

---

[536] Claerr, Thierry et Westeel, Isabelle, *Numériser et mettre en ligne, op. cit.*, p.7.

collective »[537], mais contribuent à la constitution même du patrimoine numérique.

1. Numériser, un ensemble d'activités interconnectées

La littérature professionnelle sur la numérisation s'accorde à dire que les projets de numérisation ne doivent pas être considérés comme des projets autonomes, mais doivent être intégrés dans une politique plus générale de l'institution. Cette approche serait la seule capable de prendre en compte les différents domaines d'activité impliqués et les multiples conséquences qui découlent de ce type de projets[538]. Dans le guide *Numériser et mettre en ligne,* auquel nous avons fait référence à plusieurs reprises, les auteurs développent en détail les trois principaux aspects à considérer dans la mise en œuvre d'un projet de numérisation : la préservation, la médiation et l'exploitation, et l'appropriation du contenu. Premièrement, la numérisation favoriserait la préservation en permettant de consulter les copies numériques au lieu des originaux qui sont dans un état de conservation précaire et donc difficiles à exposer. Deuxièmement, on insiste sur le potentiel d'un corpus numérique en termes de diffusion et de valorisation des collections à des fins culturelles, avec la création de dossiers thématiques, de formats multimédias ou d'expositions virtuelles, à des fins scientifiques et éducatives (avec la possibilité de fournir des matériaux pour la recherche et l'enseignement à distance). Enfin, troisièmement, les possibilités offertes aux usagers seraient à considérer, notamment la possibilité d'améliorer et de faciliter la consultation, la recherche et l'appropriation de matériel.

Cette littérature professionnelle s'adresse principalement aux personnels des bibliothèques, puisque, comme nous l'avons déjà souligné, les références spécifiques aux musées, en ce qui concerne la numérisation des affiches, restent plutôt rares.

Dans les pages suivantes, nous verrons comment l'observation a permis de constater que la numérisation dans les deux musées est un processus qui se manifeste par de multiples aspects et effets. Chaque étape de ce processus a des conséquences qui concernent notamment la préservation, la médiation du patrimoine numérique et la gamme de

---

537 Treleani, Matteo, *Qu'est-ce que le patrimoine numérique ? : une sémiologie de la circulation des archives, op.cit.*, p.54.

538 Claerr, Thierry et Westeel, Isabelle, *Numériser et mettre en ligne, op. cit.*

services offerts aux publics. Nos observations ont révélé des aspects de la numérisation qui vont au-delà du processus simple et rapide de conversion d'un support analogique en données numériques. La photographie professionnelle ou documentaire produit des images numériques, mais la prise photographique n'est qu'une étape d'un processus plus large. La numérisation apparaît plutôt comme un processus de reconfiguration et de recontextualisation, impliquant toute une série d'actions interconnectées qui nécessitent, comme nous le verrons, des opérations préalables longues et complexes.

1.1. La numérisation des artefacts graphiques : pas un simple transfert de support

Dans le langage courant la numérisation est associée au moment où un objet physique (texte, image, audio, vidéo) est converti en une copie numérique au moyen d'un dispositif technique. En fait, le mot « numériser » désigne le processus de transposition d'un document analogique au format numérique. En effet, techniquement, comme l'explique Bruno Bachimont : « La numérisation permet d'obtenir une inscription numérique d'un contenu, le fixant dans un matériau binaire »[539].

Cependant, il est beaucoup plus difficile de prendre en compte le contexte général et toutes les autres opérations qui rendent ce passage possible. À cet égard, Bachimont poursuit : « plus généralement, la numérisation s'inscrit dans une démarche globale selon laquelle l'inscription va être codifiée selon un format technique permettant sa manipulation. L'inscription codifiée peut être manipulée techniquement pour être transformée et redonner le contenu véhiculant la forme d'expression initiale, restituant aux lecteurs le contenu que l'inscription numérique aura permis de fixer »[540]. Il s'agit donc d'un processus qui se déroule au travers des actions de reconfiguration et de recontextualisation des matériaux, qui nécessitent du temps et des ressources humaines et financières. Cela s'inscrit dans un projet plus vaste dans lequel certaines étapes préliminaires, telles que le catalogage et la restauration, doivent également être prises en compte, car elles contribuent à allonger les délais et à augmenter les coûts financiers.

---

[539] Bachimont, Bruno, *Patrimoine et numérique : technique et politique de la mémoire*, *op. cit.*, p.74.

[540] *Ibid.*

Les professionnels que nous avons rencontrés ont souvent insisté sur le fait que l'apparente simplicité des projets de numérisation se heurte à l'aspect caché des « coulisses » de leur mise en œuvre. Ils impliquent des complications qui, dans le cas spécifique des objets publicitaires, sont dues à l'hétérogénéité de ces matériaux (numériser une boîte publicitaire ou un éventail n'est pas la même chose que numériser une affiche), ou au nombre d'objets à traiter (les collections de publicité et de graphisme sont très souvent composées d'une myriade d'objets), ou encore à l'encombrement et à la fragilité de certains supports (comme nous l'avons vu, c'est le problème typique des affiches et, plus généralement, des *éphémères*).

Comme l'explique Professionnel 1, il y a de nombreuses variables à prendre en compte lorsqu'on aborde le processus de numérisation. Selon sa définition, l'utilisation de ce terme ne se limite pas simplement à indiquer « un objet et sa représentation numérique » :

> « Après numérisées ça dépend, tu me parles aussi de qualité professionnelle ou ça peut être le documentaire. La numérisation, tu vois le mot, il faut pas le galvauder non plus, il y a pleins de choses derrière. C'est pas juste objet et représentation numérique parce que on fait aussi, quand on fait du récolement [...] donc voilà tout dépend aussi là de quoi tu parles »[541].

De plus, des conséquences techniques sont à considérer, comme les différents usages qui découlent de la qualité des reproductions numériques, « de la photo numérique mais avec nos appareils photo et c'est du documentaire on peut pas après les valoriser autrement que voilà j'ai une image dans la base de données on peut pas vendre ce cliché là à un client ou l'envoyer chez notre prestataire qui fait de la vente en ligne ».

Il est donc important de saisir ce qui est réellement en jeu dans les processus de numérisation, car, pour reprendre une synthèse efficace de l'historienne du design Raimonda Riccini, « numériser ne signifie pas scanner »[542]. De ce point de vue, étudier un processus de numérisation sur le terrain signifie donc rechercher et observer tous les différents éléments constitutifs de ce processus : les opérations qui sont liées et

---

[541] Entretien avec Professionnel 1 du 10 avril 2019.

[542] Riccini, Raimonda, « La solitudine dell'oggetto digitale », *Graphic design as cultural object : History, heritage and mediation in the digital age*, Università Iuav di Venezia, 22 février 2018.

interconnectées, et les processus qui se produisent avant ou après les actions de numérisation proprement dites.

Dans le chapitre précédent, nous avons vu comment les choix concernant les affiches à numériser sont conditionnés par la disponibilité des fonds et des ressources techniques. La sélection des affiches est donc une première étape du processus de numérisation, qui débouche sur une seconde étape consistant en la restauration éventuelle des pièces les plus fragiles. En général, si elle est prévue, la restauration des affiches a lieu avant leur numérisation, ce qui permet d'obtenir une reproduction numérique de meilleure qualité.

Au Museo Nazionale della Collezione Salce, ces opérations ont été réalisées sur tous les matériaux qui le nécessitaient, puisque le financement a permis de couvrir tous ces coûts. Cette condition a permis de restaurer certaines pièces, notamment celles que la directrice considère comme les plus précieuses, puis de les photographier de manière professionnelle.

Au MAD Paris, les affiches déjà présentes dans la collection sont restaurées avant d'être numérisées, lorsque le financement le permet, et sur ce point, les conservatrices, à l'instar de ce qui a émergé sur la scène italienne, semblaient unanimes pour considérer la restauration des affiches comme idéalement préalable à la numérisation. Cependant, nous avons observé que, pour les conservatrices du MAD Paris, l'intérêt de disposer d'une copie numérique des affiches et la restauration des pièces sont deux actions qui ne vont pas forcément de pair. L'ambition des conservatrices parisiennes est de pouvoir bénéficier d'opérations de restauration afin d'assurer la pérennité des affiches et leur donner une plus grande visibilité. Pour répondre au besoin constant de restauration qui, comme nous l'avons vu, touche particulièrement les affiches en raison de leur fragilité, les conservatrices incluent parfois certaines affiches dans les campagnes de numérisation, avant tout pour pouvoir les restaurer. Ce point de vue diffère de celui du personnel de l'institution italienne pour lequel, au contraire, la volonté de restaurer les affiches semble très importante afin d'améliorer la qualité esthétique de la reproduction photographique. À ce propos, au Museo Nazionale della Collezione Salce, la directrice a attiré notre attention à plusieurs reprises sur le problème des résidus de ruban adhésif sur les affiches de la collection (rappelons que Salce avait « réparé » et renforcé ses affiches avec du ruban adhésif). Ce matériau innovant, qui semblait être une solution pour le collectionneur à l'époque, a irrémédiablement endommagé le papier et ce n'est qu'après une restauration minutieuse qu'il a été possible d'atténuer les dégâts. Toutes les pièces n'ont pas pu bénéficier de ce traitement et, par conséquent, une grande partie de la collection présente ces traces « distinctives », qui sont soigneusement effacées sur les photos des catalogues.

Une tout autre manière de faire se retrouve au MAD Paris, où il est apparu à plusieurs reprises lors de conversations informelles qu'il est d'usage que les conservatrices demandent au photographe de leur remettre les clichés réalisés avant les retouches esthétiques nécessaires à la mise en ligne du site institutionnel. Du point de vue des photographes, il est en effet nécessaire d'améliorer l'aspect des images en effaçant les traces d'usure. Comme nous l'a par exemple expliqué l'assistant de conservation, les photographes ont tendance à effacer les bords car ils les considèrent comme « esthétiquement laids ». Du point de vue des conservatrices, cependant, ce maquillage nuit non seulement à l'authenticité de l'image de l'objet de musée, mais devient également inutile à des fins professionnelles car il altère l'image de l'état réel de l'affiche.

La restauration des affiches avant leur numérisation est toujours considérée en principe comme souhaitable, voire incontournable, mais nous avons constaté qu'en réalité, le financement n'est pas toujours en mesure de couvrir ces coûts supplémentaires. Dans le cadre des projets de numérisation, la sélection des affiches et leur restauration sont des opérations que nous appelons « préliminaires » à la création des copies numériques. Ces actions, qui sont menées en amont, ont des répercussions sur la visibilité des affiches qui ne répondent pas aux critères de sélection, ne seront pas numérisées et ne bénéficieront donc pas de la restauration préalable. La conséquence directe pour les exemplaires non restaurés est que, afin de limiter l'usure, leur accès et les possibilités de les exposer seront restreints. En plus, ne disposant pas de copie numérique, la visibilité en ligne est ainsi limitée.

Une fois les restaurations effectuées sur les affiches sélectionnées, l'étape suivante a consisté, dans le cas du MAD Paris, à créer, intégrer, ou corriger les fiches de catalogue. En revanche, dans le musée italien le catalogage a été réalisé en un seul projet par l'Istituto Centrale del Catalogo et la photographie professionnelle a été effectuée en parallèle. L'insertion des objets dans la base de données a nécessité un travail important sur le catalogue, transformant en métadonnées toutes les informations nécessaires à la description des affiches. Ces opérations de réécriture prennent beaucoup de temps. Il s'agit donc de toute une série d'opérations qui se succèdent et qui constituent ce que Jeanneret entend comme la « dimension logistique de la médiatisation »[543] et qui jettent les bases de la production ultérieure de contenu éditorial. Dans ce contexte, les conservateurs et les documentalistes n'interviennent pas seulement dans la « dimension passive de la préservation » en tant que gardiens « invisibles » d'objets en attente d'être ramenés à la vie[544]. Les actions de documentation de ces matériaux conservés dans un état de latence présumé, jouent un rôle clé dans la reconstruction mémorielle de la publicité.

1.2. De la documentarisation à la redocumentarisation

Dans le chapitre précédent, nous avons mentionné l'importance du catalogage comme étape de la muséalisation des affiches, qui officialise leur existence dans les collections des musées. Comme confirmation de ce fait, nous pouvons nous référer à l'existence de matériel dans les dépôts des deux musées qui attend d'être catalogué. Comme nous l'a expliqué la conservatrice Professionnel 2, ces spécimens, à partir du moment où il a été décidé de les accepter, sont stockés et dans certains cas, classés de manière informelle dans des groupes thématiques : « affiches polonaises, expo étrangères, etc. ».

Les dépôts détiennent donc de nombreuses affiches qui, bien que ne faisant pas officiellement partie des collections, sont de fait acquises[545]. Il est donc nécessaire de cataloguer ces objets avant toute numérisation. Dans le cadre de nos observations nous avons pu constater le rôle important du catalogue qui est placé « au cœur d'une planification stratégique »[546], comme dans le cas de la Collezione Salce[547] ou qui constitue « l'épine dorsale des collections »[548] dans le cas du MAD Paris. Le catalogage n'est donc pas seulement une étape du processus de muséalisation des affiches, mais une autre étape préliminaire nécessaire à tout projet de numérisation. La transition vers le numérique

---

[543] Jeanneret, Yves, *Penser la trivialité, vol. 1, La vie triviale des êtres culturels*, *op.cit.*, p. 194.

[544] Assmann, Aleida, « Canon and Archive », *op.cit.*

[545] En ce qui concerne le musée italien, l'exemple de matériel existant mais non catalogué est la collection d'affiches récemment donnée, la collection Ricca. Au MAD Paris, par contre, il y a un certain nombre de dons différents que le musée a acceptés en attendant de les sélectionner et de décider s'il faut les garder ou les rendre. Il y a aussi des cadeaux qui attendent d'être inventoriés, mais faute de personnel, ils restent en attente.

[546] Majoli, Luca, « La catalogazione della Collezione Salce », *op.cit.*,p. 175.

[547] *Ibid.*

[548] Entretien avec Professionnel 1 du 20 juin 2016.

s'effectue dans un contexte où « la rapidité de l'opération d'encodage ne doit pas faire oublier la lenteur du catalogage »[549].

La transition vers le numérique doit donc être pensée en même temps que toutes les actions nécessaires de « documentation » et de « re-documentation » comprises ici dans les acceptions proposées par Jean-Michel Salaün.

Par le terme « documentarisation » Salaün entend la manière dont les professionnels de la documentation traitent le document de manière traditionnelle – dans notre cas, des affiches en papier – pour indiquer les opérations d'inventaire, de classement, de catalogage et de mise à disposition du public. Le but de ces opérations est d'optimiser l'utilisation d'un document en facilitant l'accès à son contenu[550]. Selon Salaün, le passage au numérique implique par nature une re-documentarisation et celle-ci consiste en un nouveau traitement du document traditionnel, désormais transposé sur un support numérique[551]. C'est donc en ce sens que les technologies numériques conduisent à un processus de « redocumentarisation ». Ce processus est considéré par Salaün comme l'action de traiter à la fois les documents traditionnels qui ont été numérisés et l'action de fournir les métadonnées essentielles à la traçabilité de l'évolution des documents numériques. La redocumentarisation est donc une nouvelle forme de documentarisation qui reflète, ou du moins tente de le faire, une organisation « post moderne de notre rapport au monde »[552] .

Salaün s'attarde également sur les étapes préliminaires à l'exploitation des documents dans un contexte numérique : « dans un premier temps, il s'agit de traiter à nouveau des documents traditionnels qui ont été transposés sur un support numérique en utilisant les fonctionnalités de ce dernier. [...] Il s'agit alors d'apporter toutes les métadonnées

---

549 Chevry-Pébayle, Emmanuelle, De Iulio, Simona « Les collections d'affiches publicitaires numérisées : entre construction de l'offre et appropriations », *op. cit.,* p. 45.

550 Comme l'explique Salaün, la documentarisation repose sur l'ordre documentaire issu de la presse et s'inscrit dans les quatre âges de l'imprimé entre le deuxième (la presse) et le troisième (la paperasse). Chacun de ces âges indique des organisations sociales et idéologiques différentes, les deux premiers âges étant ceux marqués par la nécessité de mettre de l'ordre dans les documents et donc par l'arrivée de la documentarisation. Cf. Salaün, Jean-Michel « La redocumentarisation, un défi pour les sciences de l'information », *Études de communication,* 30, 2007, pp. 2-3. [En ligne]

551 La redocumentarisation marque un des passages dans les quatre âges de l'imprimé, plus précisément celui entre le troisième âge, dit de la « paperasse », et le quatrième âge qui est celui des « fichiers », *Ibid,* p. 2

552 Salaün, Jean-Michel, « Introduction : Comprendre et maîtriser la redocumentarisation du monde », in Salaün, Jean-Michel, Charlet, Jean *La redocumentarisation du monde*, Cépaduès Édition, Montréal, 2007, p. 16.

indispensables à la reconstruction à la volée de documents et toute la traçabilité de son cycle »[553]. L'une des étapes consiste donc à transposer les documents existants sur un nouveau support, comme ce fut le cas avec l'informatisation des dossiers papier sur Micromusée pour le MAD Paris, ou la création de la *Scheda*-S sur la plateforme *SIGECweb* pour le Museo Nazionale della Collezione Salce. Autant d'opérations clés qui déterminent un changement de statut des affiches, puisque selon Salaün, « la numérisation d'un corpus documentaire n'est pas une simple « traduction » d'un support à l'autre, mais un processus de reconfiguration qui s'opère à travers une nouvelle mise en contexte et de nouvelles formes d'accès »[554]. Rendre accessible les catalgoues des collections le sur le web, selon Nathalie Casemajor, contribue à sa re-documentarisation, « c'est-à-dire à l'ajout de nouvelles strates d'information dont les métadonnées constituent le noyau central, modifiant ainsi les conditions de circulation et d'interprétation de cette collection »[555]. Au terme de ce processus, Salaün souligne comment « le document participe au processus et y joue même un rôle clé, mais il s'est transformé au point que l'on peut se demander s'il s'agit encore de la même entité »[556].

Nos observations et également l'expérience directe que nous avons pu faire des opérations de catalogage, nous ont permis d'acquérir des connaissances sur le déroulement de cette étape. Le travail de compilation des notices catalographiques, qui est effectué par les documentalistes et les conservateurs, consiste à attribuer des métadonnées qui servent à reconstituer l'indexation du document original et contribuent à la construction du document numérique[557]. Les notices en format papier transposés sous forme numérique sont retravaillés en utilisant les fonctions du nouveau support[558]. Ainsi, les substituts numériques des affiches papier « acquièrent la plasticité des documents nativement numériques et peuvent profiter des possibilités

---

[553] Salaün, Jean-Michel « La redocumentarisation, un défi pour les sciences de l'information », *op. cit.*, p.3.

[554] Casemajor Loustau, Nathalie, « La contribution triviale des amateurs sur le Web : quelle efficacité documentaire ? », *Études de communication*, 36, 2011, p. 2. [en ligne]

[555] *Ibid.*

[556] Salaün, Jean-Michel, Introduction : Comprendre et maîtriser la redocumentarisation du monde, *op, cit.*

[557] Treleani, Matteo, Mémoires audiovisuelles : les archives en ligne ont-elles un sens ?, op.cit., chap. 1 s.p.

[558] Salaün, Jean-Michel, « La redocumentarisation, un défi pour les sciences de l'information », *op.cit.*

de cette nouvelle dimension »[559]. Cette plasticité acquise par les affiches numérisées leur confère un nouveau statut : « le document participe au processus et y joue même un rôle-clé, mais il s'est transformé au point que l'on peut se demander s'il s'agit encore de la même entité »[560].

De même, comme nous le verrons en détail dans le chapitre suivant, lors de la campagne de numérisation de la Collezione Salce : les catalogueurs ont compilé les fichiers de l'ensemble de la collection avant la campagne photographique, afin de créer une base de données centralisée au niveau national : « Cette opération complexe a comporté toute une série d'opérations : la reconnaissance de l'inventaire des matériaux, la collecte et la structuration scientifique des informations, leur corrélation avec les besoins de conservation, l'organisation du fonds documentaire et, enfin, la publication de l'oeuvre, selon les modalités de communication requises par l'accessibilité des données, leur partage et la possibilité de leur réutilisation. »[561]

Toutes les actions menées par les professionnels des institutions patrimoniales contribuent à faciliter la visualisation et la circulation des artefacts publicitaires du passé, à les recontextualiser et à les enrichir de sens. Nous sommes donc confrontés à toute une série d'opérations qui font partie des campagnes de numérisation. Comme cela a été remarqué, l'énumération et la classification sont des processus invisibles qui façonnent les choses[562] et donc, pour citer Yves Jeanneret et Emmanuel Souchier, nous pouvons dire qu'ils agissent comme un « processus social déterminé qui demeure largement invisible du public, mais qui peut néanmoins être appréhendé à travers la marque qu'impriment les pratiques de métiers constitutives de l'élaboration, de la constitution ou de la circulation des textes »[563].

---

559 *Ibid.*

560 *Ibid.*

561 Majoli, Luca, « La catalogazione della Collezione Salce », *op. cit.*, p. 175.

562 Bowker Geoffrey, C.; Star Susan Leigh, *Sorting Things Out: Classification and Its Consequences*, Mit Press, Boston, 1999 ; Eco, Umberto, *Vertigine della lista*, Bompiani, Milano, 2009.

563 Jeanneret, Yves et Souchier, Emmanuël. « L'énonciation éditoriale dans les écrits d'écran ». *Communication et langages*, n°145, 3e trimestre 2005. « L'empreinte de la technique dans le livre », p. 6.

2. Les enjeux du catalogage dans la vie numérique des affiches

Les objets conservés dans les musées et faisant partie des collections publiques sont signalés dans les enregistrements officiels qui attestent leur existence et leur appartenance aux registres nationaux. Les contextes français et italien sont similaires à cet égard, puisque dans les deux pays, les principales mentions obligatoires sont l'inscription au registre d'inventaire des collections nationales et la création de la fiche catalogue des collections des musées. Le MAD Paris dispose d'un service spécifique pour ce type de tâche qui est le *Service des acquisitions de l'inventaire et des dépôts*, (nous le rappelons, c'est ici que nous avons effectué une partie de notre stage). Le Service publie un supplément annuel au registre d'inventaire contenant les nouvelles acquisitions et l'envoie au ministère de la Culture en tant que mise à jour du registre national. Après l'enregistrement, le numéro d'inventaire d'un objet est obtenu et sa fiche de catalogue peut être créée. Il est utile de préciser que l'inventaire et le catalogage sont deux opérations différentes, comme l'explique Professionnel 3 :

> « Les deux sont des opérations essentielles pour la mise en valeur des fonds, et permettent l'accès et la consultation. L'inventaire permet d'établir la liste des documents conservés par l'institution ; le catalogage mise à produire une description standardisée, ou normalisée des documents [...] Alors, le catalogage relève plus du centre de documentation, alors que l'inventaire, c'est la fiche technique, le descriptif au moment de l'entrée physique dans les collections [...] Une fois qu'une œuvre est entrée dans les collections, on n'a plus le droit d'y toucher »[564].

Ces deux opérations font référence à deux enregistrements aux fonctions différentes qui servent à codifier le même objet dans les collections patrimoniales. L'inventaire pourrait être assimilé à l'attribution d'une sorte de code à un objet qui formalise son existence et fixe ses principales informations techniques, qui restent inchangées. Le catalogage, quant à lui – qui, comme l'inventaire, utilise un langage normalisé – vise également à produire une fiche descriptive, mais contrairement à l'inventaire, il est évolutif, car les informations qu'il contient peuvent être constamment modifiées, intégrées et corrigées. À l'opposé de l'inventaire, on pourrait le définir comme la carte d'identité

[564] Entretien avec Professionnel 3 du 10 avril 2019.

de l'objet, puisqu'il contient toute une série d'éléments d'information, de la technique au contextuel, comme l'état de conservation, ou la localisation. Les notices du catalogue du MAD Paris sont contenues dans une base de données consultable dans son intégralité par les opérateurs autorisés grâce au logiciel *Micromusée.*

L'inventaire et le catalogage sont deux opérations qui sont effectuées également au Museo Nazionale della Collezione Salce où les objets sont inventoriés et catalogués selon la réglementation en vigueur en Italie. Cependant, contrairement au musée français, les fiches de catalogue (ainsi que les fiches d'inventaire) ne sont pas établies par le personnel du musée mais, comme nous l'avons mentionné précédemment, la création et l'établissement de ces fiches sont délégués à un organisme externe. Ceci est dû au fait qu'en Italie, c'est l'Istituto centrale del catalogo et della documentazione qui définit les normes de catalogage au niveau national pour le patrimoine archéologique, architectural, historique, artistique et démo-ethno-anthropologique national, en coordonnant tous les enregistrements des biens appartenant aux collections de l'État italien[565]. Grâce à ce système, l'ensemble du flux des opérations, du catalogage à l'édition des fiches du catalogue du patrimoine culturel, est centralisé, garantissant ainsi l'uniformité et l'univocité des données saisies. Ainsi, au Museo Nazionale della Collezione Salce les entrées du catalogue ne sont pas stockées dans une base de données au musée, mais sont hébergées sur la plateforme *SIGECweb* appartenant à l'ICCD. Cependant, avant l'informatisation, la Collezione Salce et les collections du MAD Paris disposaient de catalogues sous forme de dossiers papier. La consultation ne pouvait avoir lieu que sur place et était éventuellement accompagnée de la visualisation de diapositives.

2.1. Le catalogage avant l'informatisation dans les deux musées

Le premier catalogue de la Collezione Salce, comme nous l'avons vu, remonte au début des années 1970 et a été réalisé par la direction des Musei Civici, qui était alors chargée de sa tutelle. Ce catalogue n'a pas été transmis au moment du passage de consignes entre le Museo

---

[565] Sous l'égide du Ministero per i Beni e le Attività Culturali (MIBAC), l'ICCD élabore les normes pour cataloguer le patrimoine national en collaboration avec les régions. Il couvre divers types de patrimoine, tels que l'archéologique, l'architectural, l'ethno-anthropologique, le numismatique et l'historico-artistique, en fournissant des fiches d'enregistrement spécifiques à chaque type.

Nazionale della Collezione Salce et les Musei Civici et nous n'avons donc pas pu le consulter. Cependant, les écrits de l'ancien directeur, Eugenio Manzato, fournissent plusieurs informations utiles pour comprendre les méthodes de catalogage et de consultation qui avaient été conçues et mises en œuvre. À l'époque où la collection se trouvait aux Musei Civici, l'enregistrement était effectué sur des fiches en papier indiquant le numéro d'inventaire, l'auteur, le titre, la date, les dimensions et une brève description de l'affiche. Les fiches étaient conservées dans des tiroirs en bois et triées en fonction du numéro d'inventaire. À ces fiches s'ajoutait une liste récapitulative dactylographiée, rassemblée dans quatre classeurs, que nous avons pu consulter car elle est arrivée au Musée où elle est toujours conservée (voir figure ci-dessous.).

Figure 13. Liste récapitulative complète dactylographiée de la Collezione Salce

Figure 14. Extrait de la liste récapitulative dactylographiée de la Collezione Salce

Comme l'explique Eugenio Manzato, il existait également des listes par auteur et par sujet et la consultation aux Musei Civici était possible en complétant la lecture des fiches du catalogue par le visionnage des diapositives. Elles étaient moins nombreuses que les affiches existantes (18 000 sur 24580) car la documentation photographique n'était pas considérée comme essentielle pour les affiches « doubles » de la collection[566]. Cependant, comme nous le verrons, lorsque le moment est venu de procéder au catalogage informatisé de la collection effectué par l'ICCD, l'équipe de catalogueurs a créé un dossier pour chaque pièce de la collection et des photographies ont été prises pour chaque affiche individuelle (rappelons qu'il s'agissait du catalogage des 24 580 affiches de la collection historique).

Au MAD Paris, comme nous l'avons vu, la consultation pouvait se faire à la fois par le biais de fiches papier et de diapositives, les deux n'étaient pas associées : on regardait la diapositive et on consultait la fiche pour compléter l'information. Dans les deux musées, les premières fiches complètes de reproduction d'affiches ont été réalisées en même temps au milieu des années 1990. L'arrivée de l'informatique a ensuite permis d'associer la photo à la fiche de catalogue.

[566] Manzato, Eugenio, « Cronache di un ventennio con la Collezione Salce », *op.cit.*, p 146.

2.2. La Scheda-S et la plateforme SIGECweb dans le cas de la Collezione Salce

Le catalogage de la Collezione Salce, qualifié de « scientifique » dans le rapport rédigé par le responsable[567], a été réalisé selon la norme ICCD et informatisé sur leur plateforme *SIGECweb*. Les travaux ont commencé en décembre 2012 et se sont achevés en 2014. Par la suite, tous les dossiers ont été publiés en plusieurs mises à jour sur le site du ministère de la Culture et sur le site institutionnel du musée.

Afin de cataloguer les différents types de biens présents sur le territoire national, l'ICCD distingue les biens archéologiques, environnementaux et architecturaux, naturalistes, ethno-anthropologiques, numismatiques et historico-artistiques. Différentes fiches sont utilisées pour la description spécifique du bien en question : la *Scheda* OA pour les œuvres et objets d'art, la *Scheda* D pour les dessins, la Scheda S pour les imprimés, la S*cheda* F pour les photographies, la *Scheda* OAC pour les œuvres d'art contemporain, la *Scheda* PST pour le patrimoine scientifique et technologique, etc. Comme nous l'avons vu dans le premier chapitre, jusqu'en 1995, il n'existait pas de fiche spécifique pour le catalogage des affiches en Italie et les institutions muséales utilisaient donc la *Scheda* OA pour l'objet d'art. Avec l'entrée en vigueur de la nouvelle réglementation, la *Scheda*-S pour les imprimés est utilisée pour les affiches, dans la version 3.00[568]. La préface du texte présentant cette fiche contient une précision intéressante à noter car elle tient compte d'un des problèmes du catalogage des affiches : « La même structure peut également être utilisée pour le catalogage des affiches, qui n'entrent pas dans la catégorie des imprimés mais peuvent y être assimilées en termes de classification. »[569]. En effet, la particularité de ce type de fichier était d'inclure dans les champs descriptifs des éléments considérés comme très importants pour identifier les affiches, tels que les éditeurs-imprimeurs, la présence éventuelle d'inscriptions et de marques, ou le tirage. En plus sont présentes d'autres entrées plus générales telles que la description de l'objet, la datation, l'auteur (ou le domaine culturel, l'éditeur ou le commanditaire), les dimensions, le statut juridique, la documentation photographique et le nom du compilateur. Le choix de

---

[567] Majoli, Luca, « La catalogazione della Collezione Salce », *op. cit.*

[568] Gruppo di lavoro sulla digitalizzazione di bandi, manifesti e fogli volanti (sous la dir. de), *Linee guida per la digitalizzazione di bandi, manifesti e fogli volanti, op.cit.*, p.24-25.

[569] Gruppo di lavoro sulla digitalizzazione di bandi, manifesti e fogli volanti (sous la dir. de), *Linee guida per la digitalizzazione di bandi, manifesti e fogli volanti, op.cit.*, p. 25.

cette norme a été dicté par le type de matériel de la collection : « L'évaluation [de la norme de catalogage] n'était pas une évidence, étant donné la nature "interdisciplinaire" du matériel de la collection »[570].

Le rapport montre que la typologie du matériel graphique de la collection se situe à la frontière de différentes compétences et entre des modèles descriptifs élaborés dans différents champs disciplinaires : celui du bibliothécaire selon le protocole SBN MARC et l'alternative de la *Scheda*-S : « Le choix s'est porté sur l'adoption du modèle de la Scheda S dans la version 3.00 la plus actualisée. Cette décision a été soutenue par une analyse détaillée des problèmes spécifiques, qui a montré qu'il n'y avait pas de différences substantielles dans la méthodologie analytique entre les graphiques industriels et les techniques d'impression traditionnelles »[571]. Comme l'explique la directrice du Museo Nazionale della Collezione Salce, tout le classement descriptif a été réalisé et testé sur le terrain, en suivant les besoins et les suggestions rencontrés au cours du processus[572]. Par exemple, les termes « objet » et « matériel et technique » ont été introduits pour répondre aux particularités de ces artefacts graphiques. En particulier, la *Scheda*-S a été conçue *ad hoc* pour cataloguer les affiches de la Collezione Salce. De nouveaux termes ont été insérés et validés pour rendre la description appropriée aux spécificités des affiches : « affiche », « playbill », « tableau », « calendrier » avec leurs spécifications typologiques « publicitaire, politique, théâtral, propagande ». Les techniques d'impression, telles que la chromolithographie, l'impression photomécanique, l'offset, etc. ont également été incluses. En outre, d'autres ajustements ont été introduits et, à ce propos, la lecture du rapport fait apparaître quelques considérations intéressantes : « Sur le plan de la cohérence strictement conceptuelle, des tests préliminaires ont été effectués pour vérifier la compatibilité du langage imagé de la publicité ou de la propagande politique avec le système de classification iconographique *Iconclass*, le standard adopté dans les directives de l'Institut comme référence pour la compilation de la "description du sujet". Les résultats des tests ont clairement mis en évidence l'irréductibilité du contenu des affiches publicitaires aux catégories iconographiques établies »[573]. Ces éléments

---

570 Majoli, Luca, « La catalogazione della Collezione Salce », *op.cit.*, pp.176-177.

571 *Ibid.*

572 Entretien avec Professionnel 6 du 9 mars 2017.

573 Majoli, Luca, « La catalogazione della Collezione Salce », *op. cit.*, pp. 177-178.

révèlent une volonté explicite de cataloguer les affiches de la manière la plus appropriée possible, mais en même temps, ces efforts montrent clairement que le catalogage de ce type d'artefacts graphiques reste un exercice complexe qui nécessite des adaptations constantes et divers compromis.

Figure 15. *Scheda-S*

SCHEDA

CD - CODICI	
TSK - Tipo Scheda	S
LIR - Livello ricerca	P
NCT - CODICE UNIVOCO	
NCTR - Codice regione	05
NCTN - Numero catalogo generale	00652584
ESC - Ente schedatore	S160
ECP - Ente competente	S160
OG - OGGETTO	
OGT - OGGETTO	
OGTD - Definizione	locandina
OGTT - Tipologia	pubblicitaria
SGT - SOGGETTO	
SGTI - Identificazione	figura femminile china su di una bacinella d'acqua tiene tra le mani una scatola di detersivo
SGTP - Titolo proprio	Enco
SGTL - Tipo titolo	dalla stampa
LC - LOCALIZZAZIONE GEOGRAFICA AMMINISTRATIVA	

Pagina 1 di 5

Un autre aspect du processus de catalogage mérite d'être abordé concernant les parcours de formation, les compétences et les expériences professionnelles des spécialistes qui l'ont réalisé. Les opérations de catalogage ont été confiées à des catalogueurs choisis parmi les spécialistes de l'histoire de l'art, et de ce point de vue la *scheda*-S se révèle être « un terrain certainement plus propice aux compétences et aux habitudes de travail des historiens de l'art qui se seraient occupés de l'analyse et de la description des matériaux »[574]. Ces dernières considérations nous aident à comprendre l'approche adoptée pour le catalogage des affiches de la Collezione Salce qui a privilégié une lecture principalement historico-artistique au détriment des aspects plus proprement communicationnels et publicitaires de ces artefacts.

Nous avons souligné le rôle stratégique du catalogage dans les projets de numérisation et l'importance de ces opérations pour la visibilité et la circulation numérique des affiches, conformément à ce que nous avons lu dans les *Linee guida per la catalogazione di manifesti, avvisi e opuscoli,* « la description des documents et la création de points d'accès sont les conditions préalables à la numérisation d'une collection, à la fois parce qu'elles permettent de les connaître et parce qu'elles mettent en évidence les éléments d'identification nécessaires à l'utilisation des métadonnées »[575]. Dans la première partie de cette thèse, nous avons rendu compte des travaux qui abordent les problèmes liés à la difficulté de cataloguer les affiches en raison de leur format, de leur contenu et de leurs matériaux particuliers. Nous avons vu comment, en Italie, les questions posées par le catalogage des affiches ont été traitées par des catalogueurs au niveau national qui se sont demandé comment créer un système pour unifier les critères de catalogage de ces objets particuliers. Les fiches *SIGECweb* qui ont été utilisées pour cataloguer la Collezione Salce répondent en ce sens à cette problématique car elles sont incluses dans un système unifié et en réseau. Comme l'a expliqué la catalogatrice qui a supervisé une équipe de vingt catalogueurs[576], les données sont interopérables, ainsi la même fiche n'est pas saisie deux fois et si elle existe déjà dans une autre institution, c'est cette dernière qui est prise en considération. Si une affiche a déjà été cataloguée au niveau national, le catalogueur doit donc dupliquer la notice et ne pas en créer une nouvelle. Cette pratique présente l'avantage de standardiser les informations, d'éviter la duplication des dossiers et de gagner du temps.

Tous les champs de la *Scheda*-S adaptée au catalogage de la Collezione Salce ont été indexés et sont donc disponibles pour les recherches sur la base de données en ligne. La partie descriptive existe également dans tous les domaines des fiches et à cet égard, nous

---

574 Majoli, Luca, « La catalogazione della Collezione Salce », *op. cit.*, p. 177.

575 Gruppo di lavoro sulla digitalizzazione di bandi, manifesti e fogli volanti (sous la dir. de), *Linee guida per la digitalizzazione di bandi, manifesti e fogli volanti*, *op.cit.*, p. 15.

576 Durant les premiers jours de notre stage, nous avons eu l'occasion de rencontrer la responsable du catalogage de la Collection, Mme Irene Di Ruscio, qui vérifiait les fiches éditées et les affiches originales sur place.

apprenons de la personne qui a supervisé le travail, que lors de contrôles ultérieurs, ils se sont rendus compte, par exemple, que deux affiches identiques avaient été cataloguées différemment. Lors du premier catalogage, aucun thésaurus n'avait été créé et ce qui amène les catalogueurs à s'interroger sur la manière dont ils vont continuer à l'avenir.

Aujourd'hui, le Museo Nazionale della Collezione Salce est confronté à la question du catalogage de ses récentes acquisitions, qui sont principalement des graphiques contemporains. Les caractéristiques de cette catégorie d'artefacts impliquent que des méthodes de catalogage *ad hoc* soient conçues et que les logiques imposées au moment du catalogage permettent aux affiches d'apparaître dans les requêtes des bases de données.

Comme nous l'avons déjà précisé, la consultation du catalogue de la Collezione Salce est possible par le biais de la plateforme du Sistema Informativo Generale del Catalogo (*SIGECweb)*[577]. La base de données unifiée en ligne au niveau national est réservée aux organismes accrédités et à des profils professionnels spécifiques. Au Museo Nazionale della Collezione Salce, au temps de notre recherche, seule la directrice avait accès à cette plateforme[578], les autres employés consultent le catalogue de la collection directement sur le site du musée ou celui du Catalogo dei beni culturali, qui sont par ailleurs les modalités publiques de consultation. L'inscription est donc requise pour la consultation et est associée à des profils d'utilisateurs spécifiques : administrateur, catalogueur, vérificateur, lecteur et utilisateur de consultation. Ces profils sont associés aux activités de catalogage qui peuvent être réalisées : nouvelle campagne de catalogage, campagne de numérisation, campagne de révision.

---

[577] Le SIGECweb est une plateforme collaborative dédiée au catalogage d'une variété de biens culturels, allant de l'archéologie à la numismatique en passant par l'architecture et l'histoire de l'art. Pour plus de détails, cf. http://www.iccd.beniculturali.it/it/sigec-web.

[578] Aujourd'hui, la situation est restée inchangée. L'accès à la plateforme est réservé à la direction et au restaurateur qui est référent scientifique pour les projets de catalogage.

Figure 16. Masque d'accès à la plateforme *SIGECweb*

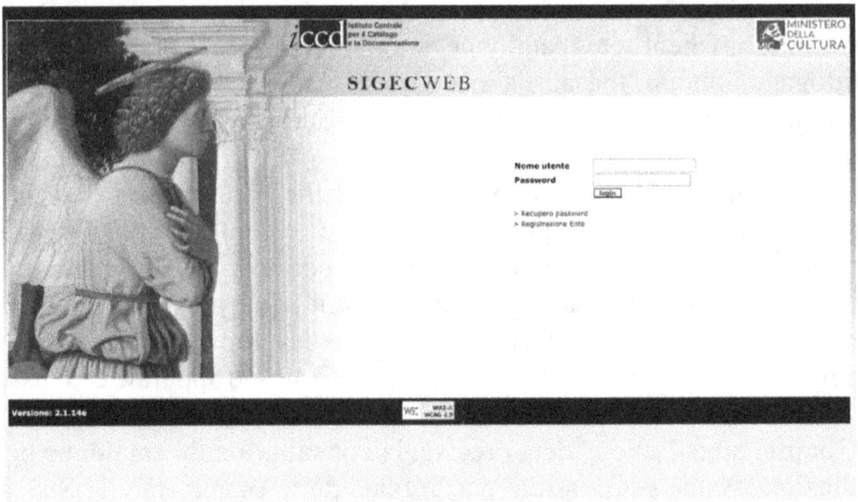

2.3. Le logiciel Micromusée au MAD Paris

Actuellement, en France, les critères de classement des affiches utilisés par les institutions patrimoniales ne sont pas uniformes. L'absence d'un cadre réglementaire spécifique à ces matériaux particuliers fait que chaque institution conçoit et applique sa propre méthode. Néanmoins, dans la pratique, il existe une forte tendance à se conformer à la logique des fichiers codés sur le site de la BNF, la consultation préalable de cette base de données étant devenue une pratique courante[579].

À Paris, lorsque les affiches de la bibliothèque du musée ont été séparées (au temps de l'ancien UCAD) du reste de la collection pour créer le musée de la Publicité, leur catalogage a été effectué comme il l'avait été par les bibliothécaires, en suivant la logique par auteur et titre en reprenant la logique des catalogages des livres. Deux codes de catalogage coexistent encore dans les collections d'affiches du musée parisien : celui fondé sur la « logique du livre » propre à la bibliothèque et celui plus récent, propre au musée, qui suit une logique d'« objet imprimé », à l'instar du musée italien.

Au MAD Paris, le catalogage est effectué en interne, par les conservatrices et leurs assistants. Le logiciel utilisé pour administrer et interroger la base des données des collections est *Micromusée*. Ce logiciel de gestion est basé sur une logique de recherche dans une base

[579] Conversation avec Professionnel 4 du 20 juin 2016.

de données. Grâce à ce système, chaque opérateur peut être autorisé à saisir des informations sur les affiches, soit en créant de nouvelles fiches de catalogue, soit en dupliquant celles existantes et y ajoutant uniquement les données spécifiques[580]. Par le biais de migrations successives de données, ces fiches sont envoyées vers le catalogue en ligne et rendues compatibles avec les différents systèmes de partage de données qui alimentent le site. L'ensemble de la base de données suit un thésaurus « maison », dont les critères sont modifiés en fonction des besoins ou des problèmes qui se présentent en cours d'utilisation. Ces modifications sont tantôt suggérées par les utilisateurs (nous avons ajouté des nouveaux termes au thésaurus en fonction des besoins rencontrés durant la saisie documentaire), tantôt effectuées par des professionnels qui, en prévoyant l'utilisation qui sera faite de la base de données, identifient les critères d'indexation en fonction des attentes présumées des utilisateurs, de leur propre point de vue subjectif et des limites techniques de l'équipement informatique.

Le fait que la numérisation rende disponibles des documents qui étaient auparavant au format papier ne suffit pas à les rendre visibles, car, comme l'observe Matteo Treleani, ces documents nécessitent également un effort de contextualisation qui est donné par leur indexation correcte : « sans métadonnées, comment retrouver des documents dans une base de données ? »[581] Ces observations mettent en évidence l'importance de ce processus de traduction du format papier à la fiche numérique, qui est mis en œuvre par les opérations de catalogage et les retombées qu'il a sur la visibilité numérique des affiches.

Afin de réaliser une indexation aussi précise que possible, chaque fiche du catalogue du MAD Paris contient diverses rubriques ou champs. Chaque objet/affiche est identifié tout d'abord comme un objet individuel avec son propre numéro d'inventaire et est saisi dans la base de données sous la forme d'une fiche. Il est précisé si l'affiche consiste en une feuille unique, ou si elle est composée de plusieurs feuilles, comme dans le cas des grandes affiches, qui sont le résultat de plusieurs feuilles juxtaposées au moment de l'affichage. C'est le cas des affiches 4x3, par exemple, dont les parties sont clairement identifiées comme des « composants ».

---

[580] C'était le cas de la saisie que nous avons faite, il s'agissait de la même série d'affiches, donc nous avons utilisé la fonctionnalité de duplication de la fiche.

[581] Treleani, Matteo, *Qu'est-ce que le patrimoine numérique ? : une sémiologie de la circulation des archives*, op.cit., pp.23-24.

Les champs suivants concernent la description résultant de l'observation de l'état de l'affiche et de son iconographie. À ce sujet, l'une des directives que l'on nous a données pour cataloguer les affiches était de décrire tout ce que nous voyions dans l'affiche, en allant de gauche à droite. Le champ « désignation » est rempli en indiquant les inscriptions éventuelles, telles que le nom de la marque et/ou le slogan qui sont indiqués dans un champ de texte libre, selon l'ordre d'importance occupé dans l'espace de l'affiche. Le type d'affiche, qu'il s'agisse d'une affiche photographique ou d'un tirage normal, est ajouté à cette description.

Un autre champ est celui relatif à la rubrique « création » où sont saisies toutes les informations concernant le domaine de la création, c'est-à-dire l'agence de publicité dans le champ auteur, la date de création, le rôle de l'auteur, ou des différents auteurs, dont le directeur de la création et le photographe. Ensuite, le champ « Exécution » contient toutes les références à la typographie.

Ces informations relatives aux techniques d'impression sont plus fréquemment disponibles et donc saisies dans le cas des affiches anciennes, probablement parce que le rôle de l'imprimerie à la fin du XIXe siècle et au début du XXe était plus proche de celui des agences de publicité modernes. Dans les affiches contemporaines, ces informations sont le plus souvent absentes et dans ce cas, la mention « sans mention d'imprimeur » est indiquée. Le champ « Utilisation/destination » permet d'indiquer le commanditaire de l'affiche et la destination, c'est-à-dire le lieu destiné au lieu d'affichage : affichage urbain ou abribus. Les dates des campagnes d'affichage sont également indiquées.

Figure 17. Exemples de masque de saisie de *Micromusée*

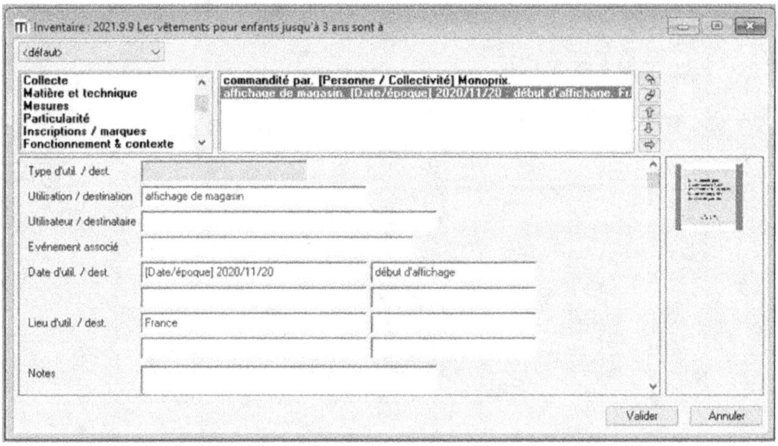

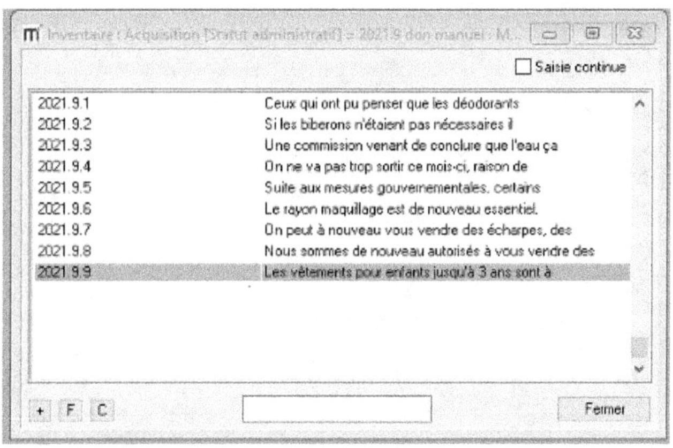

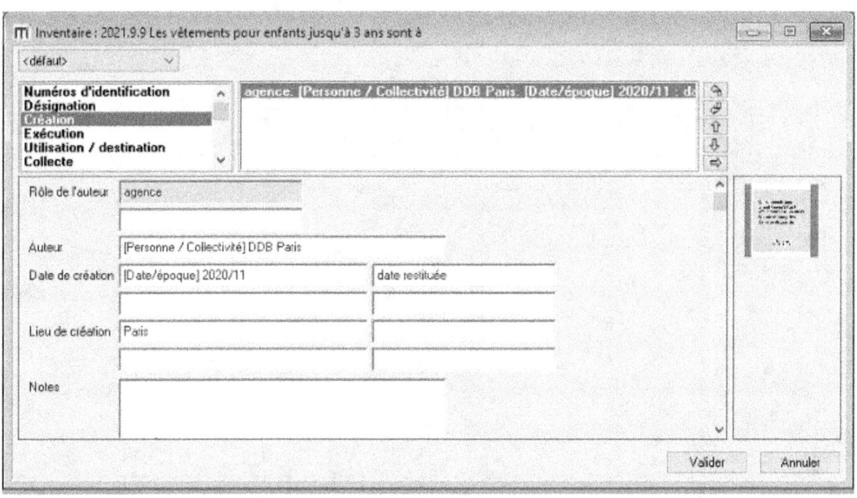

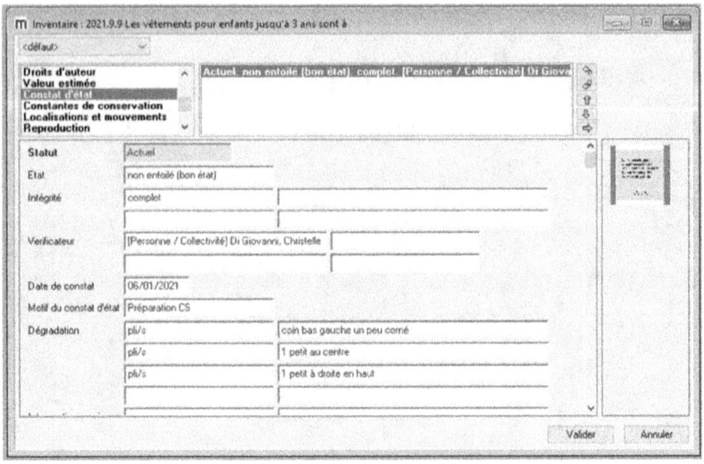
Inventaire : 2021.9.9 Les vêtements pour enfants jusqu'à 3 ans sont à
<défaut>
Droits d'auteur
Valeur estimée
Constat d'état
Constantes de conservation
Localisations et mouvements
Reproduction
Actuel. non entoilé [bon état]. complet. [Personne / Collectivité] Di Giova
Statut
Actuel
Etat
non entoilé [bon état]
Intégrité
complet
Vérificateur
[Personne / Collectivité] Di Giovanni, Christelle
Date de constat
06/01/2021
Motif du constat d'état
Préparation CS
Dégradation
pli/s
coin bas gauche un peu corné
pli/s
1 petit au centre
pli/s
1 petit à droite en haut
Valider
Annuler

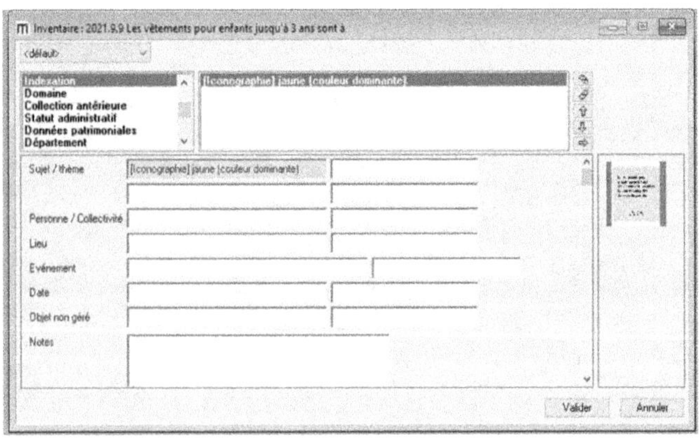
Inventaire : 2021.9.9 Les vêtements pour enfants jusqu'à 3 ans sont à
<défaut>
Indexation
Domaine
Collection antérieure
Statut administratif
Données patrimoniales
Département
[Iconographie] jaune [couleur dominante]
Sujet / thème
[Iconographie] jaune [couleur dominante]
Personne / Collectivité
Lieu
Evénement
Date
Objet non géré
Notes
Valider
Annuler

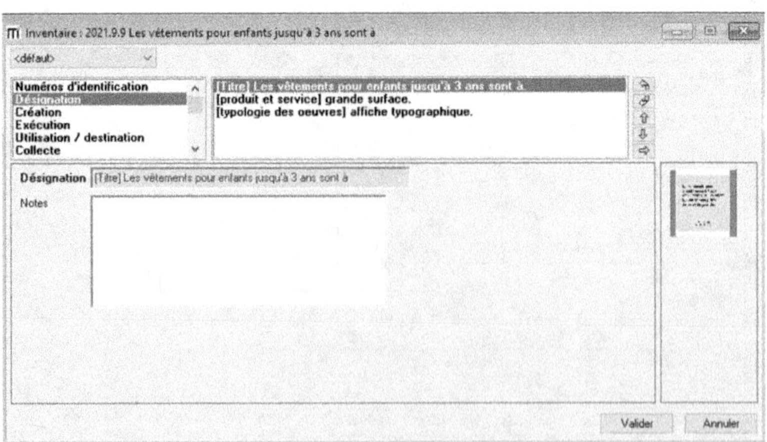
Inventaire : 2021.9.9 Les vêtements pour enfants jusqu'à 3 ans sont à
<défaut>
Numéros d'identification
Désignation
Création
Exécution
Utilisation / destination
Collecte
[Titre] Les vêtements pour enfants jusqu'à 3 ans sont à.
[produit et service] grande surface.
[typologie des oeuvres] affiche typographique.
Désignation
[Titre] Les vêtements pour enfants jusqu'à 3 ans sont à
Notes
Valider
Annuler

D'autres champs concernent le format de l'affiche, le matériau et la technique d'impression, les mesures (chaque affiche devait être mesurée en rapportant ses mesures en hxl) et d'éventuelles marques ou inscriptions présentes sur l'affiche. Nous retrouvons ensuite la partie de la description analytique de tout ce que l'on voit sur l'affiche, l'indexation (le thème et les personnages représentés) et le constat d'état (es. Bon/mauvaise état- étoilée/non entoilée), la bibliographie (éventuelles références bibliographiques de l'affiche) et enfin la valeur monétaire estimée, le statut administratif (acquisition), la localisation. Une autre indication à ajouter à la fiche catalogue est liée à sa diffusion, en fonction de sa confidentialité : autorisé tous publics, accès réservé, interdit au public. Relativement aux affiches que nous avons cataloguées, il était obligatoire d'inclure la mention « interdit au public » car le catalogage était fonctionnel à la présentation ultérieure des affiches au Comité scientifique.

Outre ces données factuelles, la fiche contient également des éléments plus qualitatifs et subjectifs, notamment au niveau de l'indexation, des mots-clés faisant référence à la perception sensorielle et aux émotions qu'ils peuvent susciter (par exemple, des mots-clés tels que « gaieté », « bonne humeur », « hilarité » sont indiqués dans la notice, pour une affiche qui s'appuie textuellement et iconographiquement sur l'humeur). Les couleurs sont également classées, par exemple, si une couleur s'impose, elle est indiquée comme « couleur dominante ». Lorsqu'elle nous a expliqué comment cataloguer les affiches qui nous avaient été remises, la conservatrice s'est longuement attardée sur le fait que nous devions regarder l'affiche, en essayant de décrire l'impact émotionnel qu'elle aurait sur nous. Comme nous l'a expliqué Professionnel 2, il s'agit d'une particularité des fiches MAD, qui ont été conçues par elle-même comme quelque chose qui serait capable de fournir un compte-rendu de l'affiche allant au-delà de sa description physique. Le but recherché est d'essayer de rendre la complexité d'une affiche publicitaire, en essayant d'aller au-delà de sa description factuelle. Le catalogue de la Collezione Salce ne comporte pas d'indexation dans ce sens.

2.4. Quelles retombées de la numérisation pour le catalogage ?

Comme nous le fait remarquer la responsable de la base de données du MAD Paris, la façon de rechercher des informations a changé depuis l'arrivée des moteurs de recherche. Les utilisateurs appliquent souvent le mode de recherche par mots-clés et c'est pour cette raison que dans les fiches de catalogue ils s'efforcent d'inclure un maximum des informations indexées sur les descriptions iconographiques.

Selon Sergio Intorre, auteur d'un livre sur les méthodes et outils de numérisation des œuvres d'art, au cours des dernières décennies les professionnels des institutions patrimoniales ont « questionné la pertinence des descriptions longues et verbeuses comme seule norme de traitement de l'information et l'opportunité d'établir des clés univoques d'interprétation des œuvres »[582].

En réalité, dans nos deux études de cas, la description précise des œuvres reste centrale. Au MAD Paris, pour effectuer les opérations de catalogage, ce qui est visible sur les affiches est retranscrit. Des descriptions taxonomiques sont fournies (plutôt nécessaires à la communication interne entre professionnels) ainsi que des descriptions iconographiques précises ainsi que de l'ensemble des affiches, accompagnées de commentaires dans les champs libres.

L'objectif principal est de rendre compte, d'une manière qui se veut objective, de la matérialité des affiches, mais aussi de leur signification. Le catalogage de la collection Salce a suivi une démarche similaire, les catalogueurs ayant étendu la gamme des catégories descriptives existantes dans la *Scheda*-S afin de restituer le plus fidèlement possible les éléments de la communication publicitaire tels que les slogans et les éléments graphiques. Comme l'écrit Luca Majoli « Tout aussi importante a été la réflexion sur l'adaptation des vocabulaires contrôlés 'objet' et 'matériel et technique' aux particularités de ce matériel graphique »[583]. Certes, ces nouvelles approches du catalogage, qui vont de pair avec la numérisation, encouragent « une approche de différents points de vue, restituant la multiplicité des significations des affiches »[584]. Avec la technologie numérique, le catalogage *object oriented*[585]est davantage tourné vers l'unicité et la matérialité de l'affiche à décrire et son éventuelle contextualisation. L'abstraction en catégories objectives et taxonomiques n'étant plus le but principal. Comme l'observe Intorre, « Les archives papier des collections étaient principalement des documents à usage interne, étroitement liés aux besoins des archivistes et des conservateurs des collections. Les

582 Intorre, Sergio, Digitalizzare l'opera d'arte. Metodi e strumenti, Digitalia, 2013, [en ligne] s.l. p. 27.
583 Pour des informations plus spécifiques sur l'indexation de la Collection Salce, cf. Majoli, Luca, « La catalogazione della Collezione Salce », *op. cit.*
584 *Ibid.*
585 Intorre, Sergio, Digitalizzare l'opera d'arte. Metodi e strumenti, *op. cit.* p. 20.

enregistrements comprenaient la description de l'œuvre, les mesures s'y rapportant et se prêtaient à être insérés dans des classifications taxonomiques rigides »[586].

En effet, avant l'avènement des fichiers informatisés, les descriptions des affiches dans les catalogues des deux musées contenaient ce type de données. En ce qui concerne la Collezione Salce, nous avons pu observer que dans la liste dactylographiée, les formats et la nature des informations (numéro d'inventaire, l'auteur, le titre et la taille) ont été conçus en fonction des besoins des conservateurs. De même, au MAD Paris, les anciennes fiches cartonnées portaient le même type d'informations et l'espace pour la description iconographique, comme nous l'avons vu, était inexistant :

> « Des petites fiches papier, comme dans les bibliothèques anciennement où on te disait voilà le nom de l'auteur, le titre de la fiche etc, mais il n'y avait pas d'indexation iconographique ». Les anciens catalogues sur papier fixaient de manière rigide la signification des affiches, ne laissant aucune autre possibilité d'interprétation et de contextualisation. On peut affirmer qu'il fut un temps où les affiches étaient la principale source d'elles-mêmes et où les données semblaient provenir des artefacts eux-mêmes et non d'une forme d'interprétation subjective des documentalistes. De notre point de vue, l'objectif de rendre compte de chaque artefact le plus objectivement possible était probablement lié au fait qu'avant l'arrivée de l'informatique, il n'était même pas concevable de penser à des situations d'appropriation de l'image rendues possibles par les technologies numériques (telle que l'approche « multimédia englobante » qui, comme nous l'avons vu, est souhaitée par Schnapp pour les catalogues en ligne) et l'exposition de l'original demeurait le but ultime de la consultation du catalogue ».

Les protocoles de documentation qui mettent l'accent sur la description physique des affiches et autres détails liés aux procédures de prise de mesure, sans se soucier de faire des efforts pour contextualiser l'œuvre, deviennent obsolètes avec la numérisation dans la mesure où une notice de catalogue disponible en ligne doit être compréhensible pour le grand public, sans besoin de médiation directe.

---

[586] *Ibid.*, p. 25.

Comme nous l'avons vu au MAD Paris, la réorganisation de l'informatique va dans ce sens, car elle permet une plus grande autonomie des utilisateurs. De même, en ce qui concerne le catalogage de la collection Salce, « les exigences nécessaires de valorisation et de diffusion plus large n'ont pas conduit à une perte de vue des raisons cognitives de l'élaboration conceptuelle du catalogue »[587]. Les catalogueurs se sont efforcés de développer une méthode d'analyse propre aux affiches publicitaires, dans laquelle la nature de l'objet à décrire était centrale : « la consistance physique, la dégradation matérielle, les valeurs culturelles, les pistes de sens explicites et implicites [...] qui sont désormais à la disposition de ceux qui veulent les lire, les corriger, les retravailler »[588].

Bien que, dans les deux musées, il est vrai que la numérisation est allée de pair avec l'émergence de tentatives d'approche polysémique de la compréhension des affiches, on ne peut pas affirmer que « Les technologies numériques ont été exploitées pour revisiter les formes empiriques de documentation grâce à de nouvelles possibilités discursives et relationnelles et à la capacité de stocker, de rechercher et de récupérer de grandes quantités de données et de médias »[589]. A Paris, la restructuration informatique va vraisemblablement dans ce sens, mais pour l'instant les deux catalogues ne permettent pas de consulter les affiches au-delà du dossier descriptif ni de les relier à d'autres matériels et documents.

Un des constats que nous pouvons faire suite à nos observations est que, depuis les premiers changements apportés par l'introduction des procédures informatiques, à la fin des années 1990, les professionnels considèrent le travail sur le catalogue informatique plutôt comme une dérivation de ce qui existait quelque temps auparavant sur papier. Comme l'explique Professionnel 1, la différence serait juste l'interface :» Il y a un masque de saisie, puisque on utilise un logiciel documentaire »[590]. Il s'agirait donc d'un changement qui ne touche finalement que le support utilisé, avant c'était la fiche papier et maintenant un écran avec un masque de saisie. De plus, puisque, la logique de catalogage serait la même (« tout est quand-même parti du

---

[587] Majoli, Luca, « La catalogazione della Collezione Salce », *op. cit.*, p. 180.
[588] *Ibid.*
[589] Intorre, Sergio, Digitalizzare l'opera d'arte. Metodi e strumenti, *op. cit.* p. 29.
[590] Entretien avec Professionnel 1 du 10 avril 2019. Les citations suivantes sont issues du même entretien.

monde des bibliothèques, où il fallait donner un titre, un auteur, une année d'édition »), les changements de procédures et de pratiques ne semblent pas substantiels : « La pratique on l'a déjà aujourd'hui, donc elle ne va pas changer, mais il va nous apporter des nouvelles solutions ». De fait, il y a eu plusieurs adaptations au fil des ans « parce que l'informatique a évolué parce que les logiciels ont évolué. On était sur des anciennes structures qui maintenant étaient trop figées ».

Selon Professionnel 1, un premier changement substantiel a été représenté en revanche par la possibilité d'insérer une indexation iconographique, une action qui auparavant, sur les fiches en papier, était presque impossible : « Même s'il n'y avait pas de photo, on aurait pu le faire [l'indexation], puisque les gens qui faisaient les fiches, avaient l'affiche à côté d'eux, donc ils auraient pu, mais là sur une petite fiche en carton comme-ça tapée à la machine, ce n'était pas possible ». Avec l'ajout de ces nouvelles informations, les fiches du catalogue sont devenues plus performantes et facilement utilisables pour toutes les opérations de consultation du catalogue. Ces changements constituent des modifications substantielles, d'après la documentaliste, dans la mesure où ils affectent à la fois les méthodes de recherche et les attentes du public. Comme l'explique Professionnel 1 : « Je pense que maintenant tout le monde a l'habitude d'avoir une notice accompagnée d'un visuel pour permettre de bien décrire le document. C'est passé dans les mœurs depuis bien longtemps quand même. Oui on a pris l'habitude d'avoir systématiquement un visuel ».

D'après les témoignages que nous avons recueillis, l'informatisation a donc sans aucun doute contribué à accélérer de nombreuses actions qui font partie de la routine des opérateurs : visualiser, localiser ou regrouper des objets sont devenus des actions réalisées quotidiennement, sans la moindre difficulté. Ces changements ont facilité, accéléré et offert des possibilités d'utilisation du matériel numérique, rendu possible par une meilleure versatilité d'utilisation des fiches transformées en données informatiques. D'après Professionnel 1, le « vrai » changement a été l'introduction de l'informatisation, qui, entre autres, semble faciliter la recherche de matériel numérisé :

> « Pour nous, à la pub, ce sont les années '90 qui ont vraiment changé les choses, d'abord c'est la révolution informatique qui a fait ça, pas que le numérique. Le numérique est venu après. C'est parce qu'on a eu des logiciels qui nous ont permis d'informatiser notre fiche papier, de transposer le papier sur de l'informatique, alors qu'avant on feuilletait des petites fiches comme ça. Il fallait

regarder, il y avait huit-cents, mille fiches Chéret, qu'il fallait que tu regardes comme ça, que tu prennes des notes si tu voulais quelque chose et que puis après tu te dises, "mais ça ressemble à quoi en vrai ?" Attendez, on va faire ça, on va ouvrir, ah bah je suis désolée on ne la voit pas, c'est qu'elle n'est pas faite" Donc là après c'était un ordinateur, on me demandait Jules Chéret, hop, j'interrogeais, Jules Chéret et tout ressortait. C'était déjà mieux et je pouvais envoyer. Après il fallait toujours aller voir la petite image qui pouvait correspondre, qui existait ou pas. »

Dans cette situation, l'innovation radicale serait représentée par la création d'une base de données qui a permis d'interroger les entrées du catalogue : « Donc la révolution c'était d'abord informatique plus que juste l'image et le numérique est venu et a facilité pleins de choses, mais je ne sais pas si je dirais révolution à ce point-là. » Les améliorations apportées par la numérisation étaient conformes aux pratiques habituelles :

> « Donc là on cherche justement à pouvoir mettre en ligne, je te dirais presque du jour au lendemain comme on l'a dans le logiciel de bibliothèque. Là je rentre un livre et il est en ligne, quasiment instantanément. Alors que là on est obligé de faire des exports, donc on fait ça tous les trimestres. Tu vois, ce n'est pas pareil, si tu vois une faute, la faute peut attendre un trimestre pour la corriger alors que tu sais que tu t'es trompé de dates 1980 au lieu de 1890 là tu dis "Mince ! Et ça va rester trois mois, c'est horrible !" C'est anecdotique ce que je te dis mais ça m'est arrivé… »

La rapidité de la mise à jour des informations permet d'apporter des corrections en temps réel, de corriger des erreurs, d'augmenter l'efficacité des actions ordinaires.

Figure 18.
MAD Paris. Ancienne archive en bois pour fiches de catalogue

Figure 19.
MAD Paris.
Fiches de catalogue

Plus tard, comme nous le verrons, un autre changement très important fut la mise en réseau des images : « Il y a aussi des ères dans l'informatique et là il fallait qu'on bascule autrement et qu'on facilite aussi la mise en ligne ». Le catalogue disponible en ligne a élargi le public et ouvert la voie aux nombreuses possibilités d'utilisation de substituts numériques des affiches avec des nouvelles possibilités d'offres pour le public : « On va avoir besoin du numérique parce qu'on va faire de l'édition, parce qu'on va partager des fiches avec le musée, parce que c'est une exposition parce que [...] Mais ce n'est jamais le point de départ. Le numérique n'est jamais le point de départ, ou au moins ça ne m'est jamais arrivé encore ».

Conformément à ce qui a été observé dans les études sur la numérisation, les changements que les collections subissent avec les processus de numérisation ont déplacé l'accent des fonctions de préservation, de plus en plus vers celles de circulation et de valorisation. Ce déplacement d'axe, comme nous le verrons, réoriente les pratiques des professionnels vers la conception de nouveaux modes d'exploitation du patrimoine numérique vers des publics plus importants et plus diversifiés avec lesquels de nouvelles formes de collaboration et d'interaction sont recherchées[591].

Les possibilités de visualisation et de diffusion se sont donc multipliées, puisque la numérisation « prolonge ces mêmes techniques en le développant et même en le multipliant »[592], mais comme nous le verrons dans les pages suivantes, ces changements, qui vont de pair avec l'extension dans le monde des réseaux internet, bien que considérables, semblent ne pas avoir fondamentalement changé les pratiques des professionnels de notre étude. D'après nos constats, les plus grandes innovations se trouvent dans les possibilités d'utilisation et de réutilisation du patrimoine numérique dans la création de projets conçus en fonction du public.

---

[591] Schnapp, Jeffrey, « Animare l'archivio / Animating the archive », *op. cit.*; Schofield, Tom, Kirk, David, Amaral, Telmo, Dork, Marian, Whitelaw, Mitchell, Schofield, Guy, Ploetz, Thomas, « Archival Liveness: Designing with Collections Before and During Cataloguing and Digitization», *op. cit. ;* Dalla Mura, Maddalena, «*Storia digitale e design/2 Fonti e archivi* », *op. cit.*
[592] Miège, Bernard, *La numérisation en cours de la société*, *op. cit.*, p.35.

CHAPITRE VII.
Dissémination et mise en valeur des contenus numériques

1. Vers de nouvelles stratégies de valorisation des collections ?

Les campagnes de numérisation généralisées de ces vingt dernières années ont contribué à la création et à la croissance du patrimoine culturel numérisé. L'avènement de la numérisation a d'abord affecté la préservation des collections, car la disponibilité de substituts numériques a permis aux opérateurs de musées de limiter la consultation directe et d'avoir en même temps un contrôle plus facile sur les collections. Très vite, cependant, la croissance et la consolidation de ce patrimoine sont allées de pair avec l'expérimentation de nouvelles formes d'utilisation des images numériques. Dans ce nouveau cadre, les stratégies des musées se sont orientées de plus en plus vers une logique de valorisation des collections, visant des publics toujours plus larges, et c'est dans une situation d' « injonction communicationnelle »[593] que les conservateurs, archivistes et documentalistes ont vu leurs activités se transformer. Aux tâches classiques d'étude et de valorisation des collections se sont ajoutées celles dictées par les stratégies de valorisation documentaire sur le web qui, par des actions d'éditorialisation des contenus, visent à « faire chanter les sources »[594] afin d'inciter le public à s'approprier le patrimoine numérique.

Le processus d'éditorialisation compris comme « processus de redocumentarisation de ressources en contexte numérique »[595] vise

---

[593] Welger-Barboza, Corinne, *Le Patrimoine à l'ère du document numérique. Du musée virtuel au musée médiathèque*, L'Harmattan, Paris, 2001.
[594] Fraysse, Patrick « La médiation numérique du patrimoine : quels savoirs au musée ? », *op. cit.*
[595] Vitali-Rosati, Marcello, « Qu'est-ce que l'éditorialisation? », *Sens public*, Université de Montréal, Département de littératures de langue française, 2016. [En ligne]

donc à reconfigurer et à re-contextualiser les contenus en tenant compte des adaptations nécessaires que ce type de transition implique[596]. En 2007, Bruno Bachimont définit l'éditorialisation comme « le processus consistant à enrôler des ressources pour les intégrer dans une nouvelle publication [...] la conclusion logique du processus de numérisation des contenus »[597]. L'éditorialisation est donc une réadaptation dans un contexte numérique de contenus préexistants[598] où sont apportées de nouvelles ressources cognitives qui servent à interpréter un document publié[599]. Pour résumer avec les mots de Vitali-Rosati : « l'éditorialisation est une instance de mise en forme et de structuration d'un contenu dans un environnement numérique. [...] l'éditorialisation est ce que devient l'édition sous l'influence des technologies numériques »[600], un processus dans lequel les figures professionnelles des institutions patrimoniales jouent encore un rôle fondamental. En effet, l'éditorialisation des contenus passe avant tout par les médiations que les conservateurs et les documentalistes, en tant qu'éditeurs de contenus culturels, mettent en place en ajoutant « une intention signifiante »[601] aux documents sous forme de publication. De plus, comme le souligne Treleani, tout contenu publié est éditorialisé car il est toujours en contexte, en fait, même le simple fait de mettre en ligne un contenu par le biais d'une base de données implique une « éditorialisation implicite »[602]. Ainsi, les professionnels des institutions patrimoniales, en catégorisant, organisant, ordonnant et décrivant les artefacts publicitaires de manière pertinente et saillante par rapport à leurs propres besoins et à ceux des utilisateurs, mettent en œuvre une « recontextualisation intentionnelle » des contenus[603]. De

---

[596] Bachimont, Bruno, « Nouvelles tendances applicatives : de l'indexation à l'éditorialisation », in *L'Indexation multimédia*, Paris, Hermès, 2007 [En ligne].
[597] *Ibid.*p. 21.
[598] Bachimont distingue également différentes postures qui président à la réexploitation des contenus. Le processus éditorial qui conduit à la réexploitation des contenus peut aborder la question de leur origine à travers trois postures qui sont utilisées dans le travail éditorial utilisé pour publier un ouvrage documentaire et distingue la « posture généalogique » où la ressource est sélectionnée pour être renvoyée à son contexte d'origine, utilisée notamment en référence au patrimoine, et donc aux musées. Il distingue ensuite, posture amnésique et posture créative. *Ibid.*, pp.21- 22.
[599] Treleani, Matteo, *Mémoires audiovisuelles : les archives en ligne ont-elles un sens ?*, *op. cit.*, chap. 1 s. p.
[600] Vitali-Rosati, Marcello, « Qu'est-ce que l'éditorialisation? », *op. cit.*
[601] *Ibid.*
[602] *Ibid.*
[603] *Ibid.*

cette façon, ils participent de manière discrète mais incisive au changement de statut de ces objets[604].

Les actions de re-documentarisation sont nécessaires, comme nous l'avons vu, pour construire l'accès au catalogue et faciliter la circulation des affiches dans les environnements numériques. De plus, avec l'éditorialisation les contenus sont recontextualisés (implicitement ou explicitement) et enrichis de nouvelles significations. Le rôle des conservateurs et des documentalistes qui documentent ces matériaux est donc déterminant, car ils leur donnent une empreinte[605] qui conditionnera leurs modes d'apparition et leurs utilisations ultérieures. Et ce sont toujours ces figures qui déterminent ensuite d'autres formes de réapparition selon la logique même de l'exposition[606]. Reprenant les réflexions d'Emmanuël Souchier et les adaptant au fil de notre discours, « il s'agit de ne pas considérer le texte en dehors de sa réalité matérielle et sociale et de ne pas envisager l'œuvre "en soi", mais en situation (selon ses conditions de production, de diffusion ou de réception) »[607]. Compte tenu de la fragmentation du contenu sur le web, le passage à la numérisation voit donc augmenter l'importance de l'éditorialisation et de la contextualisation des documents[608]. En effet, ces actions enrichissent les reproductions numérisées de contenus informatifs de nature historique, artistique et documentaire et facilitent non seulement l'accès à l'information et à la connaissance, mais aussi la compréhension et l'appropriation des artefacts numérisés[609].

La construction de systèmes de production de contenus éditorialisés à Paris et à Trévise est le résultat du travail de plusieurs acteurs : documentalistes, conservateurs et responsables de la transition numérique. Cependant, au MAD Paris, bien que ce travail de catalogage et d'inventaire ait des répercussions importantes sur la diffusion de la

---

[604] De Iulio, Simona, Chevry-Pébayle, Emmanuelle et Leone, Fabiola, « Dai muri agli schermi: la vita digitale degli artefatti pubblicitari », *op. cit.*, pp.175-190.

[605] Jeanneret, Yves et Souchier, Emmanuël. « L'énonciation éditoriale dans les écrits d'écran », *op. cit.*, p.6.

[606] Chevry-Pebayle, Emmanuelle, De Iulio, Simona, Leone, Fabiola, « Enjeux mémoriels de la publicité du passé », *op. cit.*

[607] Souchier, Emmanuël, *Lire & écrire : éditer – Des manuscrits aux écrans. Autour de l'œuvre de Raymond Queneau*, Habilitation à diriger des recherches en lettres et sciences humaines, UFR Sciences des Textes et Documents, Université Paris VII Denis-Diderot, 1998. P.1. in Genêt, Pascal, « Énonciation éditoriale », dans Glinoer, Anthony et Saint-Amand, Denis (sous la dir.), *Le lexique socius* [en ligne].

[608] Treleani, Matteo « Le patrimoine en ligne a-t-il un sens ? », *e-Dossiers de l'audiovisuel*, Institut National de l'Audiovisuel - INA, Bry sur Marne, 2014, p.9

[609] De Iulio, Simona, Chevry-Pébayle, Emmanuelle et Leone, Fabiola, « Dai muri agli schermi: la vita digitale degli artefatti pubblicitari », *op. cit.*

collection numérisée sur le web, la logique des conservateurs relègue cet aspect au second plan. La diffusion en ligne ne semble pas être une priorité, et la question de la circulation sur Internet n'est jamais apparue comme un sujet de discussion avec les conservateurs. En fait, il ressort clairement des entretiens menés que pour le personnel de la conservation, la diffusion des collections est toujours comprise dans le sens d'une exposition dans l'espace physique du musée. Les conservateurs entretiennent une relation étroite avec l'original et les projets de mise en valeur ne sont conçus que dans ce sens, « c'est toujours ce que vous devez avoir la possibilité de montrer au public »[610]. Pour les conservateurs, l'objet doit donc toujours être présenté au public en priorité.

Par ailleurs, au MAD Paris, les expositions virtuelles et les dossiers thématiques sur le site institutionnel, ainsi que la diffusion des images sur les RSN, sont de la responsabilité du service Communication du musée et non du département Publicité et Design graphique. Au Museo Nazionale della Collezione Salce, en revanche, l'utilisation des images numériques sur Internet se fait principalement par le biais des pages *Facebook* et *Instagram*.

1.1. La mise en visibilité des affiches numérisées

Les objets des collections numérisées sont stockés dans des bases de données et leur mise en visibilité passe par les processus de médiation numérique, qui, en inscrivant les données dans une « narration », permettent de « transformer l'information en signification pour un large public »[611]. Toutefois, sur la visibilité en ligne, Treleani, bien que se référant aux archives, fait remarquer que, « si la transmission des documents d'archives est souvent vue comme une priorité de la part des institutions patrimoniales, il n'en va pas de même pour l'éditorialisation qui est souvent considérée comme une activité supplémentaire de *valorisation*, utile, mais pas forcément nécessaire. »[612]

En effet, Treleani fait comprendre que la diffusion en ligne ne peut être pensée en dehors d'un projet de médiation : « La logique est donc inversée, l'éditorialisation ne se fait pas à la suite d'une publication

---

610 Entretien avec Professionnel 2 du 27 juin 2016.

611 Laborderie, Arnaud, « Mettre en Récit les Données Culturelles des Bibliothèques Numériques : Exposition Virtuelle et Recherche-Création », in *Proceedings of the 1st International Conference on Digital Tools & Uses Congress (DTUC '18)*. Association for Computing Machinery, New York, NY, USA, 2018, pp. 1–11, p. 2 [en ligne].

612 Treleani, Matteo, *Mémoires audiovisuelles : les archives en ligne ont-elles un sens ?*, *op. cit.*

générale mais, s'agissant du véritable but de la valorisation, c'est par conséquent de l'éditorialisation que l'on choisit les documents à publier »[613]. Ce sont les professionnels des institutions patrimoniales qui poursuivent leur travail en structurant ces informations : « l'éditorialisation est la conclusion logique du processus de numérisation des contenus »[614] pour donner vie à diverses formes de médiation didactique des artefacts. Cela « nous renvoie aux modalités de production du savoir à l'ère du numérique et aux formes d'écriture en ligne »[615]. En phase avec l'évolution de l'activité des professionnels des musées, qui, avec la numérisation, englobe un ensemble hétérogène d'opérations, les documentalistes, bibliothécaires, conservateurs et archivistes assument le rôle d'éditeurs de contenus culturels[616]. Le web est fondamental pour valoriser le patrimoine et le placer au centre d'une offre de services médiateurs : « L'éditorialisation est le réel acte de patrimonialisation, alors que la numérisation n'est que la condition de possibilité du processus de création du patrimoine »[617]. Le Museo Nazionale della Collezione Salce utilise cette ressource pour donner une visibilité à sa collection au-delà du territoire circonscrit de la région, et le MAD Paris, qui jouit déjà d'une renommée mondiale, cherche à offrir la richesse du catalogue à un public plus large que les chercheurs et les passionnés qui ont l'habitude de le consulter dans la bibliothèque ou le centre de documentation du musée. Ce service a été réduit aujourd'hui, en devenant un service au sein de la bibliothèque et sa fermeture a été conçue dans le but de réduire le nombre de visiteurs dans les locaux physiques du musée et d'augmenter l'offre et la visibilité sur Internet.

Le processus de publication en ligne est un projet intégré de médiation numérique où l'on décide du contenu à valider pour la publication et de la stratégie de médiation à adopter. Comme nous l'avons vu, plusieurs professionnels sont impliqués dans sa mise en œuvre en amont, mais les conservateurs ne font pas partie des personnalités qui choisissent le matériel à mettre à disposition. Ce choix est effectué par le responsable de la base de données du département Publicité et Design graphique, après les validations nécessaires par la

[613] *Ibid.*, p. 9.

[614] Bachimont, Bruno, « Nouvelles tendances applicatives : de l'indexation à l'éditorialisation », *op. cit.*

[615] Vitali-Rosati, Marcello, « Qu'est-ce que l'éditorialisation ? », *op. cit.*

[616] De Iulio, Simona, Chevry Pébayle, Emmanuelle, Leone, Fabiola, « Dai muri agli schermi: la vita digitale degli artefatti pubblicitari », *op. cit.*

[617] Treleani, Matteo, *Mémoires audiovisuelles : les archives en ligne ont-elles un sens ?*, *op. cit.*

direction. Comme l'explique Professionnel 4, au MAD Paris ce sont les administrateurs des bases de données qui créent les corpus à mettre en ligne, « par exemple, Professionnel 1, pour la publicité, etc. Donc l'outil qu'elles ont eu en main pour la mise en ligne, elles en ont conçu les corpus, je ne sais pas si ça a été fait en collaboration avec les conservateurs, et disons que c'est l'architecture du site au départ qui a été conçue par elle [...] et donc les corpus, les sous corpus tout ça c'est elles qui les ont constitués, qui les ont construits et depuis ça n'a pas bougé »[618]. Le matériel numérique est rendu visible grâce à l'intervention de différents professionnels. Conservateurs, documentalistes, créateurs de contenu éditorial, chacun avec son propre rôle et sa propre mission, travaillent à donner du sens aux affiches en élargissant la gamme de leurs significations, en les contextualisant et en les mettant en relation avec d'autres artefacts pour transformer l'information en connaissance[619].

La logique qui guide les opérateurs qui agissent sur la mise en ligne est dictée par le principe de mise à disposition du matériel numérisé. Selon Professionnel 1, la qualité de ce service de mise à disposition du matériel numérisé est liée à trois facteurs : premièrement, la description optimale des objets ; deuxièmement la performance du logiciel utilisé ; troisièmement, la capacité de communiquer à un large public qui a des demandes plus ou moins précises. L'enjeu reste de bien décrire les œuvres et de miser sur un bon logiciel qui avec son ergonomie facilite les actions de consultation sans la médiation des documentalistes.

Permettre la visualisation des substituts numérisés des originaux conduit à l'étape suivante du processus de valorisation des collections. De ce point de vue, le web représente pour le musée une ressource indispensable pour gagner en visibilité, en dépassant le cadre local et restreint des chercheurs et des passionnés qui sont ceux qui franchissent le plus facilement le seuil des musées pour en savoir plus sur les affiches.

> P4 : « La visibilité et puis en même temps ça permet aussi de donner accès aux collections pour des personnes qui ne peuvent pas se déplacer par exemple, ça peut aller jusqu'en Afrique… ça c'est super de pouvoir donner à voir à des gens qui n'ont pas les moyens de venir sur place, même si ce sera toujours de moindre

---

[618] Entretien avec Professionnel 4 du 10 avril 2019.

[619] Pouchol, Jérôme, « 1. La médiation numérique dans le cadre d'une politique documentaire raisonnée : l'exemple de la MIOP », in : *Développer la médiation documentaire numérique*, Presses de l'Enssib, Villeurbanne, 2012, 20-44. [En ligne]

qualité, par rapport à l'original, que tu auras dans les mains que tu voudras voir en vrai »

P1 : « Oui, encore aujourd'hui, mais demain ce sera autre chose. On espère qu'il sera autonome, comme il l'est sur internet on espère bien qu'il le sera également ici. Pour leur donner plus de possibilités et pas avoir besoin de quelqu'un assis à côté pour l'aider dans sa recherche. Là on essaye de travailler la mise en ligne pour que ça soit le plus facile pour lui [l'usager] »

Au MAD Paris, par l'enrichissement des reproductions numérisées et donc par le travail éditorial numérique des collections, le musée affirme plus fortement sa mission : offrir à tous non seulement l'accès à l'information et à la connaissance, mais aussi à la compréhension et à l'appropriation des artefacts graphiques numérisés. Conformément à l'évolution du travail des documentalistes, qui, avec la numérisation, englobe un ensemble hétérogène d'opérations, les bibliothécaires, les conservateurs et les archivistes assument le rôle d'éditeurs de contenu culturel. Une fois les différentes étapes du processus, de la sélection à la « re-documentarisation », de la photographie numérisée à la publication en ligne, les professionnels des institutions patrimoniales poursuivent leur travail en créant diverses formes de médiation pédagogique des artefacts. Afin de donner un sens au passé à la lumière du présent, les professionnels du patrimoine transforment donc les affiches en élargissant la gamme de leurs significations, en les contextualisant, en les reliant à d'autres artefacts.

1.2. Questionner l'ambition de « rendre accessibles les collections autrement »

Les documentalistes sont très attentifs à élargir constamment l'offre présente sur le site afin de mettre à disposition le plus grand nombre d'objets en ligne. Leur volonté est également celle de mettre en œuvre l'interopérabilité entre les bases de données, les archives, la bibliothèque et le musée du MAD Paris. La notion d'accès est souvent présente dans le discours des personnes que nous avons interviewées et qui travaillent pour la mise en visibilité des catalogues. Nous jugeons utile d'approfondir cette notion et le faisons ci-dessous.

Dans un article intitulé « Différencier accès, interaction et participation »[620], le chercheur Nico Carpentier apporte certaines clarifications sur la notion d'» accès » du moment qu' elle est souvent employée dans le langage courant, toutefois sans être clairement définie. Carpentier met en évidence comment cette notion est utilisée dans un large éventail de domaines de recherche, de la géographie, avec des questions d'accès à des espaces spécifiques, dans les analyses historiques et spatiales pour indiquer l'accès aux ressources. La notion est aussi présente dans les débats sur les *disability studies* où est précisé une différence importante relative à l'aspect de l'accès matériel (à des objets et des lieux) et de l'accès intellectuel (accès aux idées, accès à l'éducation), faisant de l'accès « un concept à facettes multiples impliquant tous les aspects de la vie quotidienne »[621]. Carpentier explique comment dans les travaux portant sur la fracture numérique la notion se définit aussi autour de celle de « présence » et celle d'absence de restrictions. De la possibilité d'utiliser les machines, « découle l'accès à des niveaux d'informations », plus précisément l'accès aux TIC, qui permet d'accéder aux contenus médiatiques. L'accès technologique est possible *via* ses deux composantes : l'accès physique à l'ordinateur (avoir accès à la machine) et l'accès au système (la connexion réseau). Ce dernier se distingue à son tour en : l'accès social (groupes specifiques qui ont accès au contenu) et l'accès cognitif, qui ramène au plan de l'interaction. Cette interaction, du point de vue de Jean Davallon est le croisement de « deux univers : celui de l'écriture culturelle, univers langagier régi par la logique d'un être social engagé dans une activité sémiotique ; et celui de l'écriture formelle, univers de langage formel et procédural, régi quant à lui par une logique de mise en œuvre d'opérations programmées »[622]. Il est important, pour Carpentier, d'éviter de réduire l'accès à la seule dimension physique, où compte essentiellement la matérialité de la technologie puisque l'accès au contenu garde une importance majeure. Cet accès au contenu, selon Davallon est possible grâce aux médiations « à la fois techniques, sémiotiques ou humaines, qui sont à l'origine de ce qui apparaît à l'internaute à un moment donné à l'écran »[623].

---

[620] Carpentier, Nico, 2016, « Différencier accès, interaction et participation », *in :* Morelli P., Pignard-Cheynel N., Baltazart D., dirs, *Publics et TIC. Confrontations conceptuelles et recherches empiriques*, Nancy, PUN-Éditions universitaires de Lorraine, pp. 45-69.
[621] *Ibid.*
[622] Davallon, Jean (sous la dir.). *L'économie des écritures sur le web. Vol. 1 Traces d'usage dans un corpus de sites de tourisme*, Hermès Sciences- Lavoisier, Paris, 2012, pp. 253-254.
[623] *Ibid.*

Dans les intentions des documentalistes, comme nous l'avons vu, la mise à disposition sur le site d'un large éventail de fiches de catalogue constitue déjà un accès à un espace qui est celui des environnements numériques. Comme le souligne Marie Despres-Lonnet, « Il n'y a pas, dans le travail de l'indexeur, d'intention communicationnelle envers des publics néophytes »[624]. La compilation des notices, qui est faite par des experts à l'usage d'autres experts, guide difficilement un potentiel visiteur dans la découverte d'un regard approprié, du moment qu'il ne connaît pas la suite du projet vulgarisateur. Il faudrait penser à des nouveaux modes de consultations qui permettent d'aller au-delà du strict cadre de l'institution pour « redonner une visibilité graphique, en les métaphorisant, à une filière et à un contexte social d'usage ou plutôt à une multitude de filières professionnelles et de contextes sociaux »[625], mais comme nous avons vu dans les discours des personnes interviewées, il n'y a pas de véritables projets d'étude de public. Les financements limités, mais aussi le manque d'une mentalité, restent les limites de l'application d'une approche qui part des études sur les utilisateurs. Néanmoins, le personnel chargé de la mise en visibilité est souvent très motivé à mettre en exergue le nombre des notices d'œuvres qui sont offertes à la consultation en ligne.

2. Les perspectives ouvertes par la base de données en ligne

Ainsi, dans les sites web des deux institutions, le même type d'*onglet* « collezione/collections » permet de consulter le catalogue en ligne. Le catalogue est clairement visible et accessible, et la consultation est assez intuitive même pour l'utilisateur non expert. En fait, ce qui fait défaut, c'est un niveau de recherche qui puisse répondre aux attentes d'un public d'experts, comme le note Professionnel 4 à propos du catalogue en ligne du MAD, le musée ne réalise pas d'études sur le public « tout le monde a son avis sur le public et les besoins du public mais personne n'a fait une étude » . En fait, il ressort clairement de l'entretien que les modifications de la base de données sont effectuées en fonction des besoins des conservateurs, en oubliant les besoins du public :

---

[624] Després-Lonnet, Marie, « L'écriture numérique du patrimoine, de l'inventaire à l'exposition : Les parcours de la base Joconde ». In *Culture & Musées*, n°14, 2009. « L'écriture du patrimoine ». p. 19-38.
[625] *Ibid.*

« même sans parler du public complètement profane, mais il y a aussi des publics specialisés mais qui ne sont pas specialisés en arts décoratifs mais qu'ils ont besoin de consulter la base pour la recherche [...] c'est vrai aussi que c'est un grand écart compliqué pour ce genre de site web mais à l'image de la mesure en général parce que c'est à la fois un lieu de conservation et un lieu d'exposition et que ça s'adresse à la fois aux très specialisés à la fois (on a des ecoles des design par exemple) mais s'adresse aussi aux publics lambda »[626].

C'est une question qui sera à nouveau soulevée lors du redéveloppement du site web, prévu dans un avenir proche, mais sur laquelle subsiste un certain scepticisme : « ce grand écart entre très specialisés et profanes, en fait, ça c'est compliqué et je ne sais pas si on va le résoudre ».

À cet égard, Professionnel 4 donne l'exemple du site du *Mobilier national*[627] qui a fait appel à des spécialistes « un peu designer informatique », de revoir la conception du site sur la base d'une étude des publics visés « le designer de service a fait une petite étude des publics et a fait des petites cartographies et elle a appelé ça des "personna" en disant le type du chercheur le type du… » il s'agit d'une tentative de profiler le public afin d'identifier certains types de caractéristiques. Selon Professionnel 4 ce serait la démarche à suivre pour la refonte du nouveau site internet du MAD Paris, qui a été confiée à une société « assez sensible à la question du design graphique ». Tout en tenant compte des obstacles financiers, la prise en compte des publics et les apports du design graphique sont toujours des aspects dont il faut s'occuper.

Ainsi, actuellement, les affiches numérisées peuvent être visualisées et consultées sur le site institutionnel du MAD Paris, où un lien mène à un second site qui héberge le catalogue des collections en ligne.

La recherche s'effectue en saisissant des mots-clés dans un champ libre ou en utilisant des filtres de recherche : champ, type d'objet, auteur, lieu de création, date de création, matériaux et techniques, marque, produit. Le catalogue en ligne permet également de consulter une partie du matériel numérisé en fonction de deux critères : « artistes » et « thèmes ». Par rapport au passé, comme nous l'avons

---

[626] Entretien avec Professionnel 4 du 10 avril 2019. Les citations suivantes sont issues du même entretien.

[627] http://www.mobiliernational.culture.gouv.fr/.

évoqué, les méthodes ont évolué et se rapprochent de plus en plus de celles des moteurs de recherche : « Avant c'était où je mets tout “Danone” et tant pis je me débrouillais, on est monté comme ça aussi en puissance les interrogations. Les gens ont l'habitude de Google, donc je tape et j'ai la réponse et après si on rajoute des mots clés pour filtrer, alors que là dans les bases des données on filtre avec déjà des mots préétablis pour être sûrs d'avoir des réponses. C'est vrai qu'il y a encore plusieurs niveaux dans les bases des données... »[628].

Figure 20. Site institutionnel du MAD Paris.
Lien pour le catalogue de la collection Publicité et Design graphique

[628] Entretien avec Professionnel 1 du 10 avril 2019.

Figure 21. Catalogue en ligne MAD Paris

Figure 22. Site du Museo Nazionale Collezione Salce

Figure 23. Catalogue en ligne Collezione Salce

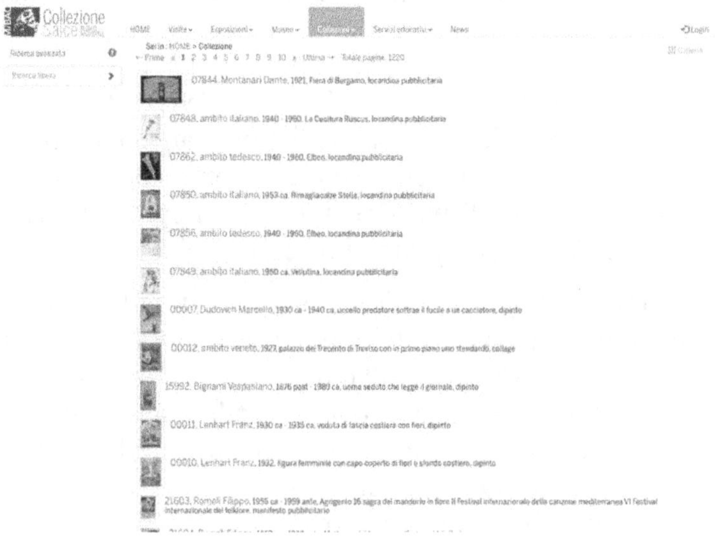

Il existe deux manières principales de trouver des objets, soit filtrer par mot et sur le résultat filtrer à nouveau sur les mots sous forme hypertexte pour affiner la recherche, soit étendre la recherche à partir d'un terme présent sur la fiche recherchée et ayant un lien hypertexte. Les noms et les mots-clés (*facettes*) sont tous au format hypertexte afin de pouvoir naviguer dans les fiches associées et permettre une recherche croisée. Cette fonction permet de réduire la recherche à partir d'une sélection ou de l'étendre à partir d'un mot trouvé sur la notice. Comme le dit Professionnel 4, en expliquant le fonctionnement de la recherche, l'équipe qui travaille au projet numérique documentaire du MAD Paris aimerait à l'avenir donner aux utilisateurs la possibilité d'ajouter leurs propres filtres de recherche[629].

Les informations du catalogue en ligne sont dérivées des fiches qui ont été rédigées par les spécialistes de la conservation et de la documentation. Les champs de recherche reproduisent[630] les notices Micromusée et sont publiés seulement ceux dont les conservateurs ont autorisé la publication. Lors d'une conversation avec la responsable du projet numérique documentaire, il est apparu que cette sélection pose un certain nombre de problèmes car il existe une différence de point de

629 Entretien avec Professionnel 4 du 10 avril 2019.

630 Les données sélectionnées sont « extraites » des fiches Micromusée et transférées au catalogue en ligne.

vue entre les documentalistes et les conservateurs dans la conception des notices qui doivent apparaître en ligne. On peut discerner deux mentalités bien différentes dans cette situation. Les conservateurs choisissent en effet de mettre en ligne les notices brutes telles qu'elles ont été éditées sur Micromusée. De leur point de vue, il n'est pas nécessaire d'intervenir pour faciliter la médiation ; au contraire, les documentalistes se demandent le plus souvent comment médiatiser l'information afin de faciliter l'appropriation et l'interopérabilité en direction du public[631]. Comme l'explique Professionnel 4 :

> « en fait l'intérêt d'une base de données c'est surtout ça, pas tellement de gérer mais de fair faire une recherche [...] les bases de données quel soit interne, externe, publics les nouvelles valorisations passent aussi par les nouvelles possibilités de recherche. Alors c'est vrai qu'en ligne on essaye de faciliter par l'ergonomie de proposer des possibilités de recherche qui soient facilités par rapport à une base de données interne. »[632]

De la part de l'interviewé se pose la question de rendre l'ergonomie du site plus conforme à l'usager externe, en fait sur le site on retrouve les mêmes définitions des champs de recherches qu'on trouve sur Micromusée. Une fois le critère de recherche saisi, des vignettes fidèles de l'affiche originale – de qualité professionnelle – apparaissent à l'écran, toutes de même taille, sur lesquelles il est possible de réaliser des agrandissements. Seules les images de qualité moyenne peuvent être téléchargées gratuitement à partir du site. Pour les images en haute résolution, il faut contacter la Photothèque du musée et payer les droits. Cependant, comme le souligne Professionnel 4, les possibilités de circulation et d'appropriation des images ne sont pas facilitées car il n'existe pas de fonctions spécifiques, comme le bouton « enregistrer » sur l'image :

> « Oui, pas d'outil pas d'option par exemple un moyen de s'approprier une image c'est de la télécharger là si tu fais "enregistrer sur" mais il n'y a pas un bouton de téléchargement en plus tu vas récuperer une version qui est dégradé donc elle ne sera pas... Tu peux t'en servir pour la mettre sur ton téléphone portable mais tu ne pourras pas faire grand chose avec. [...] un des

[631] Entretien avec Professionnel 4 du 20 juin 2016.

[632] Entretien avec Professionnel 4 du 10 avril 2019. Les citations suivantes sont issues du même entretien.

premiers moyens d'appropriation c'est de permettre à l'usager de récupérer l'image en fait. Très très matériellement et très bêtement c'est de récupérer une image. »

En réalité, les images peuvent être téléchargées, mais l'utilisateur doit penser à utiliser une astuce : cliquer avec le bouton droit de la souris et activer la fonction d'enregistrement sur l'ordinateur. Cela reste compliqué pour ceux qui ne sont pas familiarisés avec la technologie.

Figure 24. Fiche de catalogue

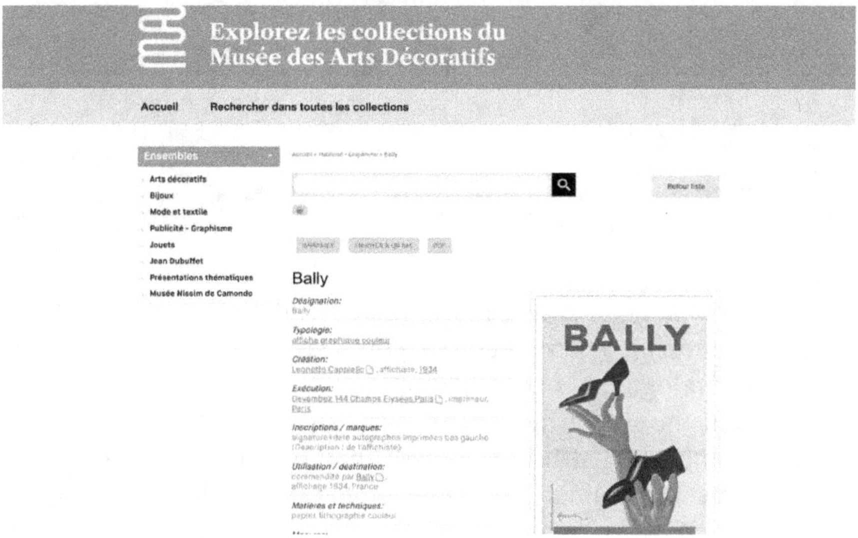

Figure 25. Vignette d'affiche prête à être téléchargée

Tout comme le catalogue des œuvres de l'institution française, celui de la Collezione Salce permet une recherche libre indexée par mots-clés puisque les catalogueurs ont transformé en métadonnées tout ce qui est écrit ou représenté sur l'affiche. Il est également possible d'effectuer une recherche avancée, en utilisant certains champs prédéfinis (auteur, titre, numéro d'inventaire, lieu, etc.). Les fiches de catalogue, qui ont été réalisées par l'ICCD, ne sont pas directement modifiables par le personnel du musée, mais uniquement sur proposition envoyée à l'ICCD, qui reste l'organe de contrôle et le seul à pouvoir apporter des modifications. Nous avons vu comment, dans le cas du MAD Paris, les opérateurs peuvent ajouter de nouveaux termes ou modifier des termes existants.

Là encore, il est possible de télécharger les images et de réaliser des agrandissements avec une résolution moyenne. Pour acheter des reproductions de haute qualité, il faut contacter les Archives photographiques de la Direction régionale des musées de Vénétie et payer les droits d'auteur[633], qui dans ce cas, constituent une ressource financière importante pour le musée. Au contraire, au MAD Paris, ce

633 La tarification est décidée en fonction de l'utilisation. La partie privée paie la totalité, l'organisme public paie le coût de production des images et les droits ; à des fins de recherche ou d'étude aucun droit n'est payé.

type de revenus est plutôt négligeable par rapport à la taille et aux différents composants de l'institution.

Figure 26. Fiche de catalogue Collezione Salce

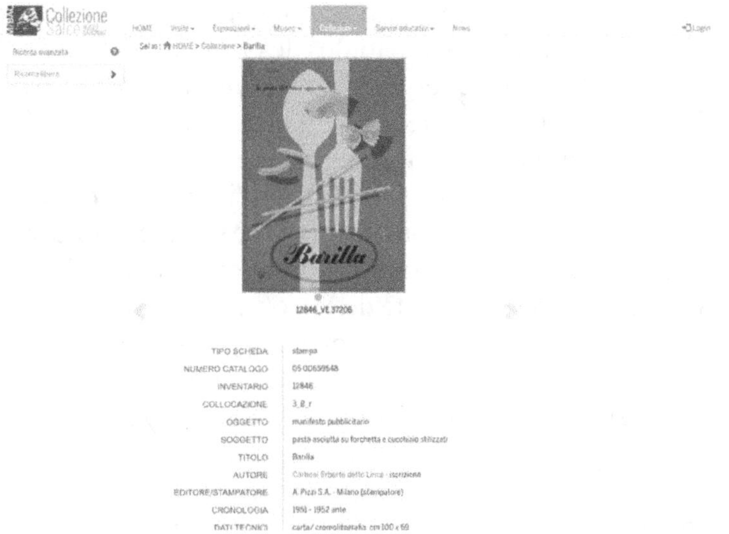

Figure 27. Écran avec une vignette d'affiche prête à être téléchargée

2.1. Interopérabilité et exploitation des données

En termes d'interconnexion, les bases de données des deux musées partagent leurs catalogues avec un certain nombre de sites institutionnels afin de fournir différents points d'accès et d'offrir des espaces de visibilité supplémentaires. En ce qui concerne la Collezione Salce, la base de données contenant toutes les notices de catalogue informatisées des affiches est hébergée sur la plateforme *SIGECweb,* gérée par l'ICCD qui en est le propriétaire. La plateforme dispose d'une interconnexion avec le site du ministère italien de la culture et avec le site du Museo Nazionale della Collezione Salce. L'intégralité des fiches de catalogues de la collection sont consultables sur les deux portails : le site du Museo Nazionale della Collezione Salce et celui du Catalogo dei Beni culturali[634]. De plus, depuis le site de l'*ICCD,* il existe un lien vers le site du Catalogue du patrimoine culturel. La Collezione Salce n'est pas présente sur Europeana. Selon la directrice, cette absence est due au fait que le catalogue général des biens culturels existe déjà et que sa présence sur une autre plateforme serait probablement considérée par le ministère comme un acte de concurrence[635], puisque c'est le ministère qui est responsable de tous les projets de diffusion du musée.

La situation au MAD Paris présente quelques différences. La stratégie d'exploitation du matériel contenu dans la base de données se fait par des opérations d'interconnexion avec d'autres bases de données. L'interopérabilité des données permise par de nombreux schémas et protocoles est l'une des possibilités numériques offertes aux artefacts publicitaires. La base de données du musée est interconnectée avec diverses plateformes institutionnelles et portails agrégateurs ; en particulier, l'interaction se fait avec *Europeana.eu* par le biais du moteur de *collection* du site *Culture.fr*. Une autre ressource est représentée par *Videomuseum*[636] un réseau de musées et d'organisations gérant des collections d'art moderne et contemporain dans le but de diffuser la connaissance de ce patrimoine spécifique.

---

[634] https://www.catalogo.beniculturali.it/ Catalogo generale del patrimonio culturale est la base de données qui collecte et organise de manière centralisée les informations descriptives des biens produits sous le contrôle du Ministero dei beni e delle attività culturali e del turismo.

[635] Entretien avec Professionnel 6 du 9 mars 2017.

[636] Videomuseum est un réseau de musées et d'organismes gérant des collections d'art moderne et contemporain (musées nationaux, régionaux, départementaux ou municipaux, Cnap (collection du Fnac), Frac, fondations) qui se sont regroupés pour développer, en commun, des méthodes et des outils utilisant les nouvelles technologies de traitement de l'information afin de mieux recenser et diffuser la connaissance de leur patrimoine muséographique. www.videomuseum.fr

Depuis l'époque de notre stage, le MAD Paris travaille sur un grand projet de numérisation et d'informatisation[637], qui comprend, entre autres, l'interopérabilité entre la base de données du musée, celle de la Bibliothèque et celle des archives du MAD Paris[638]. Cette interconnexion est, comme l'explique la responsable du projet numérique, actuellement en cours et permettra des recherches croisées entre « les oeuvres [côté musée], les archives et la bibliothèque »[639].

Grâce à toutes les interconnexions avec des portails, des bibliothèques et des archives dits « virtuelles », l'utilisateur peut non seulement accéder au contenu de la base de données contenant les collections d'affiches du département Publicité et graphisme, mais aussi rechercher, rassembler et comparer des reproductions numériques d'objets graphiques publicitaires conservés dans d'autres musées, bibliothèques et archives français et européens. Toutefois, comme nous le verrons, plusieurs obstacles s'interposent au souhait d'une visibilité complète du catalogue.

2.2. Barrières à la mise en ligne

Dans le cas du MAD Paris, il convient de préciser que toutes les images numérisées des collections d'affiches ne sont pas présentes sur le catalogue du site. Plusieurs raisons expliquent ce décalage entre la base de données consultable sur place et celle disponible en ligne sur le site du musée. Bien que le MAD Paris adhère à la politique d'ouverture des archives publiques et travaille constamment à rendre un pourcentage aussi élevé que possible des fiches de catalogue disponibles en ligne, les questions de droits d'auteur, comme nous l'avons vu, constituent le principal obstacle à la publication des images. D'après ce que nous avons pu observer, les professionnels interrogés sur cette question ont d'ailleurs des avis divergents sur l'impact du droit d'auteur sur leurs missions. « Après, c'est vrai que comme on est soumis à des droits sur certaines œuvres c'est compliqué ». La question du droit d'auteur fait donc débat : « Le droit d'auteur c'est pas

---

637 Le projet numérique documentaire, dont Professionnel 4 est le chef de projet ajointe, porte sur « L'informatique documentaire, ou bien tous les services informatiques au service de la gestion des collections ou de la valorisation des collections par des sites internet, mais pas pour tous qu'est création d'application ou dispositifs numériques » Entretien avec Professionnel 4 du 10 avril 2019.

638 En ce qui concerne les archives, comme le rapporte Professionnel 4, il s'agit d'une nouveauté car elles n'ont pas encore été informatisées.

639 Entretien avec Professionnel 4 du 10 avril 2019.

compliqué, il faut chercher qui détient les droits et lui demander l'autorisation. Il n'y a pas trente-six solutions »[640] mais il n'y a pas de solution définitive et donc la pratique devient plutôt celle de l'usage : « là on voit que de plus en plus de musées donnent leurs images en libre accès et donc on voudra arriver à ça mais être en mesure de faire le tri entre ce qui peut être libre et ce qui ne peut pas »[641]. En fin de compte, cette question doit être réglée par la direction, qui décide d'une conduite générale à suivre, comme le fait remarquer Professionnel 1, « Moi j'estime que c'est une politique interne à avoir qui nous est donnée par nos directions, voilà on opte pour ça... et nous on suit »[642].

En outre, il existe également des questions internes telles que la publication de photos documentaires afin d'avoir une image ou non. Pendant le stage, nous avons eu l'occasion d'assister à l'une des réunions trimestrielles entre le département et le directeur du musée (M. Olivier Gabet), au cours de laquelle la question des droits d'auteur et celle de la mise en ligne des photos documentaires ont été abordées. Les positions étaient variées. Pour le directeur, la ligne à suivre est de favoriser au maximum la diffusion des fichiers en ligne avec photos, en essayant de résoudre les problèmes de droits d'auteur dans la mesure du possible. À ce propos, l'exemple de ces affiches pour lesquelles l'attribution de l'auteur lui-même est incertaine et parfois controversée a été mentionné, et le directeur a insisté pour que les graphistes soient contactés au plus vite afin d'obtenir les droits. La question de savoir si la photo doit être incluse ou non dans les avis en ligne a donné lieu à plusieurs propositions de solutions : publier des notices même sans photos, puisque la notice sert à témoigner de la présence de l'objet. Mais selon les conservateurs, cela n'est pas possible dans le catalogue en ligne, où il ne devrait y avoir que des notices avec des photos, même de nature documentaire, si celles-ci sont considérées comme « valides » (selon des critères esthétiques et visuels). Sur ce point, la responsable de la base de données a insisté pour donner une cohérence au catalogue en ligne, qui ne contient que des photos de qualité professionnelle. Elle avait d'ailleurs précisé cette position lors d'un entretien : « J'essaye de ne mettre que des photos professionnelles mais quand on a nous-mêmes fait des scans, je te disais, des prises de récole, je me dis que la qualité elle est pas trop mauvaise non plus donc je mets quand même en

---

640 Entretien avec Professionnel 1 du 10 avril 2019.
641 Entretien avec Professionnel 4 du 10 avril 2019.
642 Entretien avec Professionnel 1, 10 avril 2019.

ligne »[643] donc des photos professionnelles mais aussi des photos documentaires si elles sont de qualité optimale et donc cohérentes avec les photos en ligne.

La question des droits d'auteur ne semble pas être une complication pour le musée italien, qui dispose d'une base de données en ligne complète et a rendu toutes les images des affiches accessibles sans aucune contrainte apparente de droits d'auteur. Cela est probablement dû au fait que les années nécessaires se sont presque toutes écoulées depuis le décès des titulaires des droits. Il n'existe pas d'affiches contemporaines publiées en ligne.

2.3. Sur la mise en visibilité des catalogues

Comme le souligne Professionnel 1 à propos des contraintes logistiques qui ne permettent pas les expositions permanentes, et encore moins les expositions à grande échelle, dans le cas des affiches, la valorisation des objets passe par leur visibilité, « la mise en valeur c'est qu'avant tout on les donne à voir » en particulier pour les objets du département Publicité et Design graphique, il n'y a pas d'objets exposés en permanence à part « quelques affiches qui sont dans le nouveau parcours moderne et contemporaine, "la folle histoire du design", mais il n'y a rien d'autre. Donc on doit avoir 20 pièces en tout qui sont exposées assurément ». Dans ce cas, comme le souligne Professionnel 1, la visibilité sur le site permet de dépasser les contraintes matérielles de ces objets : « Le fait de mettre sur internet c'est quand-même de donner la possibilité aux personnes de voir une infime partie certes de ce qu'on a dans les collections. Pour moi c'est ça aussi. Il n'y a pas d'intérêt que ça reste confidentiel, ça appartient à tout le monde, donnant à voir ».

De ce point de vue de la diffusion et de la volonté de donner accès – au-delà des contraintes du droit d'auteur – l'idée de devoir limiter la visibilité des objets ayant une photo non professionnelle est contraignante, le catalogue étant vu comme un outil de connaissance et non comme une vitrine de belles images : « C'est que un petit peu elle [la numérisation] donne accès à nos réserves, en quelque part et c'est pour ça que certaines personnes disent "donnons accès jusqu'au but et peu importe si la photo est de qualité ou pas de qualité" on pourra aussi imaginer de mettre des fiches sans photo, pourquoi pas ? »[644]. Pouvoir

643 *Ibid.*
644 Entretien avec Professionnel 1, 10 avril 2019.

savoir si un objet existe pourrait être important pour un public plus spécialisé. « Comme ça les personnes qui font des recherches [...] j'ai besoin de savoir si vous avez cette oeuvre de lui ou pas, quels que soit son état, quel que soit son, je sais pas, où qu'elle est classée, si vous l'avez mise en dépôt quelque part...Moi je veux juste savoir si elle a bien existée et si quelque part on en garde trace" Donc on peut aussi faire ça, mais tout est question de… c'est une politique [...] Et ça peut être aussi, quand les photos sont de mauvaise qualité je mets néanmoins la fiche descriptive, comme ça si quelqu'un fait une recherche dit, "Ah! C'est chez eux" et se dit "Je vais prendre contact" et ça va enclencher une suite. »

Pour contourner cet obstacle, nos conversations suggèrent que la stratégie dans les deux cas consiste à mettre le matériel en ligne et à traiter les questions juridiques au fur et à mesure qu'elles se présentent[645].

De ces observations, il ressort que pour les professionnels valoriser les collections en mobilisant des « avatar numériques »[646] des originaux, qu'ils soient des reproductions photographiques de type professionnels ou des prises de photo documentaire, va de pair avec une mise en visibilité dans le catalogue. Le souhait général exprimé par le personnel semble être de disposer d'un catalogue illustré d'images numérisées qui soit le plus fidèle possible à l'état réel des collections. Cependant, l'accessibilité du matériel numérisé est entravée par diverses contraintes telles que les droits d'auteur couvrant une grande partie de la collection, et dans certains cas, l'attribution de l'auteur lui-même est incertaine et parfois controversée[647]. L'accessibilité en ligne est également affectée par les politiques de financement publiques et privées qui permettent les campagnes de numérisation, lesquelles, comme nous l'avons vu, nécessitent des sommes importantes.

---

[645] Entretien avec Professionnel 1, 20 juin 2016.

[646] Schnapp, Jeffrey, « La vie intime des objets culturels », *op. cit.*

[647] Garnier, Florent, (sous la dir. de), Delvit, Philippe (sous la dir. de). *Des patrimoines et des normes (Formation, pratique et perspectives)*, *op. cit.* Voir aussi, Création Loi 92-597 1992-07-01 annexe JORF 3 juillet 1992
Comme indique la LOI n° 92-597 du 1er juillet 1992 relative au code de la propriété intellectuelle. Article L. 122-3 du Code de la propriété intellectuelle (partie Législative) (1) Version en vigueur depuis le 03 juillet 1992 « La reproduction consiste dans la fixation matérielle de l'œuvre par tous procédés qui permettent de la communiquer au public d'une manière indirecte. Elle peut s'effectuer notamment par imprimerie, dessin, gravure, photographie, moulage et tout procédé des arts graphiques et plastiques, enregistrement mécanique, cinématographique ou magnétique. ».

L'état de conservation de l'affiche originale est un obstacle supplémentaire à l'accessibilité de l'image numérique. La « présentabilité » d'une affiche détermine également sa visibilité dans le catalogue en ligne. Si l'ambition est de numériser tout le matériel pour l'inventaire, il s'avère que des spécimens mal conservés, bien que numérisés, souvent de manière « artisanale » par les conservateurs à des fins de documentation, sont présents dans la base de données Micromusée, mais ne sont pas publiés en ligne. Ces obstacles juridiques et techniques s'ajoutent aux problèmes qui se posent en amont. Comme nous l'avons vu, les politiques de numérisation sont également influencées dans une certaine mesure par des financeurs externes, qui interviennent dans le processus de sélection sur ce qu'il convient de numériser et ensuite de publier.

D'après les observations, il apparaît que les deux musées ont l'intention commune de s'adresser à un public qui n'est pas seulement composé de spécialistes, mais qui est large et hétérogène. Au MAD Paris notamment, avec la possibilité d'effectuer des recherches différenciées, des plus basiques aux plus complexes, les documentalistes tentent de répondre à la fois aux demandes des chercheurs et spécialistes qui savent déjà exactement ce qu'ils cherchent, et à celles d'un public de « flâneurs » qui naviguent sur le site sans but précis[648].

Comme nous l'a expliqué le responsable du projet numérique documentaire, les projets de transition numérique en cours ont parmi leurs objectifs non seulement de réunir les bases de données du musée, de la bibliothèque et des archives du MAD Paris, mais aussi d'impliquer davantage les utilisateurs en ligne, par exemple en leur donnant la possibilité de créer leurs propres collections[649]. Relier des artefacts numérisés, les sortir de l'environnement circonscrit des différentes bases de données et leur offrir un espace commun de navigation et de recherche, présente certains avantages, notamment pour les chercheurs. En augmentant la visibilité de la collection numérisée par un accès plus large aux documents, l'interconnexion multiplie les possibilités de diffusion, de circulation et de réutilisation des images sur Internet. En

---

[648] Entretien avec Professionnel 4, 20 juin 2016. D'après ce qui nous a été dit au cours de diverses conversations, le modèle de référence est le site web du Victoria Albert Museum de Londres (https://www.vam.ac.uk/).

[649] À l'instar de ce qui se passe déjà sur le site culture.fr., cf. http://www.culture.fr/Ressources/Moteur-Collections/Collections-sur-mesure.

outre, l'agrégation et l'éditorialisation du contenu offrent la possibilité de créer des expositions numériques et de reconstituer à l'écran des collections dispersées sur différents sites.

3. Les utilisations des affiches numérisées : médiation, communication, commercialisation et réappropriations

Le périmètre scientifique de cette thèse a été défini au cours de la recherche de terrain et, comme nous l'avons précisé, il s'est progressivement concentré sur les questions relatives à la circulation du matériel numérique au sein de l'institution muséale et aux usages qu'en font les professionnels qui y travaillent dans leur pratique quotidienne. Dans cette section de la thèse, notre intention est de présenter certains des usages qui sont faits des affiches numérisées.

Nous avons réparti ces usages en quatre catégories. Chacune fera l'objet d'un volet de cette section du chapitre IX. Dans la première catégorie, nous avons rassemblé les utilisations qui sont faites *intra muros* dans le cadre de projets éducatifs et d'exposition. Dans la deuxième catégorie, nous avons inclus les projets de communication et de médiation en ligne. La commercialisation de copies numériques fait partie d'une troisième catégorie. Enfin, une quatrième catégorie réunit les usages et les réappropriations par les utilisateurs.

3.1. Projets éducatifs et d'exposition

Comme nous l'avons vu, de manière similaire, l'utilisation des copies numériques que les professionnels réalisent dans les deux musées fait partie des pratiques ordinaires qui, à un niveau plus général, vont de la vérification de la collection d'affiches à la planification des expositions. Dans le cas du Museo Nazionale della Collezione Salce, la directrice utilise les substitutes numériques pour planifier la disposition des pièces dans les espaces d'expositions, mais pas pour vérifier l'état de conservation car « la numérisation a été faite il y a longtemps, donc souvent elles ne correspondent pas à l'original, aussi parce que certaines affiches ont été restaurées. Mais à première vue, c'est très bien »[650]. Du point de vue de la conservation, l'utilisation de reproductions numériques pour la conception d'expositions permet de manipuler le moins possible les originaux, même si nous avons constaté que, pour

[650] Entretien avec Professionnel 6 du 9 mars 2017.

les conservateurs, l'objet physique est le plus souvent au centre des préoccupations.

Au-delà de la conception et mise en œuvre des expositions, les copies numériques des affiches sont parfois également utilisées dans l'espace d'exposition lui-même. En particulier, au MAD Paris, les cas intéressants d'expositions intégrant des matériaux et des dispositifs numériques dans le parcours d'exposition ne manquent pas.

À ce propos, il nous paraît utile de mentionner une exposition dont nous avons pu suivre de près la préparation, *De la caricature à l'affiche 1850-1918* qui s'est tenue du 18 février au 4 septembre 2016, à l'occasion de laquelle des écrans tactiles ont été installés pour le public.

Figure 28. Le dispositif tactile installé à l'exposition
De la caricature à l'affiche

Ces dispositifs permettent aux visiteurs de voir des reproductions numérisées d'affiches, de parcourir à l'écran des artefacts de plusieurs pages et de lire des légendes et des textes qui fournissent des informations plus approfondies sur les affiches exposées. La conception et la mise en place de ces dispositifs a pour objectif non seulement d'augmenter le nombre et la variété des objets exposés en offrant au public des reproductions numériques, mais a également pour but de permettre d'expérimenter davantage de manières de les utiliser grâce à la possibilité de zoomer sur les détails et de naviguer dans des artefacts de plusieurs pages et d'accéder à des écrits contenant des informations détaillées sur les objets exposés. Dans le cadre de cette exposition, l'utilisation de panneaux tactiles avait l'ambition de dépasser les limites de l'espace physique. Grâce à ces dispositifs, la possibilité était donnée au visiteur d'approfondir certaines informations historiques sur les affiches, comme le contexte dans lequel elles ont été diffusées, leurs objectifs de communication, ainsi que d'autres informations sur les auteurs. Plus particulièrement, citons un exemple de reproduction d'une lithographie en couleur dans un format très inhabituel, de près de 9 mètres de long, (formé de 4 fogli de 34 x 149cm) « Le retour des courses ou Sem au bois » des illustrateurs Sem (Georges Goursat) et Auguste Roubille. Près d'une centaine de personnages apparemment anonymes sont représentés dans cette reproduction, même s'il s'agit en réalité de caricatures de certains membres de la société de la belle époque. Le panneau tactile de l'exposition offrait la possibilité de consulter la reproduction au format numérique, et ainsi en cliquant sur le personnage, il était possible de connaître son nom et son rôle dans la société de l'époque.

Figure 29. Lithographie de 9m de long reproduite
sur le catalogue de l'exposition

Un autre exemple est intéressant à mentionner, à savoir un cas qui montre plus encore les problèmes que posent certains formats d'affiches. Ne disposant d'aucun espace adapté aux grands formats, le département Publicité et Design graphique n'expose presque jamais de grandes affiches. Lors des rares occasions où cela arrive, il faut trouver des astuces pour limiter leur visibilité et leur bonne appréciation. C'était le cas de l'exposition que nous venons de citer (*De la caricature à l'affiche 1850-1918*). À cette occasion, les grandes affiches qui, au début du siècle dernier, étaient exposées dans les espaces du métro, étaient présentées au public sur un support qui les maintenait en biais. Par conséquent, l'utilisation de copies numériques de ces affiches de grand format – bien qu'elles ne remplacent en aucun cas l'expérience de la visualisation directe de l'original – peut dans certains cas constituer une alternative valable, en offrant au public la possibilité d'obtenir des informations supplémentaires à l'écran.

Figure 30. Deux affiches de Leonetto Cappiello lors de l'exposition *De la caricature à l'affiche*, « Fleur des Neiges. Biscuits Pernot » 375x198 et « Grands Magasins des Cordeliers. Lyon. Nouveautés d'été » 388 X 198. Exposées en biais à cause de leur très grand format

Dans ce cas, nous avons pu constater que même si l'affichage du substitut numérique n'a pas vocation à remplacer l'aura de l'original, la possibilité d'ajouter des images d'affiches peut compléter la narration d'une exposition, et permettre de faire connaître les images des grandes affiches qui par manque d'espace ne peuvent pas être exposées.

Le même cas de figure se retrouve au Museo Nazionale della Collezione Salce. En effet, avant que le musée dispose du deuxième site de l'église de Santa Margherita, se posait le même problème, à tel point que la directrice envisageait l'idée de faire imprimer une grande affiche en format réduit afin de pouvoir l'exposer[651]. Aujourd'hui, les allées de l'église se prêtant bien à l'exposition de grands formats, ont permis de résoudre les problèmes liés au manque d'espace. Le premier site du Museo Nazionale della Collezione Salce, ouvert fin mai 2017, ne disposait d'aucun dispositif de diffusion d'images numériques, alors qu'avec l'ouverture du second site à Santa Margherita, l'utilisation des

[651] *Ibid.*

dispositifs numériques est généralisée. Dans ce nouvel espace expositif de nouvelles formes de mise en récit sont pensées qui arrivent jusqu'aux dispositifs immersifs, « avec pour objectif de proposer des parcours convoquant les sens pour transmettre du sens et donner à penser, à rêver »[652]. Effectivement en plus des nouvelles installations pour exposer les affiches originales, le nouvel endroit dispose d'un espace où sont projetées des images d'affiches numérisées, qui entourent les visiteurs[653].

Figure 31. Panneaux pour l'exposition d'affiches Museo Nazionale della Collezione Salce

[652] Laborderie, Arnaud, « Mettre en Récit les Données Culturelles des Bibliothèques Numériques : Exposition Virtuelle et Recherche-Création », *op. cit.*

[653] Projections numériques dans les nouveaux espaces de Santa Margherita MUSEO NAZIONALE COLLEZIONE SALCE: The immersive Experience.

Figure 32. Projections numériques d'affiches au Museo Nazionale della Collezione Salce

Récemment, le département Publicité et Design graphique du MAD a fait un usage sans précédent des reproductions numériques des affiches dans ses activités liées aux expositions. Pendant la crise sanitaire, avec la fermeture des lieux publics, le département a organisé une exposition « Sur les quais » [654] hors les murs du musée. Des reproductions d'affiches ont été placées dans les stations de métro de Paris. Le musée a voulu aller à la rencontre des usagers du métro en proposant une exposition aux formats 4*3. Un concours d'images était également associé à l'exposition : des selfies avec la « photo préférée » à publier sur le compte Instagram du MAD Paris. De notre point de vue, l'intérêt de l'initiative n'est pas seulement que des reproductions numériques des affiches ont été utilisées à la place des originaux, mais, est aussi le fait de rendre visibles les très grands formats et par ailleurs,

---

[654] LE MUSÉE DES ARTS DÉCORATIFS S'AFFICHE DANS LE MÉTRO ! Du 10 au 30 mai 2021.

tout en les replaçant dans leur contexte d'origine, notamment l'espace public urbain du métro parisien[655].

Nous avons vu que les affiches papiers en grands formats n'ont pas beaucoup d'occasion de visibilité, puisqu'elles posent des difficultés à la fois en termes d'exposition et de conservation et donc ne sont plus incluses dans les collections. Au Museo Nazionale della Collezione Salce, cependant, les attentes de la direction concernant le patrimoine numérique qui représente la collection numérisée sont très différentes, « le musée est un petit lieu et le numérique est une ressource qu'il faut exploiter au maximum »[656].

Ainsi, les substituts numériques permettent non seulement d'augmenter le nombre et la variété des expositions en offrant au public des reproductions d'artefacts qui ne peuvent être exposés dans leur format d'origine, mais ils peuvent aussi donner l'occasion d'expérimenter de nouveaux points de vue sur les affiches grâce à la possibilité de zoomer sur des détails ou de parcourir des artefacts composés de plusieurs pages. Les appareils numériques sont parfois utilisés aussi pour concevoir des expériences de réalité augmentée qui peuvent, par exemple, recréer les contextes urbains dans lesquels ils ont été placés.

3.2. Communications et médiation en ligne

Un autre aspect de ces usages professionnels concerne les utilisations faites à des fins de communication par les deux musées. La narration en ligne est en effet un élément déterminant de la médiation numérique[657], le fait de valoriser le patrimoine au travers des pratiques de « storytelling culturel » est à nos jours une des missions privilégiées des musées. Ainsi les deux musées mettent en place constamment des actions de communication sur leurs sites internets ainsi que sur les réseaux sociaux numériques (RSN).

Dans le cas du musée italien, l'utilisation des images numériques des affiches à des fins de communication a commencé après l'inauguration et donc après notre stage. Cependant, comme nous l'avons indiqué dans la partie consacrée à la présentation de la méthodologie, nous avons

---

[655] Il convient de noter que les formats 4*3 sont ceux destinés à être affichés dans le mètre. Ces formats ne sont plus collectés par le musée en raison de la difficulté de les stocker et de les exposer.

[656] Entretien avec Professionnel 6 du 9 mars 2017.

[657] Laborderie, Arnaud, « Mettre en Récit les Données Culturelles des Bibliothèques Numériques : Exposition Virtuelle et Recherche-Création », *op. cit.*

observé de manière permanente, en effectuant une veille constante, les principaux canaux de communication du musée, le site web et la page *Facebook.*

Le site institutionnel du MAD Paris est géré par le département de la communication, qui dirige toute la politique éditoriale, mais il est possible que les conservateurs fassent des propositions de dossiers thématiques à mettre en ligne[658]. Les reproductions numériques d'affiches ont fait leur apparition sur le site du musée de la Publicité mise en ligne en 1996. A l'époque, le site n'était pas destiné à rendre visible les collections du musée, mais plutôt à proposer des parcours thématiques concernant l'histoire de la publicité, les auteurs, les médias utilisés, les marques et les célébrités. Ces parcours ont été illustrés par des reproductions numériques d'affiches et d'autres artefacts. Depuis environ les années 2000, le site du musée de la Publicité, et aujourd'hui les pages web de la section Publicité Graphic Design du site du MAD Paris, sont devenues la porte d'entrée vers des pages consacrées à certaines des expositions temporaires monographiques et thématiques contenant des reproductions numériques des pièces exposées. Il existe également des dossiers thématiques, tels que les expositions de l'ancien Musée de la Publicité, les marques et personnages de la publicité, ainsi qu'une « petite histoire de la publicité ». Une rubrique qui s'appelle « Zoom sur » propose aussi des approfondissements sur certaines thématiques afférentes à chaque département. Concernant le département Publicité et Design graphique, la thématique qui actuellement est mise en exergue est celle de la représentation du vélo dans les affiches. Pour présenter les images d'affiches numérisées ont été choisies deux entrées thématiques. Une première qui représente le vélo comme image de liberté et une deuxième sur le vélo comme image de marque ainsi que synonyme de progrès technique de l'ère industrielle du XIXe siècle. Un espace est également dédié à la « publicité du moment », où il est possible de visionner les spots publicitaires du fonds de publicité dont la numérisation est terminée, grâce au mécène Bettencourt-Schueller. Les mêmes rubriques du site sont reprises dans les RSN comme « la publicité du moment » ou la thématique du vélo qui dans le site était proposée dans la rubrique « zoom sur » et qui ici apparaît sur le fil d'actualité. La présence de cette rubrique sur les RSN a pour but de pousser l'utilisateur à approfondir sa

---

[658] Exemples de dossiers thématiques Publicité/design graphique sur le site internet, Design graphique et publicité.

recherche d'information par le renvoi sur le site internet, via le lien « En savoir + » . De notre point de vue, on peut considérer que le RSN est utilisé plutôt comme un premier contact pour renvoyer les *followers* sur le site institutionnel.

Pour sa part, le site internet du musée italien n'offre pas de contenus éditoriaux concernant les reproductions d'affiches. En fait, le site du Museo Nazionale della Collezione Salce héberge principalement le catalogue des œuvres et remplit la fonction d'information sur les activités du musée. Toutefois, pendant notre stage, la directrice consacrait beaucoup d'attention à la technologie numérique et, en collaboration avec l'Université Iuav, des stratégies d'utilisation des images numériques ont été étudiées. Les projets qui étaient envisagés alors tel que la réalisation d'expositions numériques des œuvres sur le site web du musée, n'ont à ce jour pas abouti. Toutefois, de notre point de vue, en l'état des choses, la vie numérique envisagée pour les affiches au musée italien, mise à part la disponibilité des images sur le catalogue en ligne, n'est prise en compte que dans son aspect plutôt « spectaculaire » de prise sur le public, comme les projections sur les parois.

En revanche, le Museo Nazionale della Collezione Salce fait une utilisation régulière de nombreuses images d'affiches sur leurs RSN au même titre que le MAD. Quotidiennement celles-ci apparaissent sur la page *Facebook* ainsi que sur *Instagram*. Le musée a créé cette page en l'occasion de son ouverture[659] dans le but de diffuser les informations à ce sujet. La page reste très active à ce jour, constituant un dispositif de communication active et constante sur le musée ainsi que d'informations sur la collection. Sur cette plateforme, le musée annonce ses activités (expositions, visites guidées, etc.) et fournit constamment à ses adeptes des extraits de la collection à la fois sous forme de reproductions numériques d'affiches et de GIF animés. Cette vitrine de la collection présente régulièrement des thèmes qui sont liés à l'éphéméride, ou à des événements particuliers. Sur cette page, le musée vise souvent à interagir de manière dynamique avec les utilisateurs de Facebook avec des rendez-vous hebdomadaires, ainsi qu'avec des quiz et des énigmes. Chaque semaine dans la rubrique « femme tout

[659] Quelques mois avant l'ouverture, le musée a chargé une stagiaire de créer une campagne de *buzz* viral pour éveiller la curiosité du public de Trévise. La campagne comprenait un certain nombre d'actions telles qu'un compte à rebours jusqu'à la date d'ouverture et la diffusion d'images sous forme d'autocollants et de cartes de visite, destinées à éveiller la curiosité du public trévisan (« Le chapeau de Nando Salce » ; « Qui est Nando », etc.).

l'année », la page met en lumière le portrait d'une artiste femme de la collection. Il y aussi des hashtags, comme par exemples celui « #NonSoloSalce » qui renvoie à des informations sur des événements, des livres autour de collections d'affiches, ainsi que sur le thème plus large du graphic design. Un autre hashtag « #Salce outdoor » renvoie à des informations sur les prêts des affiches à d'autres institutions en proposant des photos de l'emballage et du départ des affiches. Le volet des informations sur le musée est aussi très actif, donnant des informations aussi sur les affiches qui partent pour des prêts. Ainsi, le *hashtag* « #SalceBackstage » fournit des informations ou des portraits sur les acteurs qui s'occupent de la collection à plusieurs titres, conservateurs, catalogueurs, personnel du musée.

La page expérimente aussi des implications plus directes de ses *followers*, comme la mise au vote des pièces à proposer pour la restauration. Notamment des plaques publicitaires qui nécessitent des financements pour la restauration ont été proposées au vote sur la page facebook. Parmi les activités proposées on peut citer aussi la composition des puzzles d'affiches. Un moyen pour les internautes de s'approprier les substituts numériques des affiches publicitaires et construire de nouveaux parcours d'interprétation des collections, contribuant ainsi à leur « circulation culturelle ».

Enfin, une large utilisation des reproductions numériques est faite dans les deux musées pour la communication de leurs événements. Au MAD Paris, cette tâche est confiée au service de communication qui s'en occupe régulièrement, comme on a vu sur le site institutionnel ainsi que sur les RSN. Tandis qu'au Museo Nazionale della Collezione Salce, qui ne dispose pas de service interne pour le site institutionnel, cet aspect fait partie des opérations de communication menées par le ministère. Le site du Polo Museale del Veneto publie régulièrement les informations sur les événements du musée et des images d'affiches de la collection.

3.3 Diffusion et commercialisation des reproductions numériques

Les possibilités d'utilisation et de circulation des reproductions numériques sont multiples. Nous avons vu comment la numérisation ranime de manière nouvelle le caractère sériel des affiches. De fait, la même image d'une affiche peut se retrouver en différents formats dans différents contextes et dans des buts différents. Dans les musées, la production, la diffusion ainsi que la vente d'images d'affiches à des fins commerciales est une pratique répandue qui remonte à l'époque de la reproduction photographique analogique. Depuis 1972, le MAD Paris dispose d'une photothèque (anciennement c'était le service photographique). Aujourd'hui attaché au pôle Éditions/Images, le service s'occupe de la production et de la diffusion des images. Comme nous avons vu, c'est la photothèque qui effectue les prises de vue sur les affiches, lors des expositions et de la présentation au Comité Scientifique. Le service s'occupe aussi de la diffusion et de la valorisation des œuvres par leurs reproductions numériques, fournissant des visuels pour l'édition des catalogues et du matériel promotionnel de haute qualité aux services de musée (service de presse, mécénat, service des publics). Il est en charge de la commercialisation des images, tant en formats numériques, que des reproductions imprimées sur papier[660]. Par ailleurs, le MAD Paris dispose aussi d'un *bookshop* qui vend, parmi d'autres choses, du matériel dérivé des images numérisées. Parmi les acheteurs de ces reproductions numériques imprimées, comme le rapporte la conservatrice en chef du département Publicité et Design graphique, il y a aussi quelques institutions qui achètent des reproductions numériques d'affiches en taille réelle et en haute résolution à des fins d'exposition. Bien qu'elles soient intéressées par l'emprunt d'affiches pour leurs expositions, certaines institutions ne sont pas en mesure d'accueillir les pièces des collections nationales[661] et peuvent donc recourir à cette alternative. Le même cas de figure nous l'avons retrouvé au Museo Nazionale della Collezione Salce. Des reproductions d'affiches sont proposées lorsqu'il n'est pas possible de fournir les originaux, à cause d'une indisponibilité de l'œuvre demandée. C'était le cas du festival du film de Trento en Italie, à l'occasion duquel la directrice du musée italien a proposé aux organisateurs une reproduction d'affiche au lieu de l'original[662].

Comme pour le MAD Paris, au Museo Nazionale della Collezione Salce, les images numérisées sont utilisées dans le cadre de la production de catalogues des expositions et d'autres publications destinées à une diffusion éditoriale. Le fournisseur des images est la Direzione regionale dei musei del Veneto, qui possède un service spécifique similaire à celui du Mad Paris, l'Archivio fotografico

---

660 Nous nous occupons principalement des premiers, cf. https://madparis.fr/Phototheque-467.

661 Seuls les musées nationaux sont autorisés à abriter et à exposer des objets provenant de collections nationales.

662 Entretien avec Professionnel 6 du 9 mars 2017.

(Archives photographiques)[663]. Le service dispose d'archives des images des œuvres d'art appartenant à des collections nationales, depuis 1940. C'est à ce service qu'il faut s'adresser pour la requête des reproductions numériques en haute résolution de la Collezione Salce, avec des frais différents si le but de la demande est commercial, ou éditorial, jusqu'à être gratuit pour des fins de recherche. De même que le MAD Paris, le musée italien dispose aussi d'un *bookshop*, où les images des affiches apparaissent sous des formats différents, du catalogue d'exposition au *merchandising*. En effet, dans les *bookshops* des deux musées nous pouvons voir la panoplie de possibilités d'exploitation des images des affiches. Nous avons pu constater qu'à partir du moment où les reproductions numériques sont disponibles dans la base de données, celles-ci peuvent alimenter différents projets des institutions mêmes ou d'autres acteurs, en empruntant d'autres formes. Ainsi, des reproductions d'affiches sous forme de reproductions numériques, fidèles aux originaux, circulent à des fins strictement commerciales. Dans ce cas de figure nous trouvons des galeries privées ou des sites qui achètent des fichiers numériques pour commercialiser des copies imprimées des affiches.

Par ailleurs, d'autres utilisations se détachent définitivement du rôle de représentation substitutive de l'œuvre pour prendre une vie autonome et circuler dans le monde de la production marchande. Le musée italien utilise cet aspect comme levier pour produire des discours de sérialisation et de marchandisation des affiches visant à diffuser son image et à consolider son propre « brand »[664]. Ce dernier point mériterait une étude plus approfondie, que nous n'avons pas pu développer dans le cadre de cette thèse.

Ces exemples d'utilisations que nous avons présentés dans cette section de la thèse ont été utiles pour dresser un tableau plus général des utilisations qui sont faites des images numériques. Il nous semble évident que ce domaine constitue en soi un champ de recherche à part entière. Donner un aperçu sur la suite de la circulation numérique des images aide à identifier des sujets pour des recherches à venir ainsi qu'à saisir l'ampleur des retombées de la numérisation des collections d'affiches publicitaires. La description que nous avons esquissée ne prétend pas avoir valeur d'une étude approfondie.

---

[663] https://polomusealeveneto.beniculturali.it/servizi/archivio-fotografico.

[664] Falcinelli, Riccardo, *Critica portatile al visual design. Da Gutemberg ai social network*, Einaudi, Torino, 2014 pp.57-121.

3.4 Appropriations et remise en circulation par les publics, quelques pistes pour des recherches à venir

Le MAD Paris dispose d'un centre de documentation dédié à la recherche et à la veille documentaire sur ses collections[665]. Au moment de notre stage, il existait également un centre de consultation où les publics pouvaient effectuer des recherches documentaires, situé au dernier étage de MAD Paris, au niveau des bureaux de la direction du musée. Aujourd'hui, le centre de consultation est fermé, mais il existe des postes de travail pour la consultation des fiches des catalogues des collections et de la documentation dans les locaux de la bibliothèque. Les publics ne pouvaient accéder au centre de consultation que sur rendez-vous, avec l'obligation d'indiquer le but de la recherche lors de la demande. Dans les salles de consultation, les utilisateurs intéressés pouvaient adresser leurs demandes aux documentalistes, qui fournissaient des fiches informatives sur les thèmes de recherches demandées. Dans certains cas, les utilisateurs pouvaient être autorisés à effectuer des recherches dans la base de données des collections, mais sans accès complet aux dossiers et toujours sous la supervision d'un documentaliste. Les recherches étaient effectuées à l'aide de Micromusée, le même logiciel de gestion et de consultation des œuvres qui est le principal outil de travail de l'ensemble du personnel. Les différentes interfaces dont dispose Micromusée permettent ce double usage, en garantissant la confidentialité des données.

Cette configuration est en train de changer. Avec la restructuration informatique, les consultations de la base de données se feront directement depuis le site internet, comme l'explique Professionnel 1, leur ambition est de permettre une plus grande autonomie du public : « Là on espère que les bases de données soient accessibles à la bibliothèque et que les gens pourront les consulter avec le nouvel outil sans qu'on soit là »[666]. L'ambition est de rendre les recherches encore plus intuitives et les ressources disponibles encore plus importantes : « On espère qu'il [l'usager] sera autonome, comme il l'est sur internet on espère bien qu'il le sera également ici. Pour leur donner plus de possibilités et pas avoir besoin de quelqu'un assis à côté pour l'aider dans sa recherche. Là, on essaye de travailler la mise en ligne pour que ça soit le plus facile pour lui ». Nous avons déjà noté que la direction

[665] Au moment de notre stage, il y avait des postes de travail pour le public externe dans le centre de documentation au dernier étage du complexe du MAD Paris. Cet espace a maintenant été transféré à la bibliothèque.
[666] Entretien avec Professionnel 1 du 10 avril 2019.

du musée se concentre sur l'enrichissement du catalogue en ligne, dans le but de réduire le nombre de visiteurs sur le site. Néanmoins les accès sur place pour la consultation, bien que réduits, restent une possibilité. Trois postes informatiques sont disponibles à la bibliothèque pour consulter le catalogue et nous rappelons que, bien que le catalogue soit disponible en ligne, dans les murs du musée il est possible de consulter aussi les œuvres sous droit d'auteur. D'autres places de consultations dites « cabinet de l'amateur » sont aménagées pour consulter des archives institutionnelles, des fonds privés, les dossiers documentaires. Pour le moment nous n'avons pu consulter les nouveaux espaces du « cabinet de l'amateur », cependant lors de notre stage, ces postes n'étaient pas disponibles, donc nous avons fréquenté seulement le centre de consultation. Sur la base des demandes qui ont été effectuées pour la consultation des ressources au centre de consultation, il est possible d'esquisser les profils des personnes qui sont intéressées Il s'agit de demandes officielles motivées, qui permettent de savoir précisément qui est l'utilisateur, les motivations de sa recherche ainsi que les fois qu'il demande en consultations des documents. Nous avons pu obtenir des informations plus précises sur quelques profils. D'après ce que rapporte Professionnel 1, les demandes de consultation de la base de données sont de différents types. Il est possible d'y trouver des requêtes faites par des commissaires d'exposition qui s'intéressent à l'emprunt d'affiches, ainsi que par des juristes qui s'intéressent à la datation de certaines pièces pour établir l'attribution des droits aux marques et aux produits et même, « très rarement », par des agences de publicité qui font des recherches sur le passé des marques, mais cela reste une présence marginale. A cet égard, la documentaliste souligne combien les entreprises sous-estiment les ressources du musée : « Tu vois Danone ils ne m'ont rien demandé. Là ils on fait des pubs pour les 150 et ils ne m'ont rien demandé. Après, ça arrive ponctuellement parce que c'est l'anniversaire de... J'ai eu il y a quelques années American Express, donc ils cherchaient des pubs mais c'est pas le gros... C'est rare. » Le public le plus régulier du centre de documentation du MAD Paris se compose principalement de chercheurs de diverses disciplines, d'étudiants, d'enseignants. Il existe également une petite proportion de simples curieux, souvent des retraités, qui s'intéressent aux objets publicitaires.

Parmi les personnes qui visualisent les substituts numériques des affiches publicitaires se trouvent aussi celles qui consultent le catalogue en ligne. Au MAD Paris ainsi qu'au Museo Nazionale della Collezione

Salce, les données relatives aux accès aux sites web et aux bases de données en ligne ne sont que de nature quantitative : comme il n'est pas possible de créer des profils d'utilisateurs, il n'y a pas d'informations précises concernant les caractéristiques socio-démographiques ni des visiteurs des sites web ni des usagers des catalogues en ligne. Les substituts numériques des affiches circulent largement sur Internet. Il suffit de faire une recherche dans les moteurs de recherches pour s'apercevoir que les copies d'affiches numérisées franchissent les seuils des deux musées et sont publiées dans des environnements numériques où elles font l'objet d'appropriations et d'utilisations innovantes et souvent imprévues qui les enrichissent d'autres significations. Les nouvelles formes de circulation numérique soulèvent des questions et points de réflexion qui méritent des recherches à l'avenir. Ici nous nous limitons à évoquer quelques cas de figure d'usagers et d'usages qui, loin d'avoir l'ambition d'être représentatifs et étudiés de manière précise et exhaustive, fournissent des premières indications pour des enquêtes à venir. Le temps passé au musée italien nous a donné l'occasion de connaître les demandes de visualisation d'affiches ou d'informations sur certaines pièces, qui parviennent au musée. Les demandes reçues par les deux musées pendant nos séjours venaient notamment de chercheurs, d'enseignants, de professionnels divers, et de collectionneurs.

En ce qui concerne les chercheurs, il s'agit notamment de spécialistes de l'histoire du design et de la mode qui font des demandes de visualisation des affiches dans le cadre de leurs recherches historiques. D'autres demandes émanent de chercheurs à la recherche d'images éparpillées dans diverses collections qui servent à reconstituer en numérique l'histoire d'archives qui ont été détruites. D'autres chercheurs, issus notamment de l'université Iuav de Venise, recherchent et utilisent des images pour créer de nouveaux parcours d'expositions et des manières alternatives pour la valorisation de la Collezione Salce.

Parmi les enseignants, il y a surtout des professeurs de graphisme qui demandent des reproductions pour les utiliser comme supports pédagogiques de leur cours. En ce qui concerne le musée de Trévise, un cas particulier est représenté par le collectionneur et enseignant de graphisme Pietro Ricca, qui nous a expliqué avoir pris en photos sa propre collection pour utiliser les images dans le cadre de ses enseignements. Un autre exemple concerne une demande reçue par le musée de la part d'un professeur en marketing qui cherchait des affiches d’une marque spécifique (Sunlight) relativement à une période donnée, afin de les inclure dans son cours sur l'histoire des marques. En plus des demandes formulées par les publics spécifiques des chercheurs et des enseignants, il y a celles émanant d'un public plus varié de professionnels divers. Ces demandes parviennent principalement aux musées par courrier électronique. Il s’agit d’un ensemble assez hétérogène de requêtes. L'un des courriels dont nous avons pris connaissance concernait par exemple la demande d'une personne souhaitant obtenir une copie d'une affiche spécifique d’une marque d'alcool car elle avait été brevetée par son ancêtre. La demande ne précisait pas l'objet, mais concernait probablement des questions de droits légaux de transmission. Un autre cas de figure est celui d’un studio de graphisme qui avait remarqué une erreur dans un nom sur une notice et proposait un changement. A ce propos, nous rappelons qu'au MAD Paris, le thésaurus peut évoluer parfois également en fonction des propositions reçues du public utilisateur. Au Museo Nazionale della Collezione Salce, le changement n'est pas si immédiat car les fiches sont codées et gérées par l'ICCD.

Un autre exemple qui illustre bien la variété des demandes est représenté par la demande d’un descendant de l'affichiste Leonetto Cappiello qui a créé et entretient un site avec des images des affiches de son ancêtre et tente de rassembler l'ensemble de la collection dispersée dans divers musées du monde.

Enfin, les demandes de visualisation viennent également de collectionneurs et passionnés. Il s’agit de personnes qui rassemblent des images numériques et qui demandent aux musées des informations plus précises que celles qui sont disponibles sur le catalogue : la recherche d'une pièce qu'ils ne trouvent pas à la consultation, ou la datation des affiches, ou encore les attributions d'auteurs. Les réseaux sociaux offrent un espace de visibilité à ces collectionneurs qui organisent leurs collections autour d’une marque, d’une catégorie de produits, d'un thème, d'un auteur, d'une période, etc. Sur le web, les initiatives de décontextualisation et de réutilisation créative des affiches sont nombreuses. Les réseaux sociaux offrent un terrain fertile pour des initiatives telles que des visites thématiques utilisant des images publicitaires issues de diverses collections numérisées. Par exemple, sur Flickr, il est possible de visualiser un *photostream* consacré aux publicités pour le café, divisé en plusieurs albums. Chaque album propose un itinéraire à travers la collection : annonces divisées par pays, par période, par type de produit[667] . L'inventivité des utilisateurs se manifeste en établissant des connexions entre les différentes pistes documentaires en ligne (photographies, films, objets). Par exemple, sur Pinterest, plusieurs collections d'affiches collectées par les utilisateurs sont disponibles[668]. Le phénomène des GIFs animés a également fait son chemin avec les affiches numérisées. Ainsi, parmi les candidatures au concours *Gif it up* organisé chaque année par Europeana figurent plusieurs animations d'affiches publicitaires[669] .

Nous pouvons conclure par une réflexion sur le fait que la numérisation des collections patrimoniales a donné un nouvel élan à la vitalité des archives, des musées et des bibliothèques en les faisant passer des fonctions de conservation à celles de circulation et de promotion auprès d'un public de plus en plus large et diversifié, avec lequel ils recherchent de nouvelles formes de collaboration et d'interaction. La technologie fait de ces substituts numériques des images facilement reproductibles, transmissibles et réutilisables, qui s'inscrivent dans une dynamique de *remédiation* et de *réélaboration créative.* Ce processus de circulation culturelle, dans lequel les artefacts graphiques numérisés sont pleinement intégrés, les enrichit de significations supplémentaires, en impliquant dans une (inter)action différents acteurs tels que les institutions, le public et les entreprises.

---

667 https://www.flickr.com/photos/lvxtrieste/albums/with/72157634022777554.
668https://it.pinterest.com/donatellacarrar/manifesti-pubblicitari-vintage/?eq=manifesti%20pubblicitari%20vintage&etslf=5490.
669 https://pro.europeana.eu/post/exploring-the-highlights-of-gif-it-up-2021.

CONCLUSION

Au terme de ce travail, un regard rétrospectif sur le déroulement de cette recherche doctorale s'impose pour en souligner quelques points saillants. Comme pour toute conclusion, l'idée d'une fin n'est qu'une convention. Reconnaître le caractère provisoire du moment de la conclusion nous amène à réfléchir sur la mesure dans laquelle ce travail ne constitue qu'une tentative d'apporter des réponses à des questions complexes dans un champ de réflexion beaucoup plus large et plus riche, que nous avons conventionnellement délimité et circonscrit.

Le choix des affiches publicitaires comme objet de cette étude nous a mis face au fait que ces objets habitent des espaces disciplinaires différents et requièrent la « compétence polytopique »[670] évoquée par Frédéric Darbellay. L'étude de la numérisation des affiches publicitaires a notamment imposé de décloisonner et d'intégrer dans un dialogue les deux disciplines qui ont guidé cette recherche en cotutelle, et ainsi d'articuler le double apport théorique des sciences de l'information et de la communication et des sciences du design.

Dans ces pages conclusives, nous tenterons de dresser un bilan qui mettra en évidence ce qui nous semble être les principaux apports de ce travail et les limites auxquelles nous avons été confrontés. Enfin, nous terminerons en mentionnant certaines des pistes ouvertes par cette recherche doctorale qui pourront donner lieu à de futures recherches.

Au sein de la vaste littérature qui traite de la vie des affiches publicitaires, il existe des contributions remontant à la seconde moitié du XIXe siècle qui reconnaissent les affiches non seulement pour leur fonction didactique-informative, mais aussi pour leurs qualités esthétiques et leur valeur documentaire. La littérature portant sur la mode du collectionnisme des affiches, connue sous le nom d'affichomanie a notamment mis en lumière l'un des premiers changements dans le rôle traditionnel des affiches. En les soustrayant au cours de leur existence éphémère liée à leur fonction promotionnelle, les collectionneurs ont jeté les bases de leur patrimonialisation. Cependant, l'entrée des affiches dans les institutions patrimoniales a révélé toutes les difficultés liées à leur classification, à leur catalogage et à leur conservation, qui sont prises en compte dans la littérature

[670] Darbellay, Frédéric (sous la dir. de), *La Circulation des savoirs. Interdisciplinarité, concepts nomades, analogies, métaphores*, Peter Lang, Bern, 2012, p.18-20.

technique et bibliothéconomique. En outre, elles sont passées de périodes d'oubli à des moments caractérisés par un fort désir de redécouverte. Aujourd'hui, ce sont précisément les attentes vis-à-vis de la numérisation qui ont fait resurgir les questions relatives aux usages des affiches publicitaires du passé.

La patrimonialisation fait perdre aux affiches leur « place dans le monde » mais, en même temps, leur numérisation prolonge leur existence dans une seconde vie inattendue[671]. Dans le domaine des sciences de l'information et de la communication ainsi que des sciences du design existe une abondance et une variété des contributions scientifiques sur l'impact des processus de la numérisation dans le domaine du patrimoine. Toutefois, il y a une rareté des études portant spécifiquement sur la numérisation des artefacts graphiques. En particulier, nous avons constaté que l'attention s'est concentrée uniquement sur les problèmes que pose la numérisation des affiches dans le contexte bibliothécaire. La focalisation sur les bibliothèques nous a semblé trop partielle dans la mesure où la conservation des affiches concerne de multiples institutions patrimoniales. Les archives, les bibliothèques et les musées préservent, conservent et valorisent les affiches de différentes manières, chacune ayant sa propre logique et ses propres objectifs. L'ambition de notre recherche était donc d'apporter une contribution à l'étude de la numérisation des artefacts graphiques, de tenter de combler une lacune dans la littérature existante et d'essayer d'apporter des réponses à certaines questions concernant la numérisation des collections d'affiches dans les musées.

Dans cette recherche, des choix originaux ont été faits. Le premier est celui d'avoir choisi un champ d'étude qui, pour les affiches numérisées, est encore peu investigué. Nous avons vu comment cette thèse repose sur l'idée centrale des changements de statut comme élément qui caractérise la vie des affiches. Ces changements ont permis leur survie, au-delà des fonctions et des espaces pour lesquelles elles étaient prévues, au point d'en faire un bien patrimonial. Objet de campagnes de numérisation massives promues par les politiques patrimoniales, les affiches ont été numérisées dans une plus large mesure que les autres artefacts graphiques, ce qui les rend largement disponibles dans les bases de données numériques d'innombrables institutions publiques et privées. Cependant, cette présence répandue et

[671] Assmann, Aleida, « Canon and Archive », *op. cit.*

diversement exploitée n'a pas encore été suffisamment prise en compte dans les études sur la numérisation du patrimoine. Cette thèse a visé à apporter sa propre contribution à l'avancement des connaissances dans ce domaine spécifique et à contribuer au dynamisme de la réflexion.

Le second est d'avoir choisi une combinaison de méthodes et d'approches qui ne sont pas habituellement appliquées à l'étude de la numérisation dans le domaine patrimonial. La décision de ne pas se concentrer sur une seule étude de cas mais d'en examiner deux visait à élargir l'horizon d'étude des pratiques de numérisation. L'approche multi-située et comparative nous a fourni les outils pour construire l'observation en rapprochant ces deux réalités muséales et internationales. En adoptant cette posture, nous avons pu montrer comment il est possible de partir du constat de l'existence de deux réalités dans leurs propres contextes, afin d'analyser à la fois leurs politiques et leurs pratiques de numérisation. Le fait d'utiliser cette approche a évité le risque de dériver vers une comparaison faite de simples juxtapositions. Dans une dialectique faite d'observations généralisantes et de contextualisations particulières, les éléments de rupture et de continuité entre les deux cas ont émergé. Par ce choix, nous avons voulu apporter notre contribution à la littérature sur la numérisation des affiches, en l'enrichissant d'un point de vue qui se situe dans une dimension comparative et internationale.

L'observation participante dans les deux musées nous a permis d'ajouter une perspective « en coulisses » à ce travail, en examinant les pratiques internes des professionnels, ce qui est un point de vue allant au-delà du discours habituel. Cette approche, peu utilisée dans les études sur la numérisation du patrimoine, nous a permis d'accompagner le discours que les professionnels tiennent sur leur pratique d'une observation directe de son déroulement quotidien. De même, nous avons utilisé pendant de longues périodes les dispositifs de circulation des images numérisées et nous nous les sommes appropriés avec la dextérité de l'opérateur et la curiosité du chercheur.

Après avoir situé notre point d'observation, nous avons identifié les trois aspects principaux, afin de saisir les défis posés par la numérisation dans les institutions et les collections, dans les acteurs et les dispositifs, et dans les usages et la circulation du matériel numérisé, nous avons rassemblé tous les éléments nécessaires pour apporter des réponses aux questions posées dans la problématique.

Cette thèse s'est concentrée sur la manière dont la numérisation dans un contexte muséal confère un nouveau statut aux affiches publicitaires, qui rend possible de nouveaux modes d'existence et d'utilisation. Nous avons donc tenté notamment d'analyser dans quelle mesure la numérisation contribue à rendre les artefacts graphiques publicitaires plus visibles. A ce propos, nos recherches ont montré que la numérisation contribue à une majeure visibilité dans la mesure où les substituts numériques sont disponibles dans les bases de données. Cette disponibilité entraîne des conséquences diverses.

Grâce à nos observations, nous pouvons affirmer que, effectivement, les substituts numériques circulent via plusieurs dispositifs médiatiques permettant la visualisation et dans certains cas, l'appropriation. Logiciel de visualisation des collections, dispositifs numériques ainsi que site internet et RSN mettent à disposition ces matériaux numérisés. Selon les intentions communicatives du dispositif, les substituts numériques sont réédités, valorisés par les professionnels des musées.

À la lumière des résultats, nous pouvons dire que les modalités de nouvelle vie et d'utilisation des affiches publicitaires numérisées ne se reflètent pas toujours dans la logique de valorisation. L'accent mis sur la valorisation du patrimoine numérique n'affecte pas tous les profils professionnels rencontrés de la même manière, ni les contextes. S'il est vrai que la numérisation ne consiste plus seulement à conserver, mais aussi à rendre le patrimoine accessible et à faciliter sa diffusion, ce discours, comme nous l'avons vu, concerne davantage les professionnels qui sont en contact direct avec le public. Pour cette raison, contrairement à ce qui a déjà été observé dans le contexte des bibliothèques étudié par Chevry et De Iulio, la logique du musée se situe davantage au niveau de la mise en lumière et du rayonnement de ses collections, que ce soit à des fins de publicité ou de visibilité, ou de communication, mais elle ne va pas dans le sens d'un projet d'appropriation par le public. Du moins pas dans la logique des conservateurs, c'est probablement le Service des publics du MAD Paris qui a cette attitude, mais ce dernier n'a pas été analysé dans cette recherche.

La manière dont les affiches sont exposées amène toujours à prendre acte de l'existence de trajectoires différentes, car certaines pièces sont plus souvent exposées, et ce sont généralement les pièces les plus connues. Alors que pour les pièces moins connues, pour certaines d'entre elles, l'affichage n'est même pas envisagé.

Nous nous sommes également interrogés sur les retombées de la numérisation sur les pratiques de conservation des professionnels des musées. A ce propos, notre enquête ethnographique nous a permis de constater que certaines pratiques sont affectées par la numérisation, notamment en réduisant fortement les occasions de contact avec les originaux. Effectivement, la visualisation de fiches de catalogue fait un premier barrage au contact direct qui est envisagé souvent comme un dernier recours. Du moment que pouvoir visualiser les originaux est une opération compliquée, le fait de pouvoir consulter les copies sur des appareils numériques facilite le travail au quotidien, permettant également de voir celles en mauvais état de conservation, ou simplement fragiles.

Bien que les opérations de récolement obligent au recensement physique, même pour les très grandes affiches, pouvoir disposer de la fiche de catalogue avec la photo rend les opérations plus rapides. En fait, la préservation des originaux, comme nous l'avons constaté, a des retombées plus évidentes plutôt par rapport à la visualisation des originaux par le public, et ce au-delà des expositions. En revanche, la numérisation ne change pas les modalités d'acquisition, car le format numérique n'est pas conservé par le musée. Les conservateurs, même pour un produit en série, comme dans le cas des affiches, recherchent toujours l'impression originale. Celle datant de la période où l'affiche a été placée dans l'espace public à des fins de communication. Le rôle que jouent les originaux par rapport aux substituts numériques reste primordial, étant la garantie de la présence de l'œuvre dans les collections.

En conduisant nos observations, nous sommes partis d'un premier principe selon lequel la numérisation des affiches garantit également leur diffusion. Avec la numérisation, la visibilité des artefacts devient indubitablement importante, mais dans la pratique, les possibilités de visibilité comportent des obstacles non négligeables.

Les limitations causées par la question du droit d'auteur, qui dans le cas des affiches n'a même pas de solution univoque, donnent lieu à des adaptations en fonction de la situation. De plus, en limitant le partage des archives, elle limite leur visibilité et leur accès *de facto*.

Par ailleurs, certaines réflexions plus générales se sont posées par rapport à la visibilité des affiches. Dans cette perspective, si par visibilité nous entendons la mise à disposition du public, un certain nombre de problèmes y font obstacle. D'une part, la question omniprésente du droit d'auteur, qui limite la diffusion sur le web. D'autre part, les problèmes soulevés par l'indexation de ces matériaux, qui peuvent limiter fortement la visibilité de certains artefacts graphiques. Ces limites ouvrent la voie à d'autres réflexions plus liées aux questions de conservation et de diffusion et aux questions de la pérennisation des médias considérés comme obsolescents.

Un autre questionnement qui a guidé notre étude a porté sur la manière dont la numérisation participe à la valorisation des objets publicitaires devenus objets de patrimoine. Nous avons vu comment les affiches numérisées sont utilisées à des fins de médiation pour les expositions et à des fins pédagogiques avec les dispositifs numériques. L'opportunité pour des fins de communication est exploitée par les deux musées, qui ont une présence sur le web et sur les réseaux sociaux. Enfin la commercialisation des images numérisées, pour de fins commerciales fait circuler les affiches en tant que substitut fidèle ou pour des fins de merchandising.

Initialement, nous avons appréhendé l'affiche publicitaire en tant que catégorie d'artefacts. Cette approche initiale sous-entendait que tous les artefacts graphiques partagent le même destin et qu'il est donc possible de parler de la vie de l'affiche publicitaire au singulier. L'observation sur le terrain nous a fait comprendre qu'il est plus correct de parler d'affiches publicitaires au pluriel, puisque toutes les affiches ne sont pas les mêmes, et leurs trajectoires sont diverses. Nous avons vu comment l'admission dans les musées est soumise à une sélection qui se fait sur la base de critères d'éligibilité établis par l'institution patrimoniale. Les prises qui sont fournies par les conservatrices donnent implicitement des arguments pour mettre en exergue la valeur des matériaux. Certains de ces critères peuvent varier dans le temps, la distance historique faisant souvent acquérir une valeur à certaines affiches qui n'avaient aucune vocation artistique. Les artefacts passent par toute une série d'actions matérielles et formelles qui établissent le passage au statut de bien du patrimoine. Les obligations légales, nous avons vu, passent aussi par la prise de vue.

D'autres trajectoires différentes sont celles relatives à la numérisation, car certaines affiches, comme nous l'avons vu, font l'objet de plusieurs numérisations, ou sont numérisées en priorité, d'autres ne sont incluses dans les programmes de numérisation que si la campagne est massive. Le fait que la numérisation soit soumise à de fortes contraintes financières, que les musées ont souvent, signifie que l'intervention des acteurs privés se fait dans une logique qui valorise plus les affiches populaires, que dans une perspective qui puisse être utile pour les professionnels. Restreindre la diffusion des images sur le site dans une perspective de vitrine exclut également les possibilités d'étudier la matérialité de ces artefacts, qui présentent un intérêt particulier pour certaines disciplines.

Pour les professionnels, nous avons vu comment la révolution informatique qui a débuté au milieu des années 1990 semble avoir entraîné un changement majeur. Les professionnels interrogés semblent d'accord sur ce point. La possibilité d'effectuer des requêtes illimitées dans les bases de données et de croiser les données a ouvert un changement de perspective qui n'est plus à l'ordre du jour depuis une vingtaine d'années. De leur point de vue, rompus à l'ancienne logique de gestion des collections, les images numériques, bien qu'incontestablement utiles, ne constituent pas une réelle innovation et, conformément aux études antérieures menées dans les bibliothèques, se trouvent donc dans une situation de continuité.

Il serait intéressant de savoir si en partant de notre étude et de nos résultats, il serait possible de l'appliquer à d'autres recherches ultérieures. Notre objectif n'était pas d'effectuer une recherche sur la numérisation en tant que telle, mais de comprendre la particularité et la complexité du moment où ce processus se produit dans deux contextes spécifiques. L'intention était d'ouvrir une fenêtre sur la vie quotidienne de deux musées et de constater, lors de la réflexion finale, que si les questions sont les mêmes, ce sont les objectifs qui modifient leur prise en compte.

Dans notre recherche il nous a ainsi semblé central de lier la numérisation à la logique de patrimonialisation et donc de supposer que dans les institutions muséales, la numérisation devient un moyen de dissémination et de valorisation des artefacts. Une autre question clé est dérivée de l'observation des actions de catalogage, de numérisation, de visualisation et d'utilisation des dispositifs en accompagnant cette démarche, nous sommes partis de la considération que la numérisation doit être comprise comme un processus d'actions interconnectées dont les conséquences se répercutent sur l'accès et la disponibilité jusqu'à l'utilisateur final. Des questions telles que le choix des informations à rendre visibles, leur hiérarchisation, leur indexation, comme nous l'avons vu notamment dans le cas des affiches, conditionnent leur visibilité dans les bases de données en ligne, déterminant la facilité et l'efficacité de la recherche et, dans des cas extrêmes, conduisant à l'exclusion des artefacts qui ne sont pas décrits, catalogués et indexés de manière adéquate.

Pour finir, une autre question clé s'est avérée utile pour comprendre la circulation que font les images numériques des affiches. Le patrimoine numérique prend de nouvelles formes qui le rendent particulièrement propice à une circulation inédite, favorisant de nouveaux usages et différentes réappropriations. Différents acteurs sont impliqués dans cette dynamique, qu'il s'agisse des professionnels des musées qui se réapproprient ce matériel pour leur travail, ou pour imaginer de nouvelles modalités de médiation avec le public. Cette circulation implique davantage différents publics. Nous avons vu comment certains exemples d'amateurs et d'entreprises, qui représentent un interlocuteur plutôt inhabituel pour les musées, entrent pourtant en contact avec eux du fait de cette circulation numérique des images.

Certaines des limites de ce travail sont déjà apparues lors des enquêtes sur le terrain. Dès le départ, la nécessité de restreindre le périmètre de la recherche nous a fait faire des choix qui ont exclu des aspects pourtant très intéressants. Compte tenu de l'ampleur d'informations présentes dans un terrain de recherche sur deux sites, nous avons limité le périmètre pour éviter toute dispersion. Ce choix a nécessairement laissé de côté certains éléments qui, avec les analyses appropriées, pourraient déboucher sur de multiples pistes de réflexion qui, à notre avis, mériteraient certainement d'être approfondies.

L'ambition initiale avait une perspective large qui voulait inclure une enquête sur les usages faits par les utilisateurs, afin d'étudier plus en profondeur leurs processus d'appropriation et d'identifier plus précisément au moins les catégories d'utilisateurs réels. La présentation d'un panel de quelques cas de figure est venue s'ajouter à cette identification et, comme nous l'avons précisé, nous aurions aimé présenter certains cas plus spécifiques en extrapolant des typologies, mais nous n'avons pas voulu élargir le champ de recherche de l'enquête. Nous nous sommes donc davantage concentrés sur les lieux de musées et leurs figures professionnelles. De plus, nous avons décidé de rester sur un type d'investigation qualitatif, d'autres directions de recherche auraient nécessité une méthodologie composite, pour faire dialoguer les méthodes quantitatives et qualitatives.

Nous sommes également conscients que dans cette recherche, deux cas ont été analysés, qui sont très différents et qui ont demandé beaucoup de prudence dans la comparaison. Comme nous l'avons souligné, la comparaison a été faite principalement sur les collections, qui sont du même genre. En outre, nous avons essayé de rendre l'échantillon plus homogène en proposant des profils ayant des rôles professionnels équivalents, avec le même niveau de responsabilité, même s'ils proviennent de contextes institutionnels et nationaux différents.

Néanmoins, nous pensons que cette recherche peut apporter un éclairage sous un angle spécifique, à savoir celui des différents professionnels qui sont confrontés au quotidien aux questions soulevées par la numérisation des affiches.

Bien que les cas analysés ne constituent pas un indicateur valable d'un point de vue statistique, ils peuvent apporter une contribution spécifique à la connaissance du phénomène, dont nous ne cherchons pas à évaluer la portée.

Lors de la réalisation de cette thèse, il a été nécessaire, comme nous l'avons souligné, de restreindre le champ d'observation et de cibler notre analyse. Cependant, des éclairages complémentaires et des pistes de recherche sont apparus à plusieurs reprises.

Enfin, nous avons abordé la question des usages du matériel numérisé par les publics qui recherchent la documentation et la consultation des catalogues MAD Paris. Ces exemples, qui n'ont été présentés qu'à titre d'orientation pour de futures recherches en direction du public, élargissent la réflexion vers d'autres publics que le web amène avec lui.

Parmi celles-ci, un domaine thématique qui a particulièrement attiré notre attention est celui des entreprises mettant en œuvre des stratégies de récupération de leur passé menant des actions d'*heritage* et de *corporate marketing*. Ces projets peuvent être réalisés de différentes manières, de la reconstruction numérique d'archives perdues à des stratégies d'actualisation de marques et de produits du passé, ou encore, la création de musées d'entreprise. Ce phénomène est intéressant à étudier en même temps que les relations qui se relient et sont établies entre les entreprises et les musées dans le cas d'actions de mécénat ou de parrainage.

Plusieurs fois au cours de notre stage, les professionnels des musées ont commenté le mépris des annonceurs pour leurs archives publicitaires. Aujourd'hui, la tendance est inversée et voit des entreprises engagées dans divers projets de récupération. Celles-ci ont un intérêt croissant pour les artefacts graphiques patrimonialisés, tels que les affiches. Les entreprises par ailleurs font partie des acteurs économiques qui rendent les projets de numérisation possibles, en contribuant par le biais du mécénat ou du parrainage. Il serait donc intéressant à l'avenir d'étudier de plus près la relation que les acteurs économiques entretiennent avec les institutions patrimoniales dans ce type de projet.

En plus de cela, la problématique de l'*agency* des affiches est un autre sujet qui mérite d'être étudié. La fonction commerciale, qui est désactivée lors du passage à la patrimonialisation, est réactivée avec la reprise par les entreprises et acquiert une nouvelle signification. Récupérées et réintroduites dans la logique de la communication commerciale, les affiches apportent avec elles un sens nouveau qui s'enrichit de la légitimité de l'objet patrimonial. Leur recontextualisation, comme cela se produit par exemple dans les projets d'*heritage marketing*, passe par la réactivation de cette mémoire culturelle, ce qui contribue à consolider une marque dans la mémoire. L'identité de la marque, redéfinie à partir du passé, est réactualisée dans le présent et reconstruite autour de la légitimité culturelle conquise. Ces aspects, brièvement présentés ici, ouvrent des perspectives intéressantes.

En conclusion, un dernier aspect concerne la possibilité d'étendre l'investigation de la numérisation au-delà des affiches, en prenant en compte non seulement les musées mais aussi les diverses autres institutions patrimoniales qui, à plusieurs titres, détiennent des fonds et collections d'artefacts graphiques.

Nous avons vu comment les affiches sont, parmi les artefacts graphiques, ceux qui sont le plus largement catalogués, valorisés et disponibles pour la recherche. En revanche, d'autres typologies d'artefacts graphiques comme le dessin de caractères, la mise en pages, ou encore l'identité visuelle[672] intéressent de plus en plus de publics différents et constituent une ressource essentielle pour les recherches des universitaires de différentes disciplines. Ces dernières se trouvent dispersées dans des institutions aussi diverses que des bibliothèques, des archives et des musées, ainsi que des institutions spécialisées dans le domaine du graphisme. Par conséquent, nous les retrouvons également dispersées dans des bases de données très différentes en termes de structure, de finalité et de modes de consultation. Une étude

[672] De Smet, Catherine, « Visible et invisible », *op.cit.*

sur cette question pourrait ouvrir de nouvelles perspectives sur plusieurs aspects comme les questions liées au partage des archives, celles que posent la remédiation engendrée par la numérisation, ainsi que celles sur les nouvelles corrélations qui peuvent être établies entre les objets. Ces interrogations peuvent ouvrir la voie à des champs d'études inexplorés.

Postface

Perspectives et enjeux de la numérisation des affiches publicitaires en contexte muséal

Quels sont les enjeux de la persistance de la publicité du passé dans le présent ? Quel sens attribue-t-on aujourd'hui aux artefacts publicitaires d'autrefois ? Comment les acteurs de la conservation – qu'ils soient collectionneurs, bibliothécaires, archivistes ou conservateurs – contribuent-ils à la reconfiguration de ces artefacts en tant qu'objets documentaires porteurs de traces du passé ? En quoi les opérations de numérisation et de mise en circulation sous forme numérique réactivent-elles la mémoire sociale et culturelle que ces publicités sont censées renfermer ?

La thèse de Fabiola Leone sur la numérisation des affiches publicitaires en contexte muséal apporte des réponses éclairantes à ces questions. Elle invite à reconsidérer le statut des artefacts publicitaires en tant qu'objets patrimoniaux à l'ère numérique. Dans le sillage des travaux de Jean Davallon (2006), Fabiola Leone ne réduit pas la patrimonialisation de la publicité à de simples faits historiques. L'intérêt des artefacts publicitaires réside dans leur capacité à connecter les contemporains à un monde social spécifique. Ces images publicitaires fonctionnent comme des dispositifs communicationnels, qui, détachées de leur contexte temporel, révèlent leur potentiel mémoriel et culturel dans le présent et peuvent être réanimées et remises en circulation de manière créative.

L'originalité de ce travail réside dans l'exploration approfondie du devenir des affiches publicitaires, souvent perçues comme des artefacts éphémères de la communication marchande, dans le contexte de leur numérisation en milieu muséal. Cette recherche, située au carrefour des sciences de l'information et de la communication, du design, de la communication visuelle et de la muséologie, est à la fois audacieuse et révélatrice.

Aborder un tel sujet comportait des risques, notamment celui de se perdre dans la multitude de questions liées à la numérisation du patrimoine ou à l'évolution même de la publicité. En choisissant de se concentrer sur les collections d'affiches conservées au MAD Paris et au Musée National de la Collection Salce de Trévise, Fabiola Leone offre une compréhension précise des spécificités contextuelles et des dynamiques locales, tout en évitant la dispersion. Elle évite également le piège de l’analyse comparative rigide en adoptant une perspective multi-située, observant et analysant différentes approches muséales. Cette démarche révèle les réalités complexes de la transformation numérique des affiches publicitaires tout en respectant les particularités de chaque institution.

Enfin, ce travail esquive le risque de céder à la fascination pour la rhétorique de la révolution numérique et l'euphorie technologique autour de la prétendue dématérialisation des objets culturels, notamment des biens patrimoniaux. Cet écueil a été évité grâce à une mise en perspective historique du phénomène de la survivance d'artefacts communicationnels tels que les affiches publicitaires, ainsi qu'à une enquête ethnographique rigoureuse. Cette dernière a permis de mettre en lumière les contraintes matérielles, socio-techniques, économiques, logistiques et politiques qui entourent le processus de numérisation de ces artefacts.

Comme le souligne Caroline Marti dans la préface, la recherche menée par Fabiola Leone ouvre de nouvelles perspectives sur la « culturalisation » de la publicité, en examinant comment les marques et leurs artefacts sont requalifiés sur les plans mémoriel, esthétique et culturel. Ce travail s’inscrit également dans le « tournant spatial et matériel » qui a récemment marqué les études sur la publicité. Divers travaux se sont intéressés à la présence de la publicité dans les espaces urbains, à la manière dont les artefacts publicitaires deviennent une partie constitutive de l’expérience urbaine, ainsi qu'aux expériences perceptuelles et émotionnelles qu’ils suscitent. D’autres recherches ont exploré les ancrages territoriaux et matériels des agences de publicité, ainsi que le travail des professionnels et les campagnes qu’ils produisent et disséminent dans divers contextes nationaux et locaux.

À côté de ces courants de recherche, la thèse de Fabiola Leone encourage l'exploration de nouvelles pistes d’enquête, en se concentrant sur la dimension spatiale des stratégies, artefacts et actions publicitaires lorsque leur fonction marchande est désactivée. Dans cette perspective, la recherche se déplace de l'analyse des stratégies des agences, entreprises et marques, vers l'étude des environnements spatiaux dans lesquels ces stratégies et artefacts sont ou ont été intégrés. Car l'essentiel dans l'analyse de ces artefacts publicitaires ne réside pas seulement dans ce qu'ils communiquent, mais aussi dans l'endroit où ils communiquent. L'attention se porte ainsi sur les liens entre les artefacts publicitaires et les environnements spatiaux où ils sont inscrits, ainsi que sur les pratiques spatiales qui y sont mises en œuvre. Ce tournant s'accompagne également d'un intérêt grandissant pour la matérialité des artefacts publicitaires, en particulier pour l'emplacement des panneaux, des affiches, les cadres, les dimensions et la lisibilité.

La thèse de Fabiola Leone propose une réflexion approfondie sur les interactions entre numérisation, patrimoine et publicité, ouvrant ainsi la voie à de futures recherches. Ce travail novateur invite à reconsidérer la place des artefacts publicitaires dans les musées et à réfléchir sur les implications culturelles et mémorielles de leur transformation numérique. Cette recherche ne se limite pas à un exercice académique ; elle nous pousse à réévaluer notre rapport aux objets patrimoniaux et à repenser leur préservation, leur diffusion et leur interprétation dans un monde où les dispositifs numériques occupent une place de plus en plus importante.

Simona De Iulio,
Université de Lille, GERiiCO
Lille, août 2024

Bibliographie générale

1. Ouvrages

ALBARELLO, Luc, *Choisir l'étude de cas comme méthode de recherche*, De Boeck, Bruxelles, 2011.

APPADURAI, Arjun, *The social life of things: commodities in cultural perspective*, Cambridge Press University, New-York, 1986.

BACHIMONT, Bruno, *Patrimoine et numérique : technique et politique de la mémoire*, INA, Bry-sur-Marne, 2017.

BASSO, Toni, CASON, Andrea, *Signor Salce: un collezionista di manifesti, la sua città, la sua raccolta*, Celio Libri, Treviso, 1997.

BECKER, Howard, S., *I mondi dell'arte*, edizione italiana a cura di M. Sassatelli, Il Mulino, Bologna 2004.

BERTHELOT-GUIET, Karine, *Paroles de pub : la vie triviale de la publicité*. Éditions Non standard, 2013.

BOWKER, Geoffrey, C. et STAR, Susan Leigh, *Sorting Things Out: Classification and Its Consequences*, Mit Press, Boston, 1999.

BRUNHAMMER, Yvonne, *Le Beau dans l'utile, un musée pour les arts décoratifs*, Gallimard, Paris, 1992.

CLAERR, Thierry et WESTEEL, Isabelle, *Numériser et mettre en ligne,* Presses de l'Enssib, Villeurbanne, 2017.

COIGNARD, Jérôme, *Guide du musée des Arts décoratifs,* Ed. Les Arts décoratifs, Paris, 2006.

DARBELLAY, Frédéric (sous la dir. de), *La Circulation des savoirs. Interdisciplinarité, concepts nomades, analogies, métaphores*, Peter Lang, Bern, 2012.

DAVALLON, Jean, *Le don du patrimoine une approche communicationnelle de la patrimonialisation*, Lavoisier, Paris, 2006.

DAVALLON, Jean (sous la dir. de). *L'économie des écritures sur le web. Vol. 1 Traces d'usage dans un corpus de sites de tourisme*, Hermès Sciences- Lavoisier, Paris, 2012.

DE IULIO, Simona, *Étudier la publicité*, Presses universitaires de Grenoble, 2016.

DURKHEIM, Émile, *Les Règles de la méthode sociologique*, PUF, Paris, 1986.

ECO, Umberto, *Vertigine della lista*, Bompiani, Milano, 2009.

FALCINELLI, Riccardo, *Critica portatile al visual design. Da Gutemberg ai social network,* Einaudi, Torino, 2014.

FALLAN, Kjetil, *Design history: understanding theory and method,* Berg Publisher, New-York, 2014.

FANTIN, Emmanuelle (sous la dir. de) ; FEVRY, Sébastien (sous la dir. de) ; NIEMEYER, Katharina (sous la dir. de), *Nostalgies contemporaines. Médias, cultures et technologies*, Presses Universitaires du Septentrion, Lille, 2020.

GARNIER, Florent, (sous la dir. de), DELVIT, Philippe (sous la dir. de). *Des patrimoines et des normes : (Formation, pratique et perspectives),* Nuova edizione, Presses de l'Université Toulouse 1 Capitole, 2015.

INTORRE, Sergio, Digitalizzare l'opera d'arte. Metodi e strumenti, Digitalia, 2013, s.l. p. 27.

IRACE, Fulvio, SEASSARO, Alberto, LEYLA CIAGÀ, Graziella, LUPO, Eleonora et TROCCHIANESI, Raffaella, *Design & cultural heritage. L'archivio animato.* Vol.2. Milan, Electa, 2013.

ISKIN, Ruth E., *The Poster: Art, Advertising, Design, and Collecting, 1860s-1900s,* Dartmouth College Press, Hanover, New Hampshire, 2014.

JEANNERET, Yves, *Penser la trivialité, vol. 1, La vie triviale des êtres culturels,* Hermès sciences publication, Lavoisier, Paris, 2008.

JEANNERET, Yves, *Y a-t-il (vraiment) des technologies de l'information ?* Presses universitaires du Septentrion, Villeneuve d'Ascq, 2011.

De LABORDE, Léon, *De l'union des arts et de l'industrie. Tome 1 le passé, tome 2 l'avenir*, Imprimerie impériale, Paris, 1857.

LATOUR, Bruno, *La science en action : Introduction à la sociologie des sciences,* La découverte, Paris, 2005.

LÉVI-STRAUSS, Claude, *La pensée sauvage*, Plon, Paris, 1962.

MARTI, Caroline, JEANNERET, Yves (préfacier), *Les médiations culturelles des marques : une quête d'autorité*, ISTE Group, Londres, 2019.

McFALL, Liz, *Advertising: a cultural economy,* SAGE Publications, 2015.

MENEGAZZI, Luigi, *Manifesti Salce*, Electa, Milano, s.d. [1974].

MIÈGE, Bernard, *La numérisation en cours de la société*, PUG, Grenoble, 2020.

RAGIN, Charles, C., *The Comparative Method: Moving Beyond Qualitative and Quantitative Strategies*, Berkeley, University of California Press, 1987.

REMAUD, Olivier, SCHAUB, Jean-Frédéric, THIREAU, Isabelle, *Faire des sciences sociales. Comparer*, Éditions de l'École des hautes études en sciences sociales, 2012.

De SMET, Catherine, *Pour une critique du design graphique : Dix-huit essais*, Éditions B42, Paris, nouvelle édition 2020.

TRELEANI, Matteo, *Mémoires audiovisuelles : les archives en ligne ont-elles un sens ?,* Presses de l'Université de Montréal, Montréal, 2017.

TRELEANI, Matteo, *Qu'est-ce que le patrimoine numérique ? : une sémiologie de la circulation des archives,* Éditions Le Bord de l'eau, Lormont, 2017.

UNION CENTRALE DES BEAUX-ARTS APPLIQUÉES À L'INDUSTRIE, *Le Beau dans l'utile. Histoire sommaire de l'Union centrale des beaux-arts appliquée à l'industrie, suivie des rapports du jury de l'exposition de 1865*, Paris, Union centrale, 1866.

VINCK, Dominique, *Humanités numériques, la culture face aux nouvelles technologies,* Le cavalier bleu, Paris, 2020.

VITTA, Maurizio, *Il progetto della bellezza. Il design fra arte e tecnica dal 1851 a oggi*, G. Einaudi editore, Torino, 2011.

WEILL, Alain (préface), GAËTAN-PICON, Geneviève (sous la dir. de), *L'Affichomanie : collectionneurs d'affiches, affiches de collection, 1880-1900*, catalogue de l'exposition du Musée de l'Affiche, 22 janvier-5 mai 1980, Musée de l'Affiche, Paris, 1980.

WEILL, Alain. *L'affiche dans le monde*, Somogy, Paris, 1991.

WEILL, Alain, *Le design graphique*, Gallimard, Paris, 2003.

WELGER-BARBOZA, Corinne, *Le Patrimoine à l'ère du document numérique. Du musée virtuel au musée médiathèque*, L'Harmattan, Paris, 2001.

ZMELTY, Nicholas-Henri, *L'Affiche illustrée au temps de l'affichomanie (1889-1905)*, Mare & Martin, Paris, 2014.

2. Articles et chapitres d'ouvrages

ALIBERTI GAUDIOSO, Filippa M., « I manifesti di Salce: cronaca di una donazione » in *L'Italia che cambia attraverso i manifesti della raccolta Salce*, Sparti, Pepa (sous la dir. de), Firenze 1989, pp. 17-20.

ANONYME, « L'art de collectionner les Affiches artistiques », *Le Petit Français illustré. Journal des écoliers et des écolières*, n° 16, hors série, Pâques 1899, pp. 2-9.

ASSMANN, Aleida, « Canon and Archive », in Erll, Astrid et Nünning, Ansgar, *Media and Cultural Memory,* Walter de Gruyter, Berlin-New York, 2008, pp. 97-108.

BABY-COLLIN, Virginie et CORTES, Geneviève, « Éditorial », *Espaces et sociétés*, 2019/3 (n° 178), p. 7-19.

BACHIMONT, Bruno, « Chapitre 12. Nouvelles tendances applicatives : de l'indexation à l'éditorialisation », in Gros, Patrick (sous la dir. de), *L'indexation multimédia : description et recherche automatiques*, Paris, Hermès, 2007.

BESSY, Christian et CHATEAURAYNAUD Francis, « Le savoir-prendre », *Techniques & Culture*, 2010, pp. 54-55.

BLANC Maurice et CHADOIN Olivier, « Éditorial », *Espaces et sociétés*, 2015/4 (n° 163), p. 7-23.

BOCQUET, Denis, « Les études multi-situées : entre pragmatisme et construction scientifique d'une posture », *Espaces et sociétés*, 2019/3 (n° 178), p. 175-182.

BULEGATO, Fiorella, « La grafica italiana negli archivi», in Dalla Mura, Maddalena, Vinti, Carlo (sous la dir. de), in *Grafica, storia, Italia / Graphic design, history, Italy*, dossier de la revue *Progetto Grafico* », 2013.

CARPENTIER, Nico, « Différencier accès, interaction et participation », *in* : Morelli P., Pignard-Cheynel N., Baltazart D., dirs, *Publics et TIC. Confrontations conceptuelles et recherches empiriques*, Nancy, PUN-Éditions universitaires de Lorraine, 2016, pp. 45-69.

CASEMAJOR, Nathalie, « Matérialisme numérique et trajectoires d'objets. Les artefacts numériques en circulation. », *French journal for media research,* vol.1, 2014, pp. 1-18.

CASEMAJOR LOUSTAU, Nathalie, « La contribution triviale des amateurs sur le Web : quelle efficacité documentaire ? *Études de communication*, vol. 36, no. 1, 2011, pp. 39-52.

CHEVRY-PÉBAYLE, Emmanuelle, DE IULIO, Simona « Les collections d'affiches publicitaires numérisées : entre construction de l'offre et appropriations », *Les Enjeux de l'information et de la communication*, n° 16/2, 2015, pp. 41-52.

CHEVRY-PÉBAYLE, Emmanuelle, DE IULIO, Simona, LEONE, Fabiola, « Enjeux mémoriels de la publicité du passé », *Penser l'histoire des médias*, CNRS éditions, Paris, 2019.

CHEVRY-PÉBAYLE, Emmanuelle, RONDOT, Camille, « Affiches publicitaires numérisées et réseaux sociaux numériques : enjeux stratégiques et sémiotiques pour les bibliothèques », *Études de communication* 51, n° 2, 2018, pp. 79-94.

DE IULIO, Simona, CHEVRY-PÉYBALE, Emmanuelle, LEONE, Fabiola, « Dai muri agli schermi: la vita digitale degli artefatti pubblicitari », *Mediascapes Journal*, n° 8, 2017.

DE IULIO, Simona, « Postface. Perspectives et enjeux d'un tournant spatial des études sur la publicité », dans Tardy, Cécile et Severo, Marta (sous la dir. de), *Dispositifs du visible et de l'invisible dans la fabrique des territoires*, L'Harmattan, Paris, 2020, pp. 197-200.

DE IULIO, Simona et VINTI, Carlo, « Introduction », *Études de communication*, 51, no. 2, 2018, pp. 7-20.

DEL FABRO, Elisabetta, « Nando Salce: una vita per i manifesti. intervista a Eugenio Manzato », s.e., s.d.,s.l., pp. 26-35.

DE RUDDER, Véronique, « Cohabitation pluri-ethnique » in *Espaces et sociétés : revue critique internationale de l'aménagement, de l'architecture et de l'urbanisation* / dir. publ. Serge Jonas 1984-07, pp. 43-59.

DESPRÉS-LONNET, Marie. « L'écriture numérique du patrimoine, de l'inventaire à l'exposition : Les parcours de la base Joconde », *Culture & Musées*, n°14, 2009, p. 19-38.

DESPRÉS-LONNET, Marie, « La dématérialisation comme délocalisation du contexte interprétatif », *Communication et langages,* Médiation des lieux de médiation, vol. 173, no. 3, 2012, pp. 101-111.

Étapes : Design graphique & culture visuelle, No 241, Congrès AGI Paris : Frontières, Étape éditions, n. 241, janvier 2018.

FRANZON, Serena, « Cronache epistolari di una collezione: l'archivio della corrispondenza di Nando Salce » in *Illustri persuasioni. Capolavori pubblicitari dalla Collezione Salce. Belle époque*, Mazza, Marta (sous la dir. de), Silvana editoriale, Cinisello Balsamo 2017, pp. 183-186.

FRANZON, Serena, « "Per la mia notissima collezione di cartelli e manifesti figurati". Alcune minute di Nando Salce negli anni tra le due guerre », in *Illustri persuasioni. Capolavori pubblicitari dalla Collezione Salce. Tra le due guerre*, Mazza, Marta (sous la dir. de), Silvana editoriale, Cinisello Balsamo, 2017, pp. 185-188.

FRANZON, Serena, « "Come le pagine d'un enorme libro": la Collezione Salce attraverso l'epistolario del dopoguerra », in *Illustri persuasioni. Capolavori pubblicitari dalla Collezione Salce. Verso il boom 1950-1962*, Mazza, Marta (sous la dir. de), Silvana editoriale, Cinisello Balsamo 2018, pp. 39-45.

FRAYSSE, Patrick « La médiation numérique du patrimoine : quels savoirs au musée ? », *Distances et médiations des savoirs*, n ° 12, 2015.

JEANNERET, Yves, « préface », in MARTI, Caroline, *Les médiations culturelles des marques : Une quête d'autorité*, ISTE Group, Londres, 2019, pp. 1-4.

JEANNERET, Yves et SOUCHIER, Emmanuël, « L'énonciation éditoriale dans les écrits d'écran » in *Communication et langages*, n°145, 3ème trimestre 2005. « L'empreinte de la technique dans le livre », pp. 3-15.

LABORDERIE, Arnaud, « Mettre en Récit les Données Culturelles des Bibliothèques Numériques : Exposition Virtuelle et Recherche-Création », in *Proceedings of the 1st International Conference on Digital Tools & Uses Congress (DTUC '18).* Association for Computing Machinery, New York, NY, USA, 2018, pp. 1–11.

LEE, Benjamin et LIPUMA, Edward, « Cultures of Circulation : The Imaginations of Modernity », *Culture publique* 14, n° 1, 1er janvier 2002, pp. 191-213.

LEES-MAFFEI, Grace, « Le paradigme Production-Consommation-Médiation », *Journal of Design History*, vol. 22, no. 4, 2009, pp. 351-376.

LIPPI, Emilio, MAZZA, Marta, *La Collezione Salce. Un'eredità che batte il tempo,* (sous la dir. de), Antiga Edizioni, Crocetta del Montello, 2012.

MAJOLI, Luca, « La catalogazione della Collezione Salce » in *Illustri persuasioni. Capolavori pubblicitari dalla Collezione Salce. Belle époque*, Mazza, Marta (sous la dir. de), Silvana editoriale, Cinisello Balsamo, 2017, pp. 175-181.

MANZATO, Eugenio, « "Una gioiosa mania": Nando Salce e la sua collezione », *Italia Che Cambia Attraverso I Manifesti Della Raccolta Salce,* Sparti, Pepa, (sous la dir. de), Abruzzese, Alberto (textes de), 1989, pp. 21-25.

MANZATO, Eugenio, « Le origini di una collezione », in Lumi di Progresso, Comunicazione e persuasione alle origini della cartellonistica italiana, Abruzzese, Alberto, De Iulio, Simona (sous la dir. de), Treviso, 1996.

MANZATO, Eugenio, « Cronache di un ventennio con la Collezione Salce », in *Illustri persuasioni. Capolavori pubblicitari dalla Collezione Salce. Belle époque*, Mazza, Marta (sous la dir. de), Silvana editoriale, Cinisello Balsamo, 2017, pp. 145-157.

MANZATO, Eugenio, « Un' integrazione alla raccolta Salce », s.d. [en ligne]

MARCUS, George, E. « Ethnography in/of the World System: The Emergence of Multi-Sited Ethnography », Annual Review of Anthropology 24, 1995, p. 95-117.

MATTEAZZI, Chiara, « Consolidamento strutturale, restauro conservativo e recupero funzionale del complesso della chiesa di San Gaetano » in *Illustri persuasioni. Capolavori pubblicitari dalla Collezione Salce. Belle époque*, Marta, Mazza (sous la dir. de), Silvana editoriale, Cinisello Balsamo, 2017, pp. 169-173.

MAZZA, Marta, « Nando Salce, *50 anni di eredità », in La Collezione Salce. Un'eredità che batte il tempo*, Lippi, Emilio et Mazza, Marta (sous la dir. de), Antiga Edizioni, Crocetta del Montello 2012, pp. 16-25.

MAZZA, Marta, « Illustri persuasioni : cartellonismo belle époque nella Collezione Salce », in *Illustri persuasioni. Belle époque. Capolavori pubblicitari dalla Collezione Salce*, Mazza, Marta (sous la dir. de), Silvana editoriale, Cinisello Balsamo, 2017, pp. 13-27.

MÉADEL, Cécile, « Les ressources en histoire de la publicité. Réjane Bargiel, directrice du Musée de la Publicité », *Le Temps des médias*, 2004/1 (n° 2), p. 273-275.

MERCALLI, Marica, « Il lascito di Nando Salce. Un impegno di tutela e di valorizzazione » in Lippi, Emilio et Mazza, Marta (sous la dir. de), *La Collezione Salce. Un'eredità che batte il tempo,* Antiga Edizioni, Crocetta del Montello 2012.

PAILLOUX, Anne-Laure, « Une enquête ethnographique multi-située du militantisme pour la décroissance en France et au Québec », *Espaces et sociétés*, 2019/3, n° 178, p. 21-37.

PICA, Vittorio, « Per la gioia degli occhi (a Matilde Serao) », in *Emporium*, III, 13, 1896, pp.75-76.

POUCHOL, Jérôme, « 1. La médiation numérique dans le cadre d'une politique documentaire raisonnée : l'exemple de la MIOP », in *Développer la médiation documentaire numérique*, Presses de l'Enssib, Villeurbanne, 2012, pp.20-44.

RICCINI, Raimonda, « History from things: Notes on the history of Industrial Design », *Design Issues*, 14/3 (1998), in Fallan, Kjetil (sous la dir. de) *Design History: Understanding Theory and Method*, Berg Publishers, New York, 2014, pp. 47-48.

RIZZATO, Roberta, « "Documenti di vita italiana": gli anni cinquanta nei manifesti governativi », *Illustri Persuasioni. Capolavori pubblicitari dalla Collezione Salce. Verso il boom 1950-1962*, Mazza, Marta (sous la dir. de), Cinisello Balsamo, 2018 pp. 29-37.

RIZZATO, Roberta, *La Rivoluzione grafica americana tra il xviii e il xix secolo: presenze nella collezione di Nando Salce*. Roberta Rizzato, s.d.

RIZZATO, Roberta, «Metlicovitz nella Collezione di Nando Salce. Un catalogo in divenire», s.d.

SAEMMER, Alexandra et DUFRÊNE, Bernadette (sous la dir. de), « Patrimoines éphémères », *Hybrid*, vol. 1, n° 1, 2014.

SALAÜN, Jean-Michel, « Introduction : Comprendre et maîtriser la redocumentarisation du monde », in Salaün, Jean-Michel, Charlet, Jean *La redocumentarisation du monde*, Cépaduès Édition, Montréal, 2007, p. 15-25.

SALAÜN, Jean-Michel « La redocumentarisation, un défi pour les sciences de l'information », *Études de communication*, 30, 2007, pp. 13-23.

SARTORI, Giovanni, « Comparazione e metodo comparato » *Italian Political Science Review/Rivista Italiana Di Scienza Politica*, vol. 20, no. 3, 1990, pp. 397–416.

SCHNAPP, Jeffrey, "Animare l'archivio / Animating the archive", in F. Irace e G. Leyla Ciagà, (sous la dir. de), *Design & cultural heritage, 2: Archivio animato / Animated archive*, Milano: Electa, 2013, 63-80.

SCHNAPP, Jeffrey, « La vie intime des objets culturels », *Culture & Musées*, n° 35, 1 juin 2020, pp. 189-209.

SCHOFIELD, Tom, KIRK, David, AMARAL, Telmo, DORK, Marian, WHITELAW, Mitchell, SCHOFIELD, Guy, PLOETZ, Thomas, « Archival Liveness: Designing with Collections Before and During Cataloguing and Digitization », DHQ: *Digital Humanities Quarterly, 9, 3.*

De SMET, Catherine, « Visible et invisible », *Graphisme en France*, n°14, 2007, pp. 1-13.

SPARTI, Pepa, « Magazzini della memoria » in *l'Italia che cambia attraverso i manifesti della Raccolta Salce*, Artificio, Firenze, 1989, pp. 26-30.

TARDY, Cécile, « La médiation d'authenticité des substituts numériques », in : *Mémoire et nouveaux patrimoines,* OpenEdition Press, Marseille, 2015.

TRELEANI, Matteo, « Yves Jeanneret, Critique de la trivialité. Les médiations de la communication, enjeu de pouvoir, Paris, Éditions Non Standard, 2014, 784 pages », *Actes Sémiotiques*, 119, 2016.

TRELEANI, Matteo « Le patrimoine en ligne a-t-il un sens ? », *e-Dossiers de l'audiovisuel*, Institut National de l'Audiovisuel - INA, Bry sur Marne, 2014, 1-16.

De VERDALLE, Laure, VIGOUR, Cécile et LE BIANIC, Thomas. « S'inscrire dans une démarche comparative Enjeux et controverses ». *Terrains & Travaux,* vol. 21, no. 2, 2012, pp. 5-21.

VINTI, Carlo, « Il design grafico come patrimonio. Una riflessione sullo statuto culturale degli artefatti grafici », in *Il design come bene culturale*, *MD Journal*, n° 8, juillet 2019, année IV, pp. 116-129.

VITALI-ROSATI, Marcello, « Qu'est-ce que l'éditorialisation ? », *Sens public*, Université de Montréal, Département de littératures de langue française, 2016.

3. Thèses, mémoires et rapports de recherche

FANTIN, Emmanuelle, La publicité au passé : approche communicationnelle d'une médiation ordinaire du passé, Thèse de doctorat en sciences de l'information et de la communication, Paris 4, Paris, 2015.

GRUPPO DI LAVORO SULLA DIGITALIZZAZIONE DI BANDI, MANIFESTI E FOGLI VOLANTI, (sous la dir. de), *Linee guida per la digitalizzazione di bandi, manifesti e fogli volanti*, Istituto Centrale Catalogo Unico, Roma, settembre 2006.

MONJARET, Anne et ROUSTAN, Mélanie (établi par), « Surveillants et conservateurs dans les musées des "Autres". Retour sur un terrain, ethnologie d'une transformation », rapport final, *Ministère de la Culture et de la Communication – Direction générale des patrimoines, Département du pilotage de la recherche et de la politique scientifique*, Paris, 2012, p. 92.

SOUCHIER, Emmanuël, *Lire & écrire : éditer – Des manuscrits aux écrans. Autour de l'œuvre de Raymond Queneau*, Habilitation à diriger des recherches en Lettres et sciences humaines, UFR Sciences des Textes et Documents, Université Paris VII Denis-Diderot, 1998. P.1. in Genêt, Pascal, « Énonciation éditoriale », dans Glinoer, Anthony et Saint-Amand, Denis (sous la dir.), *Le lexique socius*, [en ligne]

Structures éditoriales du groupe L'Harmattan

L'Harmattan Italie
Via degli Artisti, 15
10124 Torino
harmattan.italia@gmail.com

L'Harmattan Hongrie
Kossuth l. u. 14-16.
1053 Budapest
harmattan@harmattan.hu

L'Harmattan Sénégal
10 VDN SICAP AMITIE 3
BP 45034 Dakar-Fann
direction@senharmattan.com

L'Harmattan Cameroun
Tsinga/Derrière polyclinique FECAFOOT
BP 11486 Yaoundé
Jacques.koukam@harmattan.fr

L'Harmattan Burkina Faso
Villa 281, secteur 23 623, rue 14.32
Ouagadougou
zagbie@outlook.fr

L'Harmattan Guinée
Almamya, rue KA 028 OKB Agency
BP 3470 Conakry
harmattanguinee@yahoo.fr

L'Harmattan RDC
185, avenue Nyangwe
Commune de Lingwala – Kinshasa
matangilamusadila@yahoo.fr

L'Harmattan Congo
219, avenue Nelson Mandela
BP 2874 Brazzaville
deunovmikhael@gmail.com

L'Harmattan Mali
Immeuble Mgr Jean Marie Cissé
Aci Hamadallaye
BP 145 Bamako
syllaka@yahoo.fr

L'Harmattan Togo
Djidjole – Maison Amela
face EPP BATOME
02 BP 20680 Lomé
didieramela11@gmail.com

L'Harmattan Côte d'Ivoire
Résidence Karl – Cité des Arts
Abidjan-Cocody
03 BP 1588 Abidjan
harmattan.ivoire@gmail.com

L'Harmattan Bénin
Rue 604, (Immeuble à l'entrée
de la rue UCAO- Cite de Saint-Jean)
Cotonou
stepcorpus@gmail.com

Nos librairies en France

Librairie internationale
16, rue des Écoles
75005 Paris
librairie.internationale@harmattan.fr
01 40 46 79 11
www.librairieharmattan.com

Librairie des savoirs
21, rue des Écoles
75005 Paris
librairie.sh@harmattan.fr
01 46 34 13 71
www.librairieharmattansh.com

www.ingramcontent.com/pod-product-compliance
Lightning Source LLC
LaVergne TN
LVHW011452061026
849535LV00004BA/1060
* 9 7 8 2 3 3 6 4 9 7 3 8 9 *